Pamela Obermaier

Wie viel bin ich wert?

PAMELA OBERMAIER

Wie viel bin ich wert?

Das einzige Buch, das Frauen dazu bringt, über Nacht mehr Geld zu verdienen

GOLDEGG

Rechte Umschlaggestaltung: Kathrin Steigerwald, Hamburg, unter Verwendung eines Fotos von Gabriele Scheinast
Autorinnenfoto Innenklappe: Manfred Baumann

Der Verlag und seine Autor:innen sind für Reaktionen, Hinweise oder Meinungen dankbar. Bitte wenden Sie sich diesbezüglich an verlag@goldegg-verlag.com.

Der Goldegg Verlag achtet bei seinen Büchern und Magazinen auf nachhaltiges Produzieren. Goldegg-Bücher sind umweltfreundlich produziert und orientieren sich in Materialien, Herstellungsorten, Arbeitsbedingungen und Produktionsformen an den Bedürfnissen von Gesellschaft und Umwelt.

FSC
www.fsc.org
MIX
Papier | Fördert gute Waldnutzung
FSC® C014496

ISBN: 978-3-99060-394-9

Unter den Linden 21 • D-10117 Berlin
Telefon: +49 800 505 43 76-0

Goldegg Verlag GmbH, Österreich
Mommsengasse 4/2 • A-1040 Wien
Telefon: +43 1 505 43 76-0

E-Mail: office@goldegg-verlag.com
www.goldegg-verlag.com

Layout, Satz und Herstellung: Goldegg Verlag GmbH, Wien
Printed in the EU

Das erwartet dich

Teil 1 Real Talk: Frauen im Business

Findest du, dass dir mehr zustehen würde, als du tatsächlich an Geld verdienst? Hast du manchmal das Gefühl, gegen Windmühlen zu kämpfen? Ärgerst du dich über Ungerechtigkeiten im Businessleben und zu wenig Wertschätzung für deine Leistung?

Dieses Kapitel deckt auf, wie die aktuelle Arbeitswelt für eine Mehrzahl von Frauen aussieht und warum es so wichtig ist, sich mit den Hintergründen und Ursachen zu beschäftigen, die Frauen hemmen, für sich einzustehen.

Teil 2 Geld, Erfolg, Schönheit: Das fatale Triumvirat des Selbstwerts

Bist du gut ausgebildet und kompetent, haderst aber dennoch mit dir? Stößt du beruflich immer wieder an gläserne Grenzen, die unüberwindbar scheinen? Spürst du, dass in dir so viel mehr steckt, doch irgendetwas hält dich zurück, es zu zeigen?

Dieses Kapitel klärt, woher die Selbst- und Marktwertprobleme kommen, die etliche Frauen in sich tragen, aus welchem Grund sie tief in ihnen wurzeln und warum viele diesen blockierenden Ballast einfach nicht loswerden.

Teil 3 Wie viel bist du wert? Bereit, über Nacht mehr zu verdienen?

Wie steht es um deinen Selbstwert tief in deinem Inneren? Wie ist deine Beziehung zu Geld? Kennst du deine Chancen und Möglichkeiten?

Dieses Kapitel stärkt dich für die Zukunft und gibt dir die Werkzeuge an die Hand, die du benötigst, um eine nachhaltige Transformation für dich einzuleiten. In fünf Schritten führt es dich zu einem rundum erneuerten Mindset, mit dem du schon über Nacht die Weichen neu stellen kannst, um das zu bekommen, was du wirklich verdienst.

Inhaltsverzeichnis

✦ TEIL 3 ✦

✦ Du hast es verdient ✦

War dir klar, dass ...

... Frauen ihr eigenes Können für gewöhnlich geringer einschätzen als Männer das ihre?

... etwa drei Viertel der in den Medien sichtbaren Experten für die wichtigen und weniger wichtigen Themen Männer sind und wir uns die Welt damit immer noch durch Männeraugen gesehen erklären lassen?

... Frauen genauso oft eine Gehaltserhöhung aushandeln wollen wie Männer, sie ihnen aber wesentlich seltener gewährt wird?

Durchstarten oder Stillstand?

Liebe Leserin!
Wie viel bin ich wert? Was meinst du? Und wie viel bist du wert? Was soll diese Überlegung eigentlich?

Ja, die Frage nach dem Wert eines Menschen ist ungewöhnlich. Was bedeutet sie, wie ist sie gemeint und warum stelle ich sie? Wollen wir unseren Wert wirklich monetär bemessen? Dürfen wir das überhaupt? Genau darum geht es mir in diesem Buch, denn ich bin sicher, dass wir Frauen sie uns in neuem Kontext und äußerst bewusst beantworten sollten. Üblicherweise stellen wir uns die Frage »Wie viel bin ich wert?« eher früher als später im Leben zum ersten Mal – und das wird selten das letzte Mal gewesen sein. Wir stellen sie uns häufig in Bezug auf andere oder im Vergleich dazu, für wie wertvoll wir diese anderen Menschen halten. Wir stellen sie uns unter Umständen schon als Kind, wenn sich unsere Eltern trennen und wir mutmaßen, dass wir der Grund dafür sein könnten. Wir stellen sie uns als Teenager aufgewühlt und heulend, wenn wir erstmals Liebeskummer haben, und traurig bis nachdenklich, wenn wir im Freundeskreis für unseren Geschmack zu wenig Beachtung erhalten. Wir stellen sie uns verärgert spätestens als Erwachsene, wenn jemand unsere Gutmütigkeit oder Hilfsbereitschaft ausgenutzt hat. Vielleicht stellen wir sie uns im Arbeitskontext, wenn wir uns unterbezahlt oder auf anderer Ebene nicht wertgeschätzt fühlen. Aber haben wir diese Frage jemals zu Ende gedacht und sie uns hinlänglich beantwortet? Haben wir uns irgendwann einmal eine ernst zu nehmende Antwort darauf gegeben, wie viel wir in Geld wiegen, wie viel wir in Euro oder Dollar oder Schweizer Franken wert sind? Eher nicht, da man den Wert eines Menschen doch nicht in Geld messen kann! Das ist total unmoralisch und daneben …

Klar, auf den ersten Blick mag es das in unserem erlernten Wertesystem sein. Auf den zweiten Blick ist es allerdings so, dass Arbeit und Leistung nun mal durch Geld ausgeglichen und in Geld aufgewogen werden. Darum sollten wir die Bewertung, was wir von dieser Überlegung halten, hinter uns lassen und uns der Beantwortung der Frage »Wie viel bin ich wert?« mit aller nötigen Ernsthaftigkeit widmen, um nicht nur (endlich) unseren Selbstwert zu erkennen, sondern uns in Folge das, was wir im doppelten Wortsinn *verdient* haben, in Form von Geld zu holen.

Ich will dir mit diesem Buch keine Anleitung zum Erreichen der ersten Million geben. Ich rede nicht über Immobilien und Aktien mit dir, nicht über das Streuen deiner Investitionen oder das Handeln mit Kryptowährungen und genauso wenig über Anlagenrisiken. Ich werde dir auch nicht erklären, wie du zum smarten Sparefroh wirst. Ich werde hier über das mit dir reden, womit ich inzwischen aus unterschiedlichen Perspektiven eine Menge Erfahrung habe: den geringen Selbstwert und die ihm gegenüberstehenden oder sich aus ihm ergebenden großen Selbstzweifel von uns Frauen, die sich bei Angestellten im Gehalt und bei Unternehmerinnen in ihren Preisen zeigen und die sich so in beiden Einkommensformen früher oder später aufs Konto niederschlagen.

Mein Schlüsselerlebnis dazu hatte ich, als eine Kundin als Reaktion auf meine Ideen für Erfolg versprechende Marketingaktionen herumgedruckst hat, richtiggehend verlegen wurde und mir schließlich gestand, sich nichts davon leisten zu können. Überrascht entgegnete ich, dass sie doch überaus erfolgreich mit dem sein dürfte, was sie als Selbstständige auf die Beine gestellt hatte – so wirkte es jedenfalls nach außen. Als sie mir dann schilderte, was sie alles unbezahlt macht und sich durch mein Nachfragen herausstellte, dass das an – aus meiner Sicht völlig unbegründeten – Selbstzweifeln und einem kaum vorhandenen Selbstwert lag, war ich baff. Diese kreative, engagierte Frau verkaufte sich komplett unter Wert, weil sie es nicht wagte, für sich selbst einzustehen und einzufordern, was sie zweifelsohne verdient gehabt hätte! Inzwischen kann ich gar nicht mehr beziffern, wie viele Frauen ich mittlerweile kenne – Freundinnen, Bekannte, Geschäftspartnerinnen, etliche Kundinnen, Auftraggeberinnen und Mitstreiterinnen aus meinem Businessfrauennetzwerk –, die ständig zu wenig Geld haben, immer wieder richtiggehend Erbsen zählen müssen und unter diesem immensen Druck leiden, obwohl sie gefühlt rund um die Uhr arbeiten.

Hinzu kommt, dass sie sich damit meist eine recht lange Phase ihres Lebens allein auf weiter Flur und mitunter wie Versagerinnen vorkommen, weil der Umstand, nicht mit den zur Verfügung stehenden finanziellen Mitteln auszukommen, nun mal nichts ist, das man sich gern auf die wehenden Fahnen heftet. »Hallo, mein Name ist Elisabeth, ich bin selbstständig und habe ein fettes Minus auf meinem Konto« ist eher nicht der Einstieg, den frau beim geselligen Beisammensein nach einem interessanten Vortrag über die extra dafür schön geschminkten Lippen bringt. So kommt es, dass ich sogar bei jenen meiner Kundinnen, die ein Mindset- und Marketingcoaching bei mir gebucht haben, häufig erst durch mein lästiges Nachbohren erfahre, was der wahre Grund ihres Wunsches nach mehr Sichtbarkeit oder einer höheren Reichweite ist: nicht etwa das eigene Unternehmen vergrößern zu wollen, um demnächst ein komplettes Team anzustellen; auch nicht, um als Selbstständige merklich zu wachsen oder sich im aktuellen Angestelltenverhältnis mehr einzubringen oder erstmals selbst verwirklichen zu können. Nein, es ist schlicht und ergreifend in vielen Fällen so, dass der leidige Kredit abbezahlt werden muss, dass das Verwehren des Urlaubs in den vergangenen Jahren nicht ausgereicht hat, um das hässliche Minus auf dem Konto in ein ansehnliches Plus zu verwandeln, oder dass am Ende des Geldes einfach jedes Mal zu viel Monat übrig bleibt. Da sitzen mir also virtuell oder in Präsenz regelmäßig tolle Frauen gegenüber, die längst besondere Ideen hatten, bereits außergewöhnliche Projekte umsetzen konnten, häufig ein bis drei Kinder großgezogen und nebenbei mit links noch zig Fortbildungen absolviert haben – und an einem gewissen Punkt, wenn's ums Eingemachte geht, erzählt mir jede von ihnen (manchmal wütend, manchmal frustriert und ab und zu richtiggehend verzweifelt), dass sie doch schon so viel arbeitet und aufgrund dessen gefühlt am Burn-out kratzt, aber sich das mit den Rechnungen und den Lebenserhaltungskosten einfach hinten und vorne nicht ausgeht. Bäm! Ich bin jedes Mal aufs Neue überrascht bis schockiert über das, was ich dann in den weiteren Sitzungen herausfinde. Es beginnt meistens damit, dass sich keine von ihnen in der Öffentlichkeit zu sagen traut, was sie draufhat. (Weil das so protzig klingt.) Und es hört damit auf, dass vordergründig jene unter ihnen, die keine Partnerschaft mit einem stereotypisch besser verdienenden Exemplar der Gattung »Mann« eingegangen sind, nicht wissen, wie sie in der teils gar nicht mehr so fernen und fallweise bereits herbeigesehnten Pension bzw. Rente die Miete oder die Betriebskosten fürs Eigenheim stemmen sollen.

Ist das zu fassen?! Wir reden hier von Frauen aus Deutschland, Österreich oder der Schweiz – somit jeweils aus einem der reichsten Länder Europas –, die mehr als passabel ausgebildet sind, sich auf den Zertifikaten und Zeugnissen ihrer Grundausbildung selten ausgeruht, sondern sich stetig fortgebildet haben, die fleißig sind und engagiert, meist ausnehmend kreativ und schöpferisch, in ihrem bisherigen Leben durchschnittlich guten bis sehr guten Jobs nachgegangen sind und in 19 von 20 Fällen zusätzlich die

Doppelbelastung »Erwerbstätigkeit/Mutterschaft« gestemmt haben oder nach wie vor stemmen. Und die können sich dann keinen wohlverdienten Urlaub leisten oder haben Schiss davor, dass womöglich demnächst die Waschmaschine, der Staubsauger oder der Geschirrspüler respektive die Spülmaschine eingehen könnte, die Therme gewartet werden muss oder das Auto bei der bevorstehenden Inspektion eine gröbere Reparatur benötigen wird. Das trifft mich immer mitten ins Herz. Und es macht mich echt sauer.

Ich fühle wahrscheinlich deshalb derart heftig mit, weil ich selbst eine dieser Frauen war: bestens ausgebildet, mehrfach ausgezeichnet, sichtbar erfolgreich – und trotzdem phasenweise knapp bei Kasse. Auch ich bin eine jener Frauen, die es sich erst hart erarbeiten mussten, adäquate Honorare für ihre Dienstleistungen und Auftritte zu »verlangen« (allein, wie dieser Ausdruck negativ besetzt ist, oder?), nachdem sie zuvor in diversen Angestelltenverhältnissen oft schlecht verhandelt haben (oder abgewimmelt wurden), sich in den ersten Jahren ihrer Selbstständigkeit immer wieder massiv im Preis drücken haben lassen (den Knopf mit der Aufschrift »Hier geht's zur Gutmütigkeit, die in Wahrheit die verkleidete Angst in Kooperation mit dem aufdringlichen Selbstzweifel ist« finden die meisten recht schnell) und irgendwann feststellen mussten: *Da stimmt doch was nicht! Ich arbeite viel mehr, als ich mir das für meine Selbstständigkeit vorgestellt und vorgenommen hatte, bekomme ausschließlich begeistertes Feedback – scheine also alles richtig zu machen mit meiner Arbeit – und habe trotzdem ein Jahreseinkommen, das mich nicht gerade große Sprünge machen lässt.* Diese ernüchternde Erkenntnis leitete zwar die Wende ein. Allerdings kam die bei mir nicht über Nacht, sondern hat sich über mehrere Jahre erstreckt, in denen ich diverse Hochs und Tiefs durchmachen musste, die sich in meinem Kontostand widergespiegelt haben.

Seit ich den Dreh raushabe und finanziell einnehme, was ich tatsächlich verdiene und wert bin, unterstütze ich andere Frauen dabei, das Gleiche für sich zu schaffen.

Dieser Erfahrungsschatz macht mich mittlerweile zur unfreiwilligen Expertin für ein gar nicht so attraktives, eher heikles Gebiet. Und das ist die gute Nachricht für dich: Mit diesem Buch möchte ich nun auch dich dazu inspirieren, dieses leidige Problem hinter dir zu lassen. Den ersten Schritt machst du in exakt diesem Moment, weil du beschlossen hast, dieses Buch zu lesen und dich mit der Frage, wie viel du wert bist, auseinanderzusetzen. Das wird bereits in dir nachwirken – während des Schlafens und damit praktisch über Nacht.

Mein Anliegen: Ich möchte, dass du künftig das bekommst, was du verdienst, weil du es wert bist. Außerdem will ich dieses in Wahrheit allgegenwärtige Thema enttabuisieren, entstauben; in die Welt hinausschreien, dass es existiert, und dafür sorgen, dass all die an sich selbst zweifelnden, mehr und mehr *ver*zweifelnden Frauen aus ihren emotionalen und gesellschaftlichen Löchern herauskommen, sich ins Spotlight stellen – und sich ohne auch nur ansatzweise mit der Wimper zu zucken *verlangen* trauen, was sie wert sind, damit das zur Folge hat, was sie längst verdient hätten: ein adäquates Honorar bzw. Gehalt für ihre Leistungen und ausreichend gutes Geld auf dem Konto.

Um ein etwaiges Missverständnis erst gar nicht aufkeimen zu lassen: Dieses Buch ist nicht »kontra Männer«. Es liegt mir fern, ihnen an allem die Schuld zu geben, womit wir Frauen es schwerer haben als sie. Auch Männer leben in unserem patriarchalen System nach Konditionierungen und Indoktrinierungen, und mit Sicherheit gibt es genügend unter ihnen, die mit dem, wie sie – sozial erwünscht – zu sein und sich zu verhalten haben, genauso kämpfen. Mit diesem Buch will ich mich daher ganz sicher nicht gegen Männer positionieren. Nichts wäre kontraproduktiver, als meine Ausführungen als den Versuch misszuverstehen, eine Spaltung von Mann und Frau zu initiieren. Es geht mir nämlich nicht darum, eine aggressive Frauenbewegung aus dem Boden zu stampfen. Es geht mir viel mehr um ein sanftes Hinführen zur Erkenntnis, dass Frauen mehr wert sind, als sie durch die Bank glauben. Darum will ich mit diesem Buch »pro Frauen« sein – weil ich selbst eine Frau bin und es mir ein Anliegen ist, das Bewusstsein der Frauen ihren eigenen Wert betreffend zu schärfen und sie darin zu unterstützen, ihre Selbstzweifel ablegen und hinter sich lassen zu können. Mir ist klar, dass viele Frauen das glücklicherweise längst für sich geschafft haben. Falls du dich zu ihnen zählen kannst, gibt es wohl andere Gründe, warum du an meinen Theorien und meinem Transformationsprogramm interessiert bist. Möglicherweise verstehst du es als einen Auftrag, andere Frauen auf ihrem Weg zu begleiten und möchtest dir dafür Inspiration holen. Was immer es sein mag: Je mehr Frauen sich Gedanken zur Frage »Wie viel bin ich wert?« machen, desto besser. So wird das Thema hoffentlich mehr und mehr diskussionswürdig.

In den ersten beiden Teilen dieses Buch erzähle ich dir deshalb von meinen eigenen *Erfahrungen und Beobachtungen*. Im dritten Teil offeriere ich dir fünf *Schritte der Veränderung*, die gemeinsam eine nachhaltige Transformation ergeben. Sie haben bei mir selbst viel bewirkt und waren bzw. sind für meine Kundinnen hilfreich. Es mag sein, dass du das eine oder andere grundverschieden wahrnimmst oder erlebt hast. Das macht nichts! Wenn du nur *ein* Aha-Erlebnis hast, *eine* Erkenntnis aus dem Lesen dieses Buches ziehst oder nur *eine einzige* Stellschraube zum Positiven für dich drehen kannst, hast du schon gewonnen. Dieses Buch will dich für den Ist-Zustand und die Fakten um ihn herum sensibilisieren. Es will dich wachrütteln aus deiner Ohnmacht, die du womöglich ab und an empfindest. Es will dir liebevoll in den Hintern treten – und dir währenddessen anerkennend auf die Schulter klopfen, weil du die Sache jetzt in die Hand nimmst. Und es will dir ein Versprechen geben: Auch du kannst die Metamorphose erfolgreich durchleben! Die von der immer wieder an sich selbst zweifelnden, hart arbeitenden Unternehmerin oder Angestellten mit Zahlen auf dem Konto, die nicht zu ihrem Können, ihrer Erfahrung und ihrem Einsatz passen – zur selbstbewussten Frau, die für ihre Leistung bekommt, was ihr verdammt nochmal zusteht.

Es geht mir nicht darum, wie du von heute auf morgen steinreich wirst, doch das Buch kann ein Erfolgsbeschleuniger sein und dir Umwege und Zeit ersparen. Und deshalb könntest du tatsächlich über Nacht erste Veränderungen spüren. Lass dieses Buch deine Mentorin auf dem Nachttisch sein, eine Wegbegleiterin für die Handtasche, eine Coachin aus diesem »Was bin ich wert?«-Wahnsinn heraus in eine »Ich weiß genau, was ich wert bin und verdiene«-Zukunft.

Also wenn du bereit bist, dann lass uns loslegen!

Alles Liebe

✦ **Pamela** ✦

Bist du bereit?

Der Gedanke ließ mich nicht einschlafen. Ich wälzte mich im Bett hin und her und kam nicht zur Ruhe. Meine neue Kundin ging mir einfach nicht aus dem Kopf. Ich hatte an diesem Tag ein erstes 1:1-Mentoring mit einer toughen Frau gehabt und bei ihr war es genau so, wie ich es bereits oft erlebt hatte: fundierte Ausbildung, reichlich Berufserfahrung, tolle Ideen – doch kein großer Erfolg in Sicht, schon gar nicht wirtschaftlicher Natur. Immer wieder habe ich in privatem Rahmen Gespräche über solche Umstände geführt oder von Kundinnen erfahren, dass sie nicht vorwärtskamen, was ihr Ziel von finanzieller Sicherheit oder gar Wohlstand betrifft. Und nun war da infolgedessen auf einmal diese Frage, die in meinem Kopf rotierte: *Warum haben so viele Frauen in meiner Umgebung ständig Stress, nie genügend Zeit für sich und trotzdem immer zu wenig Geld? Und warum kenne ich dieses Phänomen in dieser Ausprägung nicht auch von Männern?*

Während ich mich in den Bettlaken von einer auf die andere Seite warf, erinnerte ich mich an meine eigene Erkenntnis vor einigen Jahren. Ich hatte schon damals ansehnliche Erfolge vorzuweisen: Bücher, die auf Bestsellerlisten landeten; regelmäßige Auftritte im Radio und TV; diverse Gastartikel und Interviews mit mir in Print- und Onlinemedien – und das Wichtigste: begeisterte Kundschaft, die mich weiterempfohlen hat und selbst wiedergekommen ist, wenn etwas Neues anstand, bei dem sie auf meine Expertise setzten. Mein Arbeitspensum war hoch, aber mein Kontostand spiegelte das nicht in der Höhe wider, die meinem Einsatz und meinem Standing entsprochen hätte. Wenn die eine oder andere Firma sich dann nicht an das Zahlungsziel meiner Honorare hielt, kam ich sogar immer wieder ins Straucheln, sobald meinerseits hohe Rechnungen zu begleichen waren, ich nicht genug dafür auf meinen Konten hatte und deshalb überziehen musste. Ich war frustriert. Natürlich hatte ich mich nicht vorrangig wegen der Möglichkeit selbstständig gemacht, als Unternehmerin wesentlich mehr verdienen zu können als in meiner damaligen Funktion als leitende Angestellte. In erster Linie war es mir um Selbstverwirklichung, Freiheit und die Entfaltung meines Potenzials gegangen. Und all das hatte gut geklappt, doch meinen Verdienst betreffend war definitiv noch Luft nach oben. Das war es aber gar nicht, was mich zu diesem Zeitpunkt am meisten beschäftigte. Es ging mir vorwiegend um etwas anderes: Die Art, wie Menschen, die mich beauftragt oder mit mir zusammengearbeitet hatten, mir ihre Wertschätzung für mein Können, Wissen und Tun verbal oder schriftlich entgegenbrachten, passte nicht zu dem, wie sie sich mir gegenüber auf der Ebene der Zahlungen verhielten:

Regelmäßig wurde ich im Honorar gedrückt und danach gefragt, ob »man da nicht noch etwas mit dem Preis machen könnte«.

Mein Partner hat mir irgendwann wieder einmal meinen Ärger angesehen und mich gefragt: »Glaubst du, deine Interessenten haben das Gefühl, man könnte dich im Preis drücken, weil du ... zu nett bist und deshalb nicht ›Nein‹ sagen kannst?« Meine Antwort hat mich nicht gerade stolz gemacht.

Genauso regelmäßig musste ich der Begleichung meiner Rechnungen hinterherlaufen. Diese Rolle gefiel mir überhaupt nicht. Und es hat mich fallweise richtig wütend gemacht, bin ich doch mit allem immer in Vorleistung gegangen und hatte gerade bei Trainings oder Vorträgen in anderen Städten zusätzlich die Reise- und Übernachtungskosten zu begleichen. Ich weiß noch, dass ich auf einen Betrag von über 5.000 Euro mal mehr als sechs Monate warten und zigmal nachfragen musste, wann denn nun endlich überwiesen werden würde. Weil ich nicht als schwierig oder zickig gelten und meinen Auftraggeber nicht verärgern wollte – selbstverständlich hätte ich mir die Wiederholung der Buchung meiner Trainings im Folgejahr nicht verbauen wollen –, hab ich immer wieder zugewartet und abgewogen, bevor ich erneut an die Fälligkeit meines Honorars erinnerte. Eine Mahnung habe ich nie geschickt, obwohl das rechtlich längst angebracht gewesen wäre. Furchtbar nervig! Auch da hörte ich mich eines Tages mit der dazugehörigen Frage meines Partners konfrontiert: »Ich würde das nicht durchgehen lassen – so etwas traut sich bei mir keiner. Und wir sollten überlegen, warum man glaubt, dass das bei dir durchgeht.« Es war mir sonnenklar, dass man bei ihm nicht das Gefühl hätte, er würde ein solches Verhalten erlauben. Es *musste* folglich etwas mit mir zu tun haben: Offensichtlich strahlte ich irgendetwas aus, das den Leuten vermittelte, man könne das so mit mir machen. Richtiggehend schlittengefahren sind einige von ihnen deshalb mit mir. Gar nicht cool. So war ich gezwungen, mich mit mir auf genau dieser Ebene auseinanderzusetzen und Schritt für Schritt etwas zu ändern. Ich sage dir, das war eine ganz schöne Gratwanderung, straighter zu werden, ohne meine Warmherzigkeit darunter leiden zu lassen. Und immer wieder kam mir in den Sinn: »Über solche Dinge muss sich kein Mann Gedanken machen! Niemand würde einem Mann vorwerfen, dass er schon ein bisschen hysterisch ist, wenn er sein Honorar nicht pünktlich auf dem Konto hat, oder dass er unnachgiebig wäre, wenn er nicht im Preis runtergehen möchte!« Dabei fiel mir auf, dass auch *mir* das in Wahrheit noch niemand (zumindest nicht laut ausgesprochen) vorgeworfen hatte. Womöglich fand das so nur in meinem Kopf statt?

Trotzdem emanzipierte ich mich in meinem Verhalten im geschäftlichen Kontext immer stärker und hatte schließlich merklich seltener mit den erwähnten Troubles zu kämpfen. Die nachhaltigste Veränderung war es, als ich tatsächlich über Nacht beschloss, meine Preise noch einmal durchzugehen, um neu festzulegen, welches meiner Angebote wie viel wert ist, nachdem ich festgestellt hatte, dass ich nicht *noch mehr* arbeiten konnte und wollte, aber meines Erachtens ein höheres Einkommen verdient hatte. Und das war dann der Gamechanger in meinem eigenen Business ...

Zurück zu meiner schlaflosen Nacht, in der mir klar wurde, dass ich dieses komplette Selbstzweifel-versus-Selbstwert-und-ich-verdiene-zu-wenig-Thema so gut wie ausschließlich von Frauen kenne: von Freundinnen, von Bekannten, von Geschäftspartnerinnen, von Kundinnen – und in der nicht weit zurückliegenden Vergangenheit von mir selbst.

Weil ohnehin nicht an Schlafen zu denken war, habe ich in dieser Nacht schließlich meine Nachttischlampe angeknipst, Papier und Stift geholt und folgende Thesen notiert, zu denen ich später Daten und Fakten recherchiert habe, um meine Theorie zu überprüfen:

- Frauen haben mehr Stress und weniger Zeit für sich als Männer.
- Frauen verdienen weniger als Männer – und halten das meist sogar für gerechtfertigt.
- Frauen haben geringere Einstellungs- und Aufstiegschancen als Männer.
- Frauen werden ständig beurteilt (als Arbeitskraft oder Unternehmerin, als Tochter, als Mutter, als Partnerin) und Männern passiert das wesentlich seltener.

- Vor allem ihr Aussehen betreffend stehen Frauen ständig im Fadenkreuz, während das Äußere von Männern als nebensächlich eingestuft wird. Anders gesagt: Frauen müssen dem Schönheitsideal sogar, um beruflich erfolgreich zu sein, möglichst nahekommen.
- Frauen können es anderen im Job selten recht machen (wenn sie sich etwa warmherzig zeigen, werden sie nicht ernst genommen und wenn sie ihre Warmherzigkeit verstecken, bezeichnet man sie als »eiskalt«).
- Frauen müssen oft gute Miene zum bösen Spiel machen, um nicht als schwierig, empfindlich oder prüde zu gelten.
- Frauen plagen sich ständig mit einem schlechten Gewissen herum, was an ihrem Selbstwert nagt.
- Frauen gelten – selbst für viele Frauen, wenn sie es auch nicht laut aussprechen und ungern zugeben würden – als das weniger kluge und weniger fähige Geschlecht (die wohlbekannte Aussage »Für eine Frau bist du recht gut in deinem Job!« kennen vermutlich die meisten).
- Frauen sind in unserer Gesellschaft nach wie vor hoffnungslos unterrepräsentiert – in der Politik, in der Wirtschaft, in der Exekutive, unter den Fachkundigen für diverse Fachgebiete, in den Medien, in Film und Fernsehen, in der Wissenschaft und in der Kunst –, obwohl man uns immer weismachen möchte, dass die Frauenquote das adäquat geändert hätte und wir inzwischen alle gleichberechtigt wären.
- Etliche Bereiche der Diskriminierung sind uns gar nicht explizit bewusst, weil wir schlichtweg so daran gewöhnt sind, etwa dass wir in zahlreichen Belangen wie eine Minderheitengruppe behandelt werden, obwohl wir die Hälfte der Weltbevölkerung ausmachen.

... und all diese Prämissen führen insgesamt zu einem niedrigen Selbstwert, der dafür sorgt, dass Frauen es sich zudem gefallen lassen, wie viele Steine man ihnen in den Erfolgsweg legt, obwohl sie sich schon selbst genug im Weg stehen.

Falls du nun meinst, das wären nur haltlose Annahmen, dann lies bitte weiter, denn natürlich werde ich alles durch haltbare Fakten belegen. Und wenn ich mit meinen Theorien nicht auf dem Holzweg sein sollte, sind sie die Ursache dafür, dass Frauen unter großen Selbstzweifeln leiden und ein zu geringes Selbstwertgefühl haben, was wiederum häufig dem zu niedrigen Einkommen zugrunde liegt.

Im *ersten Teil dieses Buches (»Real Talk – Frauen im Business«)* schildere ich dir deshalb zunächst, wie es um die Bewertung, die Wertbemessung und daraus resultierend die finanzielle und sonstige Wertschätzung der Frau in der Gesellschaft allgemein und in der Geschäftswelt im Speziellen bestellt ist, damit wir eine fundierte Basis haben, von der ausgehend wir uns auf diesem thematischen Terrain bewegen können – und damit dir klar wird: *Du bist nicht allein damit!* Die Sache hat gewissermaßen System und du kannst nichts dafür, falls du bislang immer wieder an dir gezweifelt, dein Licht unter den Scheffel gestellt und dich mit weniger zufriedengegeben hast, als du verdient hättest.

Im *zweiten Teil (»Geld, Erfolg, Schönheit – das fatale Triumvirat des Selbstwerts«)* erkläre ich dir möglichst simpel, aber so ausführlich und breit unter die Lupe genommen wie nötig, warum es sich schwierig für Frauen gestaltet, reichlich Geld zu verdienen. Das mache ich, *damit du die Zusammenhänge erkennst und dich selbst* in deinem Selbstzweifel, deinem vielleicht mangelnden Selbstwertgefühl, dem Dein-eigenes-Licht-unter-den-Scheffel-Stellen, deiner Bescheidenheit oder deinem Zurücknehmen *besser verstehst.* Denn meiner Überzeugung und Erfahrung nach ist es notwendig, die Ist-Situation anzunehmen, damit es möglich wird, sie zu ändern. Und weil es einfacher ist, einen Umstand zu verändern, dessen Ausgangspunkt man kennt – wodurch man erst begreift, *warum* etwas so ist –, widmen wir uns diesen Hintergründen ausführlich genug, um das ganze Ausmaß erfassen zu können. Das ist außerdem ein echt geiler Weg-von-Motivator, wenn du dich mal richtig geärgert hast über das, was da in der Menschheitsgeschichte bis heute noch relativ krumm läuft – obwohl mir wichtig ist, dir zu vermitteln, dass es die Hin-zu-Motivationen sind, auf die wir uns unterm Strich konzentrieren sollten, weil sie die Vision von dir in einer erfüllten Zukunft vergleichsweise besser nähren.

Im *dritten Teil (»Wie viel bist du wert? Bereit, über Nacht mehr zu verdienen?«)* widmen wir uns endlich der Veränderung deiner Situation, denn zu diesem Zeitpunkt wirst du genügend Einblicke in deren Ursachen gewonnen haben. In fünf Schritten kannst du hier erarbeiten, wie du von dem Punkt in deinem Leben, an dem du dich gerade befindest, dorthin gelangst, wo du gern sein möchtest. In diesen Kapiteln triffst du als Voraussetzung für deine Transformation die *Entscheidung zur Selbstverantwortung*, um dich überhaupt von A nach B bewegen zu können. Dann wirst du zu Beginn deinen Wert als Frau erfahren und adäquat definieren. Als Nächstes wird es darum gehen, deine Sicht auf Geld zu entlarven und neu zu programmieren. Danach kannst du deinen eigenen Wert im Business ermitteln, deine Möglichkeiten entdecken und schließlich lernen, was es braucht, um dir zu holen, was du wert bist und verdienst.

Na, scharrst du hoffentlich schon in den Startlöchern? Dann nichts wie los! Am besten wirfst du gleich mal alle dir anerzogenen Frauenstatussymbole wie High Heels, Minirock und Co. in die Ecke – es wird ein etwas längerer, teils steiniger Fußmarsch. (Am Ende kannst du dir dafür leisten, was dein individuelles Frauenherz tatsächlich begehrt. Und wenn es dann doch ein hoher Turm an Schuhkartons mit Pumps oder ein Schrank voller wunderschöner Kleider sein soll, ist das völlig in Ordnung. Du allein entscheidest, was du dir wert bist und wie du dich in deinem Frausein zeigen möchtest!)

TEIL 1

Real Talk: Frauen im Business

»Ich wüsste nicht, wie ich noch mehr arbeiten sollte. Mein Tag hat doch auch nur 24 Stunden!«

»Ich liebe meine Arbeit, hab sie mir als Selbstständige ja auch bewusst ausgesucht. Aber was das alles kostet, worin man heutzutage investieren muss, um mithalten zu können! Da bleibt am Ende des Tages nicht gerade viel zum Leben und Genießen – weder Zeit noch Geld. Das hatte ich mir echt anders vorstellt.«

»Ich bin so ausgelaugt und müde vom ewigen Dem-Geld-hinterherrennen-Müssen. Vielleicht sollte ich lieber Lotto spielen.«

War dir klar, dass …

… Bürgermeisterposten in Deutschland zu 91 Prozent und in Österreich zu gut 90 Prozent von Männern besetzt sind?

… Frauen in der obersten Liga ihrer jeweiligen Zunft viel seltener präsent sind, selbst wenn es um stereotypisch weiblich besetzte Bereiche wie das Kochen geht?

… die Professuren an deutschen Hochschulen zu rund 75 Prozent und die an österreichischen zu knapp 71 Prozent an Männer vergeben sind?

… Aristoteles den männlichen Körper als die Norm und den weiblichen als die Abweichung von dieser Norm bezeichnet hat?

Female Reality: Hard Facts (er)schlagen Soft Skills

»So gehen sie vor, nicht wahr? Sie zeigen dir die Welt – und sagen dir dann: ›Du darfst sie nicht haben!‹« Das entgegnet die Figur der Virginia Wilson aus der *Netflix*-Serie »1899« der Protagonistin Maura Franklin, nachdem diese ihr erklärt hat, dass Frauen in England zwar studieren, allerdings nicht praktizieren dürfen. Sie ist nämlich gelernte Chirurgin und hat aber noch nie operiert. Exakt so fühlen sich etliche Frauen auch im echten Leben des 21. Jahrhunderts: Sie haben irre viel auf dem Kasten und können es nicht zeigen; entweder, weil sie keine Gelegenheit dazu finden, oder weil sie vor lauter Hausarbeit und Betreuung ihrer Kinder oder pflegebedürftiger Angehöriger ihrer wahren Berufung nicht nachgehen können – oder einfach, weil sie es nicht wagen, sich mit ihren Talenten und Fähigkeiten in der Öffentlichkeit zu präsentieren. Dabei sind die meisten Frauen kreativ, empathisch, loyal, sensibel, hilfsbereit, gut im Kommunizieren (vor allem im aktiven Zuhören), vermittelnd und vielseitig in ihrem Können. Das bestätigt sich bei jeder meiner Kundinnen, mit denen ich im 1:1-Setting bereits an ihrem Mindset, ihrer Positionierung und ihrer Strategie gearbeitet habe.

Das jeweilige Anliegen einer jeden von ihnen hat auf den ersten Blick nichts mit dem Wunsch, mehr Geld verdienen zu wollen, zu tun: »Ich hab so viele Ideen und kann nicht einschätzen, welche davon das Zeug hat, erfolgreich zu werden«, »Ich wünsch mir Unterstützung beim Ordnen meiner Gedanken, um herauszufinden, worauf ich meinen Fokus legen sollte«, »Ich würde gern sichtbarer am Markt werden, um neue Zielgruppen anzuziehen« oder »Ich brauche eine Sparring-Partnerin, die schon dort ist, wo ich gern hinmöchte« klingt erst mal eher danach, dass sie sich kreativ ausleben, selbst verwirklichen und ihr Potenzial entwickeln wollen, damit sie das, was sie in sich tragen und gern beruflich machen würden, doch noch in die Welt bringen können.

Oft kommen wir recht schnell an einen Punkt, an dem etwa die Antwort auf meine Frage, was die betreffende Kundin in ihrem Inneren begeistert, worauf sie am meisten Lust hätte oder was ihr Herzensprojekt wäre, auf einmal lautet: »Na ja, *das* sollte wohl meine Entscheidung nicht beeinflussen. Wichtig ist doch, was lukrativ wäre!« Manchmal dauert es wesentlich länger und wir sind erst später so weit, dass sie mir von ihrer nicht gerade rosigen finanzielle Lage erzählt und warum sie beispielsweise schon einen Kredit für ihr Ein-Personen-Unternehmen aufgenommen hat, um jetzt in Projekte investieren zu können, die einiges an Budget verschlingen: die Social-Media-Betreuung durch eine Agentur, eine (neue) Website, die Produktion eines Podcasts, das Schalten von *Meta*- und *Google*-Ads; oder dass sie aufgrund solcher Investitionen in der jüngsten Vergangenheit inzwischen knapp bei Kasse und punktuell komplett blank ist. Für die meisten von ihnen gestaltet sich das glücklicherweise nicht existenziell bedrohlich, weil sie einen Partner an ihrer Seite oder eine Herkunftsfamilie hinter sich wissen, der oder die sie finanziell unterstützt. Manche haben zwar das Glück, dass sie relativ geringe private Fixkosten haben, weil etwa das Haus oder die Wohnung schon abbezahlt ist. Trotzdem fühlt es sich für diese Frauen mies an, so wenig Einkommen im Vergleich zu ihrem Arbeitseinsatz zu generieren. Und das ist auch aus meiner Außenperspektive betrachtet eine echte Schieflage. Einige von ihnen haben bereits mehr als 20 Jahre Berufsleben hinter sich, waren in einer oder mehreren Firmen angestellt und haben ein regelmäßiges Gehalt gehabt, dessen Höhe zumindest »in Ordnung« war. Dann kam die Zeit um die Lebensmitte und die Midlife-Crisis hat sie unerwartet und folglich unvorbereitet von hinten angesprungen: Plötzlich waren da Zweifel an der Sinnhaftigkeit ihres jeweiligen Berufs, Ängste, es im hohen Alter zu bereuen, nicht *mehr* aus sich gemacht zu haben, nicht auf die eigenen Sehnsüchte gehört oder sich die wahren Träume nicht erfüllt zu haben. Ein Großteil der Frauen hat oder hatte zusätzlich die einnehmende Mutterrolle auszufüllen, und über das, was sie glauben, versäumt oder nicht erreicht zu haben, vergessen sie häufig, was sie alles geschafft haben. Denn die Mutterschaft nimmt immerhin einen wesentlichen Teil des Lebens und des Alltags ein – gut 15 bis 20 Jahre, in denen eine Frau nicht all das tun und lassen kann, was sie gern möchte. Eine Bekannte erzählte mir von einer Unternehmerin aus ihrem Netzwerk, die spät Mutter geworden ist und deren Kinder aktuell im Volksschulalter sind: »Sie sagt mir oft, dass sie niemals gedacht hätte, welchen Raum die Kinder einnehmen würden und was sie alles nun nicht mehr zuwege bringt, was sie früher als erfolgreiche Geschäftsfrau locker geschafft hat. Tatsächlich beschränkt sie das massiv in ihrem Selbstwert, obwohl sie als Mutter Grandioses leistet und gleichzeitig ein erfolgreiches Network-Marketing-Business betreibt.«

Jene meiner Kundinnen, die bereits echten Mut bewiesen, unbefriedigende Jobs aufgegeben oder festgefahrenen Mutterrollen sukzessive verändert haben, um sich dem zuzuwenden, wonach sie sich tief in ihrem Inneren sehnten, mussten sich oftmals gegen Unverständnis und Kopfschütteln in ihrer nächsten Umgebung zur Wehr setzen. Und wofür? Dafür, dass sie zwar endlich tun konnten, was sie erfüllt, aber für ein Gehalt oder Honorar, das ihre finanzielle Situation merklich geschwächt hat.

Der Preis dafür, die eigene Berufung zu leben, ist oft ein miserabler Kontostand.

Erkennst du dich schon wieder? Hast du auch auf deine innere Stimme gehört und dich deshalb ins eiskalte Wasser der Selbstständigkeit begeben, um das leben zu können, was sich sinnstiftend für dich anfühlt oder was dir einfach enorm viel Spaß macht? Spielen die Zahlen auf deinem Konto seitdem nicht mehr so mit, wie es sich gesund anfühlen würde? Oder steckst du gerade in der Phase fest, in der du noch zögerst, in der du dich noch nicht traust, in der du noch abwägst, was klug und was toll wäre? Dann bleib dran, denn genau dieser Knoten sollte sich spätestens mit dem Lesen der letzten Seiten gelöst haben!

Manche meiner Kundinnen tragen eine wesentlich härtere Geschichte als das Unverständnis in ihrem Umkreis und die niedrigen Zahlen auf dem Konto in ihrem Erfahrungsrucksack mit sich herum: Sie haben einen Schicksalsschlag erlitten, der ihnen den Boden unter den Füßen weggezogen hat. Eine hat in einem Alter, in dem man für gewöhnlich noch im Aufbau des gemeinsamen Lebensentwurfs ist, ihren Mann verloren. Plötzlich und unvermittelt. Bei einer anderen wurde bei einer Routineuntersuchung ein Tumor gefunden und sie musste darauffolgend einige Operationen über sich ergehen lassen und um ihr Überleben bangen. Eine wieder andere bekam die Diagnose einer Krankheit, deren Namen sie bislang noch nicht einmal gekannt hatte, und musste sich selbst und ihre Zukunftsvorstellungen völlig neu ausrichten.

Eine meiner Kundinnen erzählte mir davon, dass sie mit knapp 42 Jahren nochmals schwanger geworden war. Sie und ihr Mann hatten bereits zwei Kinder und ein weiteres war allein aus Kostengründen nicht geplant gewesen. Schweren Herzens hat sie sich damals für einen Schwangerschaftsabbruch entschieden. Die Befürchtung, es vor allem finanziell mit einem weiteren Kind nicht zu schaffen und nie mehr das tun zu können, was sie wollte, war zu groß: »Ich hatte riesengroße Angst, noch einmal in der Mutterrolle mit all ihren Ausprägungen unterzugehen und ich fühlte mich dieser enormen Verantwortung einfach nicht mehr gewachsen«, hat sie mir die Gründe für ihren Entschluss geschildert. Die Entscheidung, das Kind nicht auszutragen, war die härteste in ihrem Leben gewesen und hat zudem den Anlass gegeben, gehörig in ihrem Alltag aufzuräumen und sich mit dem ihr innewohnenden Potenzial auseinanderzusetzen, damit ihr Handeln nicht umsonst gewesen war – was sie letztlich als Selbstständige erfolgreich und erfüllt gemacht hat.

Solche lebensverändernden und/oder die eigene Seele erschütternden Ereignisse führen oft dazu, dass der Brotjob an den Nagel gehängt wird – wie es auch bei dieser Frau schließlich der Fall war. Der alte Lebensweg funktioniert nicht länger – entweder, weil er nicht mehr bewältigbar ist (wenn etwa eine Krankheit sich immer wieder laut zu Wort meldet, nachdem die Ausübung der bisherigen Aufgabe zu anstrengend für den Körper geworden ist) oder weil die Lebenswende als Anlass genommen wird, die Prioritäten neu zu setzen und sich zu überlegen, wie man die noch hoffentlich vor einem liegenden Jahrzehnte verbringen möchte.

Und es gibt natürlich jene Frauen, die gar nicht selbstständig sein möchten, weil das Modell des Angestelltenverhältnisses gut zu ihnen und für sie passt, die hingegen ihre Leidenschaft zum zweiten Standbein machen oder sich als Angestellte eine für sie attraktivere und erfüllendere Stelle suchen wollen.

So bunt die Lebensgeschichten und die aktuellen Lebenssituationen sein mögen – gute 90 Prozent von ihnen haben gemeinsam, dass wir in unserer Zusammenarbeit irgendwann auf die fehlende Anerkennung und auf das fehlende Gold stoßen. Das passiert immer dann, wenn ich erfahre, wie wenig ernst ihr Job allein innerhalb der eigenen Familie genommen wird, wenn sie – etwa der Kinder wegen – von zu Hause aus arbeitet. Dazu eine kurze Anekdote, die leider keinesfalls eine lustige ist, aber prototypisch dafür steht, was mir wiederholt erzählt wird:

Es geht um ein Paar, das zwei kleine Kinder hat. Beide arbeiten vom Homeoffice aus. Er hat sich unten im Keller ein richtiges Büro eingerichtet, und wenn er sich dort aufhält, wissen Frau und Kinder, dass er nicht gestört werden darf, weil er arbeiten muss. Sie hat ihren Arbeitsplatz im Wohnzimmer, in dem sich die große Spielecke der Kinder befindet, wo der Fernseher mitunter läuft und sich unter Umständen der gleichaltrige Besuch der Kinder einfindet. Nebenbei hat sie noch darauf zu achten, das Essen pünktlich zur Mittagspause des Mannes zuzubereiten, denn er muss ja etwas zu sich nehmen. Ihr Homeoffice-Tag hat acht Stunden – seiner ebenfalls.

Jene meiner Kundinnen, die das kürzlich live vor Ort miterlebt hat und selbst alleinerziehend ist, meinte dazu: »Weißt du, wenn ich das sehe, bin ich froh, dass ich keinen Mann hab. Sie schuftet wie eine alleinerziehende Mutter, ihr Tag ist derselbe wie meiner. Da brauch ich echt keinen Mann an meiner Seite, für den ich zusätzlich noch Energie aufwenden muss. Und wenn sie dann im Radio oder im TV von Gleichberechtigung oder Halbe-Halbe reden, kommt mir das Kotzen.«

So viel zur fehlenden Anerkennung aus den eigenen Reihen. Und auf den Mangel in Form von zu wenig Geld auf dem Konto stoßen meine Kundinnen und ich im Prozess immer dann, wenn ich höre, wie hoch (besser gesagt: wie niedrig) ihre Honorarsätze sind oder wie sie gehaltstechnisch mit weniger bedacht worden sind, als sie mit ihrer Erfahrung und ihren Fähigkeiten verdient hätten. Denn Fakt ist: Viele Frauen aus meinem beruflichen wie privaten Umfeld kommen kaum mit ihrem (eigenen) Geld aus. Und Fakt ist ebenfalls: Diese Frauen zweifeln bei näherem Hinsehen an ihrem Können, ihrem Äußeren, ihren Qualitäten, ihren Talenten, schätzen sich meist unter ihrem Wert ein, verkaufen sich deshalb auch weit darunter und gehen folglich als Unternehmerinnen oder Künstlerinnen mit niedrigen Preisen auf den Markt bzw. lassen sich als Angestellte mit zu wenig Gehalt abspeisen.

Bei den Männern unter meinen Kunden ist Geld definitiv wesentlich (!) seltener ein Problem. Bei ihnen geht's um andere Dinge, doch in Bezug auf ihren Selbstwert und ihre Einnahmen muss ich den wenigsten unter die Arme greifen. Wir arbeiten folglich eher an »Think big!«-Zielen. Und genau dieser Unterschied zwischen meinen Kundinnen und meinen Kunden ist mir irgendwann wie Schuppen von den Augen gefallen:

Männer sind zufrieden mit sich selbst und ihrer Leistung – und wollen (noch) mehr Geld verdienen.

Frauen sind unzufrieden mit sich selbst und ihrer Leistung – und *sollten* mehr Geld verdienen, müssen sich aber erst mal darauf bringen lassen, dass sie unterbezahlt sind, weil ihnen das selbst gar nicht in den Sinn gekommen wäre. Sie hängen beim »Was mache ich falsch, worin bin ich noch nicht gut genug und wie könnte ich noch mehr tun?« fest. Wie kann das sein?!

Mein eigenes ewiges Rumeiern mit meinen Preisen in der Vergangenheit lässt mich übrigens bis ins Detail verstehen, wie es ist, chronisch unterbezahlt zu sein und das erst verdammt spät zu bemerken. Dieses Thema zieht sich beim Großteil meiner Kundinnen durch, während meine männlichen Kunden sich (mit für die Statistik vernachlässigbaren Ausnahmen) nie einen Kopf darüber machen, ob das, was sie zu sagen haben, für ein Publikum ausreichend interessant ist, um es sich in einem Podcast oder bei einem Vortrag anzuhören oder gar ein Buch darüber zu lesen. Sie hinterfragen auch selten, ob sie mit ihrer Performance kompetent (genug) wirken.

Durch die Kombination all dieser genannten Fakten haben sich mir irgendwann die folgenden Überlegungen richtiggehend aufgedrängt: *Woher kommt dieser verstärkte negative Fokus, wo Frauen doch im Hintergrund die Fäden ziehen und dafür sorgen, dass nicht alles in der Familie und der Gesellschaft zusammenbricht? Oder stimmt das etwa gar nicht und wir bilden uns das nur ein?*

Gehen wir diesem Phänomen also in diesem ersten Kapitel auf den Grund!

Schattenspiel: in der Erfolgswelt unerheblich

Ich möchte mit einer Frage in dieses komplexe Thema starten: Welche Namen fallen dir spontan ein, wenn du an die folgenden Rubriken denkst?

- die bedeutendsten Philosophen der Vergangenheit und unserer Zeit
- die wichtigsten Schriftsteller der Menschheitsgeschichte
- die erfolgreichsten Pianisten der Welt
- die bekanntesten Speaker in den USA und im deutschsprachigen Raum
- die besten Verkaufstrainer der D-A-CH-Region
- die reichsten Unternehmer weltweit

Wie viele Männernamen sind darunter? Und wie viele Frauennamen sind beim Lesen gerade vor deinem inneren Auge aufgetaucht? Ich möchte wetten: erheblich weniger – wenn überhaupt ein einziger. Lieg ich richtig mit meiner Vermutung? Das entspräche jedenfalls meiner Erfahrung.

Und das führt uns zu einer in der Gender-Debatte oft

heiß diskutierten Frage: Hätte ich die Bulletpoints in der Doppelnennung geschrieben, wären dir dann mehr Frauen eingefallen? Was meinst du?

Überprüf das am besten, indem du die unten stehende Liste einer Freundin oder Arbeitskollegin zeigst. Und notfalls drück innerlich den Reset-Knopf und versuch dich neuerlich in die Situation zu versetzen, damit du die Probe aufs Exempel selbst machen kannst: Welche Namen fallen dir ein, wenn du die folgenden Rubriken liest?

- die bedeutendsten Philosophinnen und Philosophen der Vergangenheit und unserer Zeit
- die wichtigsten Schriftstellerinnen und Schriftsteller der Menschheitsgeschichte
- die erfolgreichsten Pianistinnen und Pianisten der Welt
- die bekanntesten Speakerinnen und Speaker in den USA und im deutschsprachigen Raum
- die besten Verkaufstrainerinnen und Verkaufstrainer der D-A-CH-Region
- die reichsten Unternehmerinnen und Unternehmer weltweit

Und? Meinem Eindruck entsprechend gehe ich davon aus, dass deine Aufmerksamkeit durch diese Doppelnennung zwar stärker oder gleichermaßen auf Frauen gelenkt worden ist (und damit sehen wir, dass das sehr wohl funktioniert), dir aber nicht merklich mehr Vertreter*innen* der jeweiligen Berufsgruppen eingefallen sein werden – oder dein Denkapparat deutlich länger bei den einzelnen Punkten verweilt hat, um zumindest auf *eine* weibliche Person zu kommen, oder? Woran liegt es also, dass uns bei den Besten, Bedeutendsten und Erfolgreichsten immer zuerst jede Menge Männer in den Sinn kommen, bevor wir nur halb so viele Frauennamen nennen können? Liegt das wirklich daran, dass Frauen einfach nicht in gleicher Weise brillant sind wie

Männer? Oder hatten und haben sie weniger Gelegenheiten, ihre Fähigkeiten zur Schau zu stellen?

Im TV-, Film- und Showbiz jedenfalls sind Frauen insgesamt wesentlich weniger präsent als Männer – gleichermaßen hinter den Kulissen wie vor der Kamera. Weil Drehbuch, Produktion und Regie mehrheitlich in männlichen Händen liegen, kommt es überwiegend zu übertrieben stereotypischen Darstellungen von Frauen, die von diesem heterosexuellen Männerblick dominiert werden. »Male Gaze« nennt sich das in der Fachsprache. Diese männliche Perspektive ist dafür verantwortlich, dass Frauen gern als passives Objekt der Begierde und ohne eigene Persönlichkeit in die Handlung eingeführt werden – und das vorwiegend in Bezug auf einen Mann, indem sie sich thematisch hauptsächlich damit beschäftigen, wie sie ihn bekommen, loswerden, halten oder zurückgewinnen können. Optisch werden sie dieses Ansinnen verstärkend so inszeniert, wie sie möglichst begehrenswert für Männer sind, was sie naturgemäß auf ihr Aussehen und ihre körperlichen Merkmale reduziert. Dieser Male Gaze begegnet uns nicht ausschließlich in Filmen und Serien, sondern auch in Computerspielen, in der Werbung und auf Social Media. Nachvollziehbar, dass das vielen Frauen sauer aufstößt. So hat die US-amerikanische Cartoon-Zeichnerin Alison Bechdel mit ihrem Comic »Dykes to watch out for« eine Art Sexismus-Test eingeführt, der inzwischen als »Bechdel-Test« bekannt ist und dem Filme wie Serien durch die Beantwortung von drei einfachen Fragen unterzogen werden können:

- Gibt es mindestens zwei Frauenrollen?
- Reden die beiden Frauen miteinander?
- Unterhalten sich die beiden Frauen über etwas anderes als einen Mann?

Ergänzt werden diese drei Fragen in der jüngeren Variante des Tests um folgende:

- Haben die beiden Frauen einen Namen?

Diese Prüfung müsste doch mit links zu bestehen sein, denkst du dir? Pustekuchen! Von den 1.200 beliebtesten Filmen der Jahre 1980 bis 2019 hat lediglich die Hälfte bestanden, wie eine 2022 veröffentlichte Studie preisgibt. Und das, obwohl es mitunter ausreichen würde, wenn sich zwei weibliche Figuren, die einander mit dem Namen ansprechen, über Kleidung oder übers Schminken unterhalten würden – was nicht minder sexistisch und klischeehaft wäre und deshalb so auch kritisiert wird. Wenn du Lust hast, beantworte dir diese Fragen zu deinen Lieblingsfilmen, um ein besseres Feeling dafür zu bekommen! Ich sag dir: Es ist erstaunlich, wie viele Serien und Filme bei diesem Test durchfallen!

Das Gegenstück zum Male Gaze ist der Female Gaze, mit dem das Ziel verfolgt wird, die Individualität von Frauen zu porträtieren und sie nicht länger auf den Körper reduziert als Beiwagen der männlichen Protagonisten darzustellen. Filme, denen der Female Gaze zugrunde liegt, bestehen den Bechdel-Test deshalb automatisch. Greta Gerwigs »Barbie« ist das beste jüngere Beispiel dafür: Als erster Film einer Regisseurin überhaupt hat er mehr als eine Milliarde US-Dollar eingespielt und ist damit der weltweit wirtschaftlich erfolgreichste Film des Jahres 2023. Gelungen ist das mit dem Bestehen des Bechdel-Tests auch dem männlichen (!) Star-Regisseur Ridley Scott bereits 1991 mit dem gelobten und weithin bekannten Roadmovie »Thelma & Louise«. Na also, geht doch!

Sehen wir uns die konkreten Auswirkungen der Unterbesetzung von Frauen im Showbiz anhand eines anschaulichen Beispiels aus dem deutschsprachigen Raum an dieser

Stelle genauer an: Um einen Auftritt in einer Live-Comedyshow für Nachwuchstalente fernab des Fernsehens hinlegen zu dürfen, muss man sich bei der solche Abende organisierenden Agentur erkundigen, ob denn noch ein Platz frei ist. Wenn diese Frage von einer Frau kommt, heißt es als Antwort nicht selten: »Leider nein. Wir *haben* schon eine Frau.« Das schildert Comedian und Moderatorin Carolin Kebekus in ihrem Buch mit dem so passenden Titel »Es kann nur eine geben«. Als sie solche Absagen zu Beginn ihrer Karriere regelmäßig bekam, waren in manchen Fällen längst nicht alle Plätze vergeben. Das klang aufs genauere Nachfragen hin so: »Ja, wir haben zwei freie Plätze, aber es gibt eben schon eine Frau. Die sind dann also den Männern vorbehalten.« Konkret hieß das: Bei fünf Slots wurden vier mit Männern besetzt. Wenn Shows ausschließlich von Frauen bespielt wurden, hatten sie das Label »Girls Club«, während eine »Mixed Show« mit einer einzigen Frau abgesehen von den Männern als »normale Show« galt. Carolin Kebekus teilt einen Hoffnungsschimmer mit ihrer Leserschaft, wenn sie meint: »*Eine* Frau pro Comedyshow war also normal. Heute hat sich das zum Glück geändert: Manchmal gibt es *zwei* Frauen in einer Show. Juhu!« Ist das zu fassen? In diesem Bereich gibt es folglich gar nicht so viel weniger Frauen als Männer, wie man meinen würde – sie erhalten bloß nicht gleichermaßen die Chance, ins Rampenlicht zu treten, weil Männer Kabarett und Comedy zu ihrer Domain gemacht haben. *Ich* könnte dazu lediglich eine Ferndiagnose stellen. Carolin hingegen – mittlerweile eine der richtig großen, weil erfolgreichen und bekannten Star-Comedians Deutschlands – hat eine Idee dazu: »Natürlich gibt es die Theorie, dass Männer Angst vor lustigen Frauen haben, weil Lustigsein ihr einziges Kapital ist. Wenn das Männchen sich paaren will, aber beispielsweise nicht die schönsten Federn hat, dann erzählt es halt einen Witz und schon gibt ihm das Weibchen ihre Telefonnummer.«

Nicht nur publikumswirksamen Humor, sondern ebenso Attribute wie Intelligenz, Mut oder Durchsetzungsstärke – und daraus resultierend Erfolg allgemein – verbinden wir in unseren Köpfen reflexartig erst mal mit den Männern. Weil wir das so gewohnt sind und weil sie es sind, die wir sehen, hören und sonst wie mitbekommen, nachdem sie vielfach vor den Vorhang treten. Weil Erfolg mit dem eigenen Talent oder Tun in vielen Fällen mit finanziellem Erfolg einhergeht, liegt das meiste Geld auf den Konten von männlichen Kontoinhabern. Dazu ein paar aufschlussreiche Zahlen aus der Welt der (Erfolg-)Reichen, die uns auf die Spur bringen könnten: Die zehn wohlhabendsten Menschen Österreichs 2023 waren zehn Männer. Die zehn Plätze der reichsten Deutschen im selben Jahr teilten sich neun Männer und *eine* Frau: Die *BMW*-Erbin Susanne Klatten kam mit ihren knapp 20 Prozent, die ihr von *BMW* gehören, auf fast 28 Milliarden US-Dollar, was ihr in diesem Ranking den dritten Platz beschert hat.

Bevor du denkst, dass man gegen Fakten nicht ankommt: Klar, wenn Männer nun mal Zahlen mit vielen Nullen auf dem Konto haben, die meisten Immobilien und die größte Anzahl an Aktien verzeichnen können, kann man das bei solchen Rankings natürlich nicht außer Acht lassen und nur uns Frauen zuliebe so tun, als wäre es anders. Man lässt schließlich auch Kinder nicht mehr ständig beim Brett- und Kartenspiel gewinnen, wenn sie erst ein gewisses Alter und damit die dazugehörige Frustrationstoleranz erreicht haben, nur damit sie sich nicht ärgern.

Nicht mal, wenn es nicht um absolute Zahlen geht, werden Frauen vor den Vorhang geholt und ins Spotlight gestellt.

Mir geht's neben der Tatsache, wie selten wir darüber reden, woran es denn überhaupt liegt, dass Männer für gewöhnlich wesentlich mehr Geld als Frauen ihr Eigen nennen können, vor allem um Folgendes: Nicht mal dann, wenn es *nicht* um absolute Zahlen geht, werden Frauen gern vor den Vorhang geholt. Kürzlich habe ich etwa ein Magazincover gesehen, auf dem drei Männer abgebildet waren. Die Headline dazu hat erklärt, dass es hier um die neuen Reichen des Landes geht. Hätte man dann nicht zumindest die reichste unter den Frauen neben den beiden reichsten Männern vorstellen können, anstatt wieder nur Männer? Müssen wirklich die drei Reichsten nach absoluten Zahlen herangezogen werden, um in den Köpfen der Menschen weiter zu manifestieren (ja fast schon zu *zementieren*), dass Frauen niemals schaffen können, was Männern gelingt? Es wäre bestimmt ein Leichtes gewesen, unter den Frauen jene zu interviewen, die es in der Riege der weiblichen Welt rein wirtschaftlich »geschafft« hat, oder?

Wenn die Karriereleiter nur drei Sprossen hat

Möglicherweise fängt doch alles in der Politik an und hat gewissermaßen System. 91 Prozent aller Bürgermeisterposten in Deutschland und 90,2 Prozent aller Bürgermeisterposten in Österreich sind jedenfalls von Männern besetzt. Schräges Detail am Rande, über das wir schmunzeln könnten, wenn es nicht so desillusionierend wäre: Es sitzen in Österreich mehr Menschen mit dem Vornamen *Josef* auf solchen Posten, als es dort insgesamt Frauen gibt! Ich finde das unfassbar absurd.

Damit nicht genug. In 40 Gemeinden Österreichs sitzt sogar *keine einzige* Frau im Gemeinderat. Die traurigen Fakten muss frau miteinander verbunden erst einmal verarbeiten: Frauen achten wesentlich stärker darauf, dass frauenrelevante Themen in der Politik gesehen und besprochen werden. Wenn nun aber nach wie vor kaum Frauen in politischen Ämtern wirken können, dann liegt auf der Hand, warum es insgesamt noch immer eine solche Schieflage in unseren Ländern gibt, oder?

Leider scheint dieser Umstand ansteckend wie ein Virus zu sein, wenn man bedenkt, wie es abseits der Politik insgesamt im öffentlichen Bereich aussieht. Ein Beispiel: 2022 lag der Professorinnenanteil über alle österreichische Universitäten hinweg bei 29,4 Prozent. (Dass mir mein Textverarbeitungsprogramm gerade das Wort »Professorinnenanteil« als zu überprüfen rot unterwellt hat, ist bezeichnend. Um keine ungerechtfertigten falschen Schlüsse zu ziehen, hab ich ausprobiert, ob es das bei »Professorenanteil« auch macht. Rate mal! Genau: Nein, tut es nicht!) Anlass zur gemäßigten Freude gibt es, weil dieser Wert zehn Jahre zuvor im Jahr 2012 noch bei niedrigen 21,6 Prozent lag. Trotzdem: Wenn wir in diesem Tempo weitermachen, geht mir das einfach zu langsam mit der Gleichberechtigung. Diese 29,4 Prozent sind vor allem im Vergleich mit den sonstigen Zahlen niederschmetternd: Der Frauenanteil bei den Studierenden liegt mit 54,2 Prozent bei über der Hälfte, und sogar bei den Abschlüssen sind Frauen mit 52,6 Prozent in der Überzahl. Erst mit dem Wechsel vom Studieren zum Mitarbeiten und Lehren kommt plötzlich der Bruch: Unter den Mitarbeitenden an den Unis findet sich nur mehr ein Frauenanteil von 42,3 Prozent, und in den Laufbahnstellen sind es überhaupt nur 38,6 Prozent. In Deutschland sehen die Zahlen leider nicht erfreulicher aus: 2022 kamen auf 36.835 hauptberufliche Professoren lediglich 14.326 Professorinnen. Damit liegt der Frauenanteil bei rund einem Drittel.

Du kannst alles richtig machen mit deinen Entscheidungen für deine Ausbildungen und in deiner Wahl für einen Beruf und es dennoch zu nichts bringen, wenn du wegen deines Frauseins ständig ausgebremst wirst.

Wenig überraschend sieht das in der Welt der Pflege nicht anders aus. Obwohl die Mehrheit der Beschäftigten im Pflege- und Betreuungsbereich weiblich ist (wir reden hier von Zahlen, die zwischen 84 und 91 Prozent liegen!), bleibt diesen Frauen der Weg in Führungspositionen häufig verwehrt. Eine 2020 durchgeführte Untersuchung des *Karl-Landsteiner-Instituts für Human Factors und Human Resources im Gesundheitswesen*, für die Daten aus 233 Krankenanstalten analysiert wurden, hat die enorme Lücke zwischen der Anzahl der Frauen in Pflegeberufen und der Besetzung in Führungsetagen aufgedeckt: In Rehazentren liegt der Frauenanteil in leitenden Positionen bei 64 Prozent, in Sonderkrankenanstalten bei 60 und in Therapiezentren gar nur bei 50 Prozent – obwohl sich eben insgesamt wesentlich mehr Frauen als Männer für eine Stelle in der Pflege entschieden haben. Und das ist – wie in zig anderen Branchen – den erschwerenden Karrierebedingungen für das weibliche Geschlecht geschuldet, wenn auch nicht allein der üblichen Doppelbelastung durch Familie und Job und der daraus resultierenden Teilzeitarbeit, die wiederum besonders in ländlichen Gebieten das Resultat der fehlenden Kinderbetreuungsangebote darstellt. Was nämlich eine weitere direkte Folge der klassischen Doppelrolle ist: Frauen fehlt schlichtweg die Zeit fürs Networking, weil Kinderbetreuung, Hausarbeit, emotionale und tatkräftige Erziehungsaufgaben einfach enorme Zeitfresser sind, die so unterm Strich zu einem zusätzlichen Karrierehemmnis werden.

Die Wissenschaftlerin Sabine Ludwig, ihres Zeichens Professorin für Diversität in der Medizin, bezeichnet die Teilzeitarbeit ungeschönt als echten Karrierekiller und nennt die skandinavischen Länder als Vorbild, in denen es eher akzeptiert wird, wenn eine weibliche Führungskraft für die Nachmittage keine Meetings anberaumt, weil sie ihren Nachwuchs aus dem Kindergarten holen muss. Das sieht gerade in Deutschland, der Schweiz und Österreich leider noch gänzlich anders aus. »Die mit einer Führungsrolle und der traditionellen Geschlechterrolle der Frau verbundenen Eigenschaften und Erwartungen stimmen nicht überein«, bringt die Forscherin die niederschmetternde Wahrheit auf den Punkt. Warum ist das so? Weil Frauen der Schritt in die Managementetage oft nicht zugetraut wird! Oder weil er möglicherweise gar nicht für sie vorgesehen ist.

Symptomatisch für diese Einstellung ist ein neues Tool, das bei der Jobsuche helfen soll. Die hinterlegte künstliche Intelligenz greift dabei auf statistisches Material zurück. Das habe ich aus Neugierde gleich ausprobiert – und je nachdem, ob ich mich als verheirateter 30-jähriger Mann mit Kind oder als gleichaltrige verheiratete Frau mit Kind ausgab, kamen völlig unterschiedliche Empfehlungen: Für den Mann lag der Fokus dabei auf der Karriere und es wurde ihm bei der Wahl zwischen der Ausbildung zum Krankenpfleger und der zum Arzt eindeutig das Medizinstudium und infolge der Arztberuf empfohlen. Sowohl die Entwicklung des Gehalts als auch die Spezialisierungsmöglichkeiten wurden vom System thematisiert. Als Frau hingegen wurde mir geraten, Krankenpflegerin zu werden. Die Begründung: flexiblere Arbeitszeiten, die mit meinen »familiären Verpflichtungen vereinbar« wären. Zudem böte dieser Bereich »die Möglichkeit, mit jungen Patienten zu arbeiten, was eine erfüllende und bereichernde Erfahrung ist«, hieß es weiter. Gehalt, Entwicklungsmöglichkeiten und Prestige spielen bei Frauen offensichtlich keine Rolle.

Versuchst du gerade deine Schnappatmung unter Kontrolle zu bekommen? So ging es mir ebenfalls. Es ist wirklich nicht zu fassen: Diese KI drängt Frauen im Jahr 2024 wieder in die für sie vom Patriarchat vorgesehene stereotypische Rolle, in der sie hübsch kleingehalten werden sollen! Wenn ich in der Anwesenheit von Männern in letzter Zeit aber beim Aufkommen des Themas »Künstliche Intelligenz« gewagt habe, anzumerken, dass sie meines Wissens leider komplett sexistisch ist, wurde mein Einwand stets von der Hand gewiesen.

Und jetzt wird's so richtig spannend für uns, denn das schlägt genau in diese Kerbe und bestätigt meine Erfahrungen zu 100 Prozent: Frauen glauben meistens, sie hätten ihren Erfolg nicht verdient, sie dürften sich aus den dafür erhaltenen Lorbeeren keinen Kranz flechten und aufsetzen. Sie neigen außerdem dazu, ihre Kompetenzen auch selbst zu *unter*schätzen, während Männer ihre Fähigkeiten tendenziell *über*schätzen. Das sage übrigens nicht nur ich – das haben Untersuchungen dazu gezeigt. Die neueste Umfrage auf diesem Gebiet hat ergeben, dass knapp 50 Prozent der Männer glauben, sie könnten ein Flugzeug landen. Es geht hier nicht um ausgebildete Piloten, bei denen wir hoffnungsvoll davon ausgehen dürfen, dass sie fähig sind, ein Flugzeug sicher auf den Boden zu bringen, sondern um US-amerikanische Männer aus allen anderen Berufsbereichen ohne jegliche Erfahrung oder Ausbildung auf diesem Gebiet, die auf die Frage, ob sie denken, unter der Anleitung der Flugsicherung eine Maschine landen zu können, mit einem selbstsicheren »Ja!« geantwortet haben.

Frauen unterschätzen ihre Kompetenz.
Bei Männern ist das Gegenteil der Fall.

Einem Freund von mir ist dieser Geschlechterunterschied längst bekannt. Er hat mir erzählt, dass er als Geschäftsführer seiner eigenen Firma in Bewerbungsgesprächen bei den Schilderungen von Männern immer ein paar Punkte oder Prozent abzieht, während er bei Frauen welche dazuzählt – weil Frauen meistens tiefstapeln und Männer gern alles ein bisschen mit heißer Luft aufblasen. Um zu dieser Erkenntnis zu gelangen, hat er einige Jahre gebraucht, weil er erst feststellen musste, dass von ihm eingestellte Frauen viel mehr draufhatten, als sie im Einstellungsprozess von sich behauptet hatten. Umgekehrt kennt er Männer, die sich auf anspruchsvolle Stellen beworben hatten, für die ihnen de facto die Qualifikationen fehlten – und den jeweiligen Job trotzdem bekommen haben.

All das erklärt in Summe, warum weibliche Beschäftigte sich in vielen Fällen erst gar nicht für eine höhere Stelle bewerben. Weitere Ergebnisse derlei Studien: Männer profitieren von einer beruflichen Machtposition emotional stärker, denn Frauen haben den Fokus auf der Arbeit an sich, auf ihren Inhalten und empfinden nicht in erster Linie einen persönlichen Gewinn an der Führung anderer. Oh Überraschung! Wenn in den Führungsriegen hauptsächlich Männer sitzen, schreckt das Frauen zudem von der Bewerbung für eine Spitzenposition ab. Sie wollen ja nicht aufsteigen, weil die Frauenquote erfüllt werden muss, sondern weil sie in ihrer Kompetenz erkannt und anerkannt werden. Sabine Ludwig empfiehlt Frauen diesbezüglich, »da drüberzustehen«, denn »sobald sie in der Position sind und ihre Arbeit gut machen, ist die Quote kein Thema mehr«. Erstaunlich finde ich in diesem Zusammenhang, dass mir nur wenige Männer einfallen, die das *Warum* in Bezug aufs Vorankommen auf der Karriereleiter so bedeutend fänden wie das *Dass*. Anders gesagt: Auch hier haben wir Frauen wieder mal zu viele Gedanken im Kopf, die uns hemmen, uns zu holen, was wir wollen. Auch hier stellen wir Erwartungen an uns selbst und an die Außenwirkung, die keine Rolle spielen sollten, weil das Ergebnis das Wichtige ist. All das ist nachvollziehbar, weil es noch immer zu wenige Role-Models und Mentorinnen gibt, an die frau sich mit ihren Unsicherheiten wenden könnte, während Männer derart flächendeckend in allen Managementpositionen vertreten sind, dass sie sich wesentlich einfacher etwas von anderen abschauen oder einen Rat von ihnen einholen können.

Frauen hingegen haben nicht bloß weniger weibliche Vorbilder in den Führungsetagen und nur vereinzelt andere Frauen, die sie in ihrem Vorankommen unterstützen. Viele von ihnen werden zudem von Männern in ihrem Umfeld kleingehalten: von ihren Kollegen, männlichen wie weiblichen Vorgesetzten, in der Selbstständigkeit von ihren Geschäftspartnern und traurigerweise manchmal von ihrem eigenen Vater und später nicht selten vom Ehemann bzw. Lebensgefährten. Oft erkennen sie das nicht einmal, weil die meisten der guten Ratschläge von diesen Leuten umsorgend und beschützend klingen: *»Erwarte dir lieber nicht zu viel, sonst bist du dann enttäuscht!«*, wenn es beispielsweise um eine Bewerbung für eine höhere Stelle oder einen neuen Job geht, oder wenn eine Frau beschließt, den Angestelltenposten an den Nagel zu hängen, um sich in die Selbstständigkeit zu wagen. Auch scherzhaft gemeinte Aussagen wie *»Für eine Frau bist du gar nicht schlecht darin!«* (haha, wirklich lustig) drücken Frauen in ihrem Selbstwert nach unten.

Kein Wunder, dass viele von uns sich erst an den Erfolg gewöhnen müssen. Als ich kontaktiert wurde, weil ich die Ehre hatte, in die Liste der *Top 500 wichtigsten Köpfe der deutschsprachigen Erfolgswelt* aufgenommen zu werden, dachte ich, ich hätte mich verhört. Ich meinte schnell, das müsse ein Irrtum, wahrscheinlich eine Verwechslung sein. Wäre ich ein Mann gewesen, der gerade den fünften Bestseller auf den Markt gebracht hätte, wäre ich möglicherweise weniger skeptisch gewesen, wer weiß …

»Ach, da hab ich wohl einfach Glück gehabt!«

Kommt dir diese Aussage bekannt vor? Ich kenne diesen Satz nicht nur von mir selbst, sondern von zahlreichen anderen Frauen. Jemand (meist eine andere Frau) spricht ein Kompliment oder einen Glückwunsch zu einem Erfolg aus – und es fehlen uns in diesem Moment die passenden Worte. Die ersten, die uns dann in den Sinn kommen, sind solche, die unsere Ausstrahlung oder unseren Erfolg abwerten, denn darin sind wir geübt: uns kleinmachen, uns zurücknehmen, uns bescheiden zeigen. Dass wir durch die Bank keine Komplimente annehmen können und nicht wissen, was wir sagen sollen, wenn jemand seine Bewunderung für uns ausspricht, liegt vermutlich daran, dass wir immer auf Understatement machen, weil wir das schlichtweg so gewohnt sind.

Ich erinnere mich noch gut an eine Coaching-Sitzung (ja, auch erfolgreiche Unternehmerinnen dürfen sich hin und wieder ein Coaching gönnen), in der ich eingangs geschildert hatte, was ich bislang gemacht habe, wo ich gerade stehe, wo ich hinwill und wo es hapert. Darauf reagierte mein weibliches Gegenüber mit: »Wow, da haben Sie ja enorme Erfolge vorzuweisen und schon viel erreicht!« und ich meinte dazu: »Na ja, ich hatte auch Glück.« Das wollte sie näher wissen, also erläuterte ich ein paar der Begebenheiten und schloss mit: »Ich bin so gesehen einfach eine Chancenerkennerin, die aus den sich ihr bietenden Gelegenheiten das Beste zu machen versucht.« Ich sah in ein sich erhellendes Gesicht und beobachtete, wie sich die Lippen darin zu einem Lächeln formten, das am Schluss einem Grinsen nahekam. Ich fragte, ob das denn lustig sei und erhielt als Antwort: »Nichts, was Sie jetzt aufgezählt und mir erklärt haben, zeugt von Glück. Glück wäre es, wenn sie in einem Café sitzen und ein Wildfremder an ihren Tisch kommt, um Ihnen ein unglaubliches Angebot zu machen, obwohl er noch nie von Ihnen gehört hat und sie überhaupt nicht kennt.«

Mit diesen Worten hat sich doch glatt ein Knoten in meinem Kopf gelöst! Sie haben lange in mir nachgewirkt und ich habe mir gut eingeprägt, wie man echtes Glück von den Früchten, die man erntet, weil man die Samen dafür gesät hat, unterscheiden lernt. Und mir wurde klar: Sogar wenn sich etwas als Glücksfall von außen erweisen sollte, so wird es spätestens dann zu unserem Verdienst, wenn wir eine solche Chance nutzen, anstatt sie zu vergeigen. So gesehen ist es nur äußerst selten einem reinen Glücksfall zu verdanken, wenn eine Frau Erfolg hat. Nicht einmal bei mir, mit der ich, wie das unter uns Frauen so üblich ist, am härtesten von allen ins Gericht ziehe.

Trotzdem erklären sich die meisten Frauen die berufliche Welt genau so: Wenn sie erfolgreich sind, haben sie einfach Glück gehabt. Wenn sie einen Misserfolg gelandet haben, sind sie allerdings selbst schuld und haben irgendetwas falsch gemacht oder waren eben nicht gut genug für die betreffende Aufgabe. Umgekehrt feiern sich die meisten Männer als Superstars, wenn ihnen etwas gelungen ist, während sie die Gründe fürs Scheitern im Außen suchen. Da hat dann irgendjemand anders Schuld daran, ein anderer Kerl war dummerweise besser oder sie haben echtes Pech gehabt.

Mein eigenes Können oder meine Talente runterzuspielen, damit hab ich übrigens schon im Kindesalter begonnen, wenn mich eine Mitschülerin für meine Aufsätze oder meine Zeichnungen bewunderte oder mich um meine Noten beneidete. Ich wollte nicht, dass andere sich schlechter fühlten, weil ich in einer Sache besser war als sie. Als Teenager hab ich nahtlos damit weitergemacht – diesmal aus Angst, nicht dazuzugehören, wenn mich die coole Mädels-Clique, die ich gerade kennengelernt hatte, für »anders« halten würde. Darum habe ich, als die Mädchen erstmals in meinem Zimmer stehend mit weit aufgerissenen Augen gefragt haben, ob ich diese Bücher alle gelesen habe, abgewunken. Und selbst 20 Jahre später, mit Mitte vierzig, war ich sofort wieder in dieser Rolle, als ich zufällig zweien von ihnen innerhalb eines Jahres getrennt voneinander begegnet bin und jede in ihren eigenen Worten etwas in der Art von »Du bist so richtig erfolgreich, haben wir mitbekommen!« gesagt hat. Meine Antwort war in etwa: »Na ja, ich hab keine Kinder. Da ist es natürlich einfacher, Karriere zu machen, und da hat man Zeit, neben dem Tagesgeschäft noch Bücher zu schreiben.«

Wieder ist diese Reaktion nichts, das mich von anderen Frauen grob unterscheidet. Wir denken automatisiert rücksichtsvoller, als es die meisten Männer tun. Dafür hat die Sozialisierung gesorgt, wie verschiedene Studien belegen konnten. Weil Männern in unserer Gesellschaft ein anderes Verhalten abverlangt wird als Frauen, wird genau dieses unterschiedliche Verhalten schon in der Kindheit propagiert und gefördert: Mädchen werden für prosoziales Benehmen gelobt, weil es das ist, was von ihnen erwartet wird. Und das führt dazu, dass sich das Belohnungssystem in weiblichen Gehirnen daran gewöhnt, für soziale Handlungen adäquate Hormone ausgeschüttet zu bekommen. Das Ergebnis: Wir vermeiden den Wettbewerb, weil uns bewusst ist, dass eine andere verliert und sich dadurch wahrscheinlich schlecht fühlt, wenn wir gewinnen. Das hat letztlich egoistische Hintergründe, nämlich eben die Angst, als Resultat nicht mehr gemocht und deshalb ausgegrenzt zu werden. Und die ist durchaus begründet, weil wir Frauen wesentlich schneller negativ bewertet und uns Erfolg eher nachteilig ausgelegt wird als Männern: Während Männer als durchsetzungsfähig, zielstrebig und positiv erfolgsorientiert gelten, wenn sie sich mit ihren Leistungen nicht verstecken und etwa für sich selbst und ihre Gehaltsvorstellungen einstehen, wird Frauen angelastet, sie würden den Hals nicht vollkriegen, sich überschätzen oder anmaßend sein. Dieses Messen mit zweierlei Maß ist dir bestimmt schon mal untergekommen. Es ist einer der Gründe dafür, warum Frauen, die etwas erreichen wollen, nicht selten einen Eiertanz auf heißen Kohlen vollziehen, indem sie darum bemüht sind, nicht zu gierig, machthungrig oder auf Erfolg bedacht zu wirken, um bloß nirgends anzuecken – weil sie wissen, dass man(n) von Frauen Bescheidenheit und Zurückhaltung gewöhnt ist und auch weiterhin voraussetzt. Das Patriarchat hat für Frauen im Business einfach andere Regeln aufgestellt als für Männer, die verdeckt von allen mitgetragen werden und deshalb nach wie vor gelten: Wenn eine Frau sich etwa selbstständig machen möchte, wird sie entweder milde belächelt *(»Da will sich wieder mal eine selbst verwirklichen und ihr Hobby zum Beruf machen«)* oder scharf verurteilt *(»Sie ist wohl eine macht- und geldgeile Karrieretussi«)* oder es wird ihr mitten ins Mutterherz gestochen, wenn besagte Frau Kinder hat *(»Was ist denn das für eine Rabenmutter: stellt ihr eigenes Vorankommen vor das Wohl der Kinder! So was geht gar nicht!«)*. Einem Mann wird hingegen anerkennend auf die Schulter geklopft *(»Ein zielstrebiger, erfolgsorientierter Machertyp!«)*. Welche Frau will schon als unsympathisch oder egomanisch gelten, weil sie zu erfolgreich ist? Darum spielt frau vorsichtshalber herunter, was sie erreicht hat – oder empfindet die eigenen Leistungen tatsächlich als nicht erwähnenswert.

Auch mit Komplimenten mein Wesen betreffend, die so gesehen gar nichts mit meiner Leistung oder meinen Erfolgen zu tun haben, sondern damit, wie ich bin, auf andere wirke und mit ihnen umgehe, bin ich fallweise im ersten Moment überfordert.

Ich erinnere mich an eine Begebenheit, als ich erstmals bei einer großen Sitzung eines Frauennetzwerks dabei war. Als Auftakt haben sich alle Anwesenden kurz vorgestellt.

In der Mittagspause kam eine der Frauen auf mich zu und sagte frei heraus: »Ich würde beim Essen gern neben dir sitzen!« Ich war überrascht und habe vermutlich blöde aus der Wäsche geschaut, weil ich drei Fragenzeichen über meinem Kopf hatte. Weil sie mir überaus sympathisch war und ich es mag, wenn andere offen auf mich zugehen, habe ich »Klar, total gern!« geantwortet. Später bei Tisch meinte sie: »Du strahlst ein so feines Selbstverständnis aus. In der Vorstellungsrunde hat sich sofort vermittelt, dass du ›einfach da bist‹: Du hast total unaufgeregt gewirkt und das finde ich wirklich anziehend.« Während die über meinem Kopf schwebenden Fragezeichen an Intensität verloren und langsam transparent wurden, begriff ich, dass sie mir gerade ein irre schönes Kompliment gemacht hatte. Und welches Gefühl kam unmittelbar nach der ersten Freude in mir hoch? Eine gewisse Scham. Ja, ich war verlegen! Ich wusste nicht, wie ich darauf reagieren sollte. Ich hab ein paar Sekunden gebraucht, um mich zu fangen und mich dafür zu bedanken. Kannst du dir einen Mann vorstellen, der sich so doof anstellen würde, wenn er ein ehrliches Kompliment bekommen hat? Gut, Männer geben einander derartige Komplimente eher selten, aber du weißt, worauf ich hinauswill.

Sind dir schon ein paar Situationen eingefallen, in denen du auch so reagiert hast, wenn dir jemand etwas Nettes über dich oder Anerkennendes über deine Arbeit gesagt hat? Dann befindest du dich in bester Gesellschaft: Die meisten Frauen unterschätzen sich nicht nur selbst und machen auf Understatement, um nicht anzuecken und nicht als eingebildet oder überheblich zu gelten. Viele glauben außerdem, in allem perfekt und die Beste sein zu müssen, um einem Vergleich mit anderen überhaupt standhalten zu können.

Frauen haben die Erfahrung gemacht: Nur wenn man fehlerfrei ist und sich von anderen abhebt, wird man wahrgenommen, ernstgenommen, wertgeschätzt.

So gesehen liegt die Latte hoch, ist es doch für niemanden auf Dauer schaffbar, perfekt und unfehlbar zu sein. Auch diesen Anspruch kenne ich aus meinem eigenen (Er-)Leben: Bei einem After-Work-Dinner im Rahmen meines Businessnetzwerks, in dem wir uns miteinander über unsere Projekte und Arbeit austauschen, hat mich vor einiger Zeit eine der Ladys gefragt, wie ich mit dem Schreiben an meinem neuen Buch vorankomme und womit ich mich im Zusammenhang damit gerade beschäftige. Ich war sofort gezündet und habe wohl einen Schwall über sie erlassen, weil mich das Thema natürlich komplett vereinnahmt, seit ich an diesem Buch schreibe. Es begeistert mich gleichermaßen, wie es mich aufregt. Sie erzählte mir vom weiter vorn schon erwähnten Buch »Es kann nur eine geben« von Carolin Kebekus, das mich interessieren dürfte, weil sie ähnliche Missstände anspricht, wie ich sie ihr gerade aufgezählt hatte, meinte sie. Mein erster innerer Impuls war: *Wie cool, das würd ich gern lesen!* Und weißt du, was mein nächster Gedanke war? *Shit, wenn sie darin ähnliche Themen wie ich besprochen hat, dann komme ich mit meinem Buch ja zu spät, weil es ihres nun mal schon gibt!*

Ich habe meiner Lust, ein Buch zu lesen, dessen Autorin sich mit ähnlichen Phänomenen und Missständen in der Gesellschaft wie ich beschäftigt, trotz meiner anfänglichen Bedenken nachgegeben – und es nicht bereut; und an den Aufregerstellen hab ich mich gefühlt, als könnte ich mich mit einer Gleichgesinnten austauschen. Tatsächlich gibt es ein paar Aspekte, die sich mit Themen in meinem

Buch überschneiden. Trotzdem ist ihr Buch ein völlig anderes als meines, weil sie andere Schwerpunkte gelegt hat, weil sie eine gänzlich andere Geschichte, einen anderen Beruf, eine andere Perspektive auf das Thema und eine andere Intention verfolgt hat. Ich bin sicher, ein Mann hätte sein eigenes Buch, wenn er seit Monaten daran gearbeitet und längst einen Verlagsvertrag dafür unterschrieben hätte, vermutlich nicht eine Sekunde lang angezweifelt und auch bloß angedacht, es nun lieber nicht auf den Markt zu bringen. Was für ein dämlicher Gedanke außerdem! Als ob es zu jedem Thema ausschließlich *ein* Buch geben dürfte! Das ist doch genau Caroline Kebekus' Message, wie der treffsichere und eingängige Titel »Es kann nur eine geben« schon verrät. Dass ich wenig später zufällig an einem verwandten Grundthema gearbeitet habe, zeigt höchstens, dass es eine brandheiße Thematik ist, die in der Luft liegt. Sie erwähnt sogar explizit, wie wichtig es ist, dass mehr Frauen einander unterstützen. Und weil ich das wie sie sehe, gebe ich hiermit eine Empfehlung für ihr Buch »Es kann nur eine geben« ab.

Fakt ist: Je mehr Frauen erfolgreich werden, weil sie ihr Licht nicht länger unter den Scheffel stellen und wie die meisten Männer weniger zweifeln und zögern und dafür mehr tun, ohne Angst vor einer üblen Nachrede oder Neidern zu haben, für desto möglicher halten es andere Frauen, Ähnliches schaffen zu können. Darum sind Role-Models so wichtig, die sich lautstark zu ihren Erfolgen äußern und in vorderster Reihe stehen, wenn es um ihr Fachthema geht. Dort ist die Luft allerdings dünn. Männer und Frauen werden an der Front gleichermaßen für ihre Position angegriffen.

Doch Männer *über*schätzen sich und ihre Wirkung eben eher, als dass sie sich selbst und andere Männer *unter*schätzen würden. Und wenn sie so reflektiert sind, dass sie sich eingestehen müssen, was ihnen an Begabung, Fähigkeiten, Wissen, Erfahrung oder Können fehlt, gehen sie die Dinge oft nach dem Motto »Fake it till you make it«

an – und erweisen sich damit vielfach als siegreich. Sie sind zudem vorne mit dabei, andere Männer anzufeuern, wenn wir etwa an Sport denken. Die Frage ist: Warum werden eigentlich Frauen fast ausschließlich von anderen Frauen bejubelt? Oder kennst du mehr als den einen Ausnahmemann, der eine Frauenfußballmannschaft toll findet? Es ist ja sogar so, dass es den meisten von ihnen nach wie vor bitter aufstößt, wenn eine Frau eine Sportveranstaltung im Fernsehen kommentiert oder im Anschluss einen Talk dazu moderiert. Jedes Mal gibt es dann zig respektlose Beschwerdetexte von Sehern im Netz zu lesen. Da ist definitiv noch viel Luft nach oben, was die Akzeptanz betrifft, die hoffentlich irgendwann in echte Toleranz und schließlich in den verdienten Respekt und die überfällige Achtung münden wird.

Fällt dir was auf?

Ist es nicht abstrus, in welches Licht wir unsere eigene Leistung, unseren Fleiß, unsere Begabungen, unser Durchhaltevermögen und unsere daraus resultierenden Ergebnisse stellen, wenn sie zum Erfolg geführt haben!? Und das, obwohl wir im Vergleich zu Männern erschwerende Voraussetzungen haben, überhaupt so weit zu kommen.

Ja, das ist eine wichtige Erkenntnis! Merk dir das! Auf ewig! Arbeite daran, immer öfter einfach nur ein klares »Vielen Dank!« auf wertschätzende Aussagen zu entgegnen, anstatt dich dafür zu entschuldigen, dass du erfolgreich mit dem bist, was du tust. Wenn du das übst, wird es stetig normaler für dich werden, zu deinem Können, deiner Leistung, deinen Fähigkeiten und Talenten oder zu deiner Außenwirkung zu stehen!

Die Klischee-Windmühle: zu emotional, zu soft – eben weiblich

Teamleiterin: »Meine Kollegin hat ihr Teilprojekt doch toll präsentiert! Ich glaube, sie hätte sich sehr gefreut, wenn Sie ihr Engagement lobend erwähnt hätten. Sie haben allerdings hauptsächlich ziemlich viel kritisiert.«

Chef: »Ich habe lediglich Input gegeben und einen Vorschlag gemacht, was geändert werden sollte.«

Teamleiterin: »Das klang aber nicht wie ein Vorschlag.«

Chef: »Na, wenn Sie das so sehen ...«

Teamleiterin: »Sie hat sich vor den Kopf gestoßen gefühlt. Sie hat immerhin wirklich lang daran gearbeitet.«

Chef: »Ein bisschen kritikfähig muss man schon sein. Wir sind nun mal kein Streichelzoo. Frauen sind immer gleich so empfindlich.«

Teamleiterin: »Entschuldigen Sie mal – das hat ja nichts mit Empfindlichsein zu tun!«

Chef: »Ich habe meine Ideen eingebracht. Das ist Business. Vielleicht wäre es besser, Sie denken mehr über das nach, was ich gesagt habe, statt sich darin zu verbeißen, wie ich etwas formuliert habe. Dann fühlen Sie sich bestimmt besser.«

Teamleiterin: »Oh, vielen Dank. Jetzt ist mir wenigstens klar, wie ich mich fühlen sollte.«

Wortwechsel wie diesen kann man oft verfolgen – im realen Leben genauso wie in Filmen, wenn du mal darauf achtest. Mir ist ein solcher unlängst in der Serie »The Good Doctor« aufgefallen. Solche Dialoge bringen wunderbar auf den Punkt, was uns Frauen immer wieder nachgesagt wird: dass wir zu emotional wären. Gerade im Berufskontext kann das zu einem Stolperstein werden, wenn von Männern besetzt und befördert wird, da viele diese weibliche Emotionalität als hinderlich oder anstrengend empfinden. Das dürfte auch der Grund sein, warum es sich manche Frauen zur Aufgabe gemacht haben, den maskulinen Anteilen in ihnen den Vorrang zu geben und die femininen möglichst zu Hause zu lassen, wenn sie ins Büro gehen – oder sie gänzlich zu unterdrücken –, um überhaupt eine Chance zu erhalten. Etliche Frauen setzen sich sogar in Seminaren intensiv mit männlichen Verhaltensstrategien auseinander, um sie verstehen zu lernen und sie sich bestenfalls selbst anzueignen. (Hätte man das je umgekehrt gehört?) Wenn sie dann versuchen, sich weniger weiblich – ergo männlicher – zu verhalten, wird ihnen schnell vorgeworfen, sie seien kaltherzig, zu ehrgeizig oder herrisch (wie das Wort schon zeigt, sollte diese Verhaltensweise oder Charaktereigenschaft wohl weiterhin den Herren der Schöpfung vorbehalten bleiben). Du siehst schon: Es gestaltet sich gar nicht so einfach, als Frau im Business mithalten zu können, weil die klischeehaft weiblichen Eigenschaften Empathie, Verständnis zu zeigen, Nachsicht zu üben oder die Dinge nicht rein mit Vernunft, sondern zudem mit Intuition und Emotion zu bewerten, hier nicht gern gesehen oder uns als Nachteil ausgelegt werden.

In besagter Folge von »The Good Doctor« gibt sich die Figur des Doctor Glassman einige Szenen später einsichtig und entschuldigt sich für seine Art der Kommunikation mit den beiden Frauen. So sieht es im echten Leben freilich nicht immer aus. Darum widmen wir uns in diesem Kapitel der Andersartigkeit der Frau, die fallweise übersehen oder ignoriert und uns fallweise zur Last gelegt wird und die überhaupt nur deshalb als solche definiert werden kann, weil der Mann nach wie vor als Standard innerhalb der menschlichen Spezies gilt.

Zwischen »unsichtbar« und »penisneidisch« – Skurrilitäten, die bis heute wirken

Frauen sind nicht bloß in der Erfolgswelt in der eindeutigen Unterzahl. Sie werden von jeher und bis heute auf sämtlichen Gebieten oftmals gern übersehen, was letztlich nur dazu führen kann, dass sie auch im Business weniger beachtet werden, und wiederum bewirkt, dass sie sich selbst klein fühlen; zumindest wesentlich kleiner als Männer. Das Ganze ist ein Teufelskreis: Weil Frauen vielfach übersehen werden, sind sie an den meisten öffentlich sichtbaren Stellen in der Unterzahl. Und weil sie in der Unterzahl sind, werden sie wiederum in Bezug auf wichtige Entscheidungen entweder unabsichtlich übersehen oder bewusst übergangen. Das hat allerdings nichts mit Biologie, Natur oder unumstößlichen Gesetzmäßigkeiten zu tun, sondern ist so vom dominanten Geschlecht und in Folge sozial konstruiert worden.

Weil das, was heutzutage nicht gut für Frauen klappt, über Jahrhunderte aufgebaut worden ist, lass uns jetzt einen Blick auf die Menschheitsgeschichte werfen!

Wir kennen Sigmund Freuds Penisneid-Theorie: Er ging davon aus, dass Frauen Männer – unbewusst – um deren Penisse beneiden und sich deshalb unterlegen und minder wertvoll fühlen. Diese Annahme kann wohl nur einem Männerhirn entspringen, das dem Penis aus seiner Sicht und seinem Erleben einen außerordentlichen Wert zuschreibt, der ihn eben beneidens*wert* macht. Ich weiß nicht, wie es dir geht, aber ich hatte nie das Gefühl, dass mir anatomisch etwas fehlt. Mit dieser Theorie hat Freud jedenfalls verraten, dass er den Penis als Teil eines »normalen Menschen« einordnet. Und damit weichen Frauen, weil sie eben keinen haben, von dieser menschlichen Norm ab. (Glücklicherweise gilt diese Theorie inzwischen als überholt.)

Um die Komplexität rund um die fehlende Gleichstellung der Frau aber in ihrem vollkommenen Ausmaß zu veranschaulichen, auf dass du hoffentlich ein Aha-Erlebnis nach der nächsten Erkenntnis haben wirst, muss ich weiter ausholen, indem ich mit einer äußerst namhaften Persönlichkeit und deren Ansichten über Frauen starte: Der viel beachtete Aristoteles hat im vierten Jahrhundert vor Christus den männlichen Körper selbstbewusst als »die Norm« und den weiblichen als »die Abweichung von dieser Norm« bezeichnet. Das ist nicht mal so weit weg von den Ansichten der Würdenträger der Kirche, die zu wissen glauben (!), Gott habe Eva aus einer Rippe des Adam geformt.

Er war damit keinesfalls der einzige oder gar letzte Mann, der Frauen als Menschen zweiter Klasse eingestuft hat. Bis heute gibt es leider schier zahllose Beispiele für diese Haltung. Diesbezüglich hat die britische Journalistin Caroline Criado-Perez in ihrem augenöffnenden Buch »Unsichtbare Frauen: Wie eine von Daten beherrschte Welt die Hälfte der Bevölkerung ignoriert«, das für mich zu den wichtigsten Büchern des Jahrzehnts zählt, anhand zahlreicher beängstigender Fakten unter Beweis gestellt, dass der Mann nach wie vor als gesellschaftlicher Standard gilt. Das Problem zeigt sich bei Autosicherheitstests, die sich an männlichen Körpermaßen orientieren, bei der Medikation vieler Arzneimittel, die auf den »Referenzmann« ausgerichtet ist, und bei Smartphones, die offensichtlich für Männerhände gemacht sind – denn es muss ja einen Grund geben, warum ich es nie hinbekommen habe, sie mit nur einer Hand zu bedienen, während mein Partner das ganz lässig und ohne jegliche Anstrengung bewerkstelligen kann. Was ich ebenfalls schon im TV gesehen, im Radio gehört oder irgendwo gelesen hatte: dass sich die Medizin in Bezug auf Anatomie, Organe und Zellen auf den männlichen Menschen versteift hat, weshalb etwa Herzinfarkte bei Frauen weniger gut erforscht sind als bei Männern, obwohl sie vollkommen andere Symptome haben – und so weiter und so fort. Caroline Criado-Perez hat viel zusätzlich Erschütterndes auf Lager, von dem ich bislang erstaunlicherweise nichts gewusst hatte.

Ein paar Beispiele gefällig? Verschiedene in der industriellen Herstellung vorkommende Chemikalien haben unterschiedliche Auswirkungen auf Frauen und auf Männer – und dort arbeitende Frauen (wie könnte es anders sein?) sind daher auch hier einem höheren Gesundheitsrisiko ausgesetzt, das sich ausgeformt in Lungenerkrankungen genauso wie in Krebs äußern kann. Etliche Frauen mussten folglich bereits sterben, weil die notwendigen Daten darüber gefehlt haben, dass Frauen eine weniger dicke Haut als Männer haben, durch die Chemikalien einfacher eindringen können und dass sie zusätzlich mehr Fettgewebe im Körper speichern, in dem sich Schadstoffe besser einnisten können. Oder: Weibliche Militärbedienstete haben in ihrer Schutzkleidung keinen Platz für ihre Brüste. Ähnliches gilt für die Ausstattung von Rettungskräften oder die der Exekutive: Die Arbeitskleidung ist immer auf die Physiologie eines Mannes ausgelegt. Und sie lediglich ein paar Nummern kleiner zu produzieren, reicht nicht, um sie dem Körper einer Frau anzupassen, der im Gegensatz zu Männern nun mal Brüste und Hüften hat.

Oder: Viele Gebiete in etlichen Städten sind so angelegt, dass sie sexuelle Übergriffe auf Frauen nicht gerade erschweren, wenn etwa eine Bushaltestelle irgendwo im Nirgendwo platziert wurde, wodurch sich die Täter – leider zu Recht – in Sicherheit wiegen, weil eine um Hilfe rufende Frau hier von niemandem gehört wird. Obwohl mich Criado-Perez' Schlussfolgerung wütend und traurig gleichermaßen macht, ist sie essenziell: Eine feministische und präventive Städteplanung könnte die Gewalt gegen Frauen vermindern, wenn schon nicht gänzlich verhindern.

Aus welchen Gründen ich in diesem Buch, in dem es um weibliche Selbstzweifel und zu wenig Geld am Konto geht, überhaupt an derart schreckliche Gegebenheiten erinnere? Weil alles zusammenhängt und sich das auf dein Sicherheitsempfinden und damit auf deine Selbstsicherheit auswirkt: Sogar wir Frauen, denen derartige Gewalt nie angetan wurde, kennen dieses diffuse Gefühl der Angst, wenn wir in der Nacht durch ein beinahe leeres Parkhaus müssen oder an einer einsamen U-Bahn-Station stehen, richtig? Wir spüren nun mal, dass wir uns grundsätzlich nicht gleich sicher fühlen (können) wie Männer. Selbst wenn uns persönlich nie etwas passiert ist, so ist uns bewusst, dass das tragischerweise ein großes Glück und keine Selbstverständlichkeit ist.

Jahrhundertelange Unterdrückung und Gewalt an Frauen sind nicht spurlos an uns vorübergegangen.

Du musst wissen: Was anderen Frauen in der Menschheitsgeschichte, in unserem Freundeskreis oder in unserer weiblichen Ahnenreihe in einem der zurückliegenden Weltkriege angetan wurde, ist in unseren Zellen gespeichert. (Darauf werde ich an späterer Stelle näher eingehen.) Und schon das allein macht etwas mit unseren Selbstzweifeln, mit unserem Selbstwertgefühl und mit unserem Vertrauen in die Welt. Das ist uns zwar kaum bewusst, aber es hat damit zu tun, dass wir uns weniger gern ins Schaufenster stellen.

Dass Caroline Criado-Perez' Buch, das als Aufklärungsmanifest zu verstehen ist, ein echter Wälzer ist, ist gleichermaßen bezeichnend wie erschütternd. Am mitunter eindrücklichsten war für mich aufgrund Hunderter Momente in meinem eigenen Leben, in denen ich mich wiederholt gefragt hab, warum zur Hölle vor Damentoiletten eigentlich immer eine Schlange vorzufinden ist, während Herrentoiletten augenscheinlich wesentlich weniger frequentiert besucht werden, die Story hinter ebendiesem Phänomen (oder sollte ich es lieber *Dilemma* nennen?), die ich noch nicht kannte. Sie ist schnell erzählt. Bereit?

Frauen stehen vor Toiletten weltweit in Warteschlangen, weil Männer diese Toiletten geplant haben.

Besagte Warteschlangen vor Damen-WCs sind kein unglücklicher oder gar seltsamer Zufall, sondern eines der Ergebnisse des *Gender-Data-Gaps,* wie die geschlechtsbezogene Datenlücke in Wissenschaft, Wirtschaft, Medizin und im gesellschaftlichen Leben in Fachkreisen genannt wird: Für gewöhnlich sind vonseiten der baurechtlichen Entscheidungsträger für Damen- wie Herrentoiletten gleich große Flächen vorgesehen. Bei dieser folgenschweren Entscheidung wird allerdings die Tatsache vernachlässigt, dass Frauen diese Räumlichkeiten anders als die Vertreter des sogenannten starken Geschlechts nutzen – und aufgrund der Gegebenheiten, die zum Frausein gehören, auch nutzen *müssen.* Ein Pissoir nimmt immerhin nachweislich weniger Platz ein als eine Kabine. Auf einer gleich großen Fläche gibt es für Frauen, die mit einem Pissoir nichts anzufangen wüssten, weshalb für sie ausschließlich Toiletten in den Kabinen sinnvoll sind, selbstverständlich weniger einzelne stille Örtchen. Und jetzt kommt's: Männer haben dadurch in einer sanitären Anlage automatisch mehr Klos zur Verfügung als Frauen, obwohl der Bedarf bei Frauen wesentlich größer ist, weil es für sie zudem zusätzliche Gründe gibt, das WC aufzusuchen. Daher die ewig gleich aussehende Warteschlange, die mich bei diversen Festivals und Konzerten dazu verdammt hat, mich schon anzustellen, *bevor* ich den Druck auf die Blase überhaupt gespürt habe. Vor diesem Hintergrund solltest du in Zukunft kein Fünkchen Schamgefühl mehr haben, wenn du dich angesichts der üblichen Warteschlange aufs Männerklo schwindelst, um dir keine Blasenentzündung zu holen!

Nun geht es in diesem Buch nicht vordergründig um die gesundheitlichen Nachteile von Frauen im Vergleich zu jenen bei Männern, die durch zu wenig Fokus auf den weiblichen Körper verursacht werden, sondern darum, weshalb Frauen oft unter enormen Selbstzweifeln leiden und häufig weniger verdienen. Falls du dich also gerade nach der Relevanz für den zu geringen Selbstwert vieler Frauen gefragt haben solltest: Die Lebenssituationen und Lebenswirklichkeiten, die ich hier anspreche, sind alle miteinander verwoben, bedingen bzw. beeinflussen einander und können aufgrund dessen kaum getrennt voneinander betrachtet werden, wenn man das große Ganze vermitteln und in Folge verändern möchte. Um dich dabei zu unterstützen, etwaige Selbstzweifel zu überwinden, deinen Selbstwert zu stärken und schließlich über Nacht mehr Geld zu verdienen, ist es deshalb essenziell, dass du dir all dieser Zusammenhänge bewusst wirst. Denn nur ein Problem, das man benennt, ist eines, das gelöst werden kann.

Darum kommen wir jetzt zu jenen Fakten aus der Datenlücke, die bereits auf den ersten Blick und ohne Umwege auf das Konto »Unsichtbarkeit ➧ geringer Selbstwert ➧ niedrigeres Einkommen« einzahlen: Vorhin habe ich dich doch überlegen lassen, wie viele Frauen dir einfallen, wenn man dich nach den Besten der Besten einer Sparte fragt. Darunter waren unter anderem Pianistinnen. Ziehen wir die nun heran, um mal genauer zu hinterfragen, woran es denn *auch* liegen könnte, dass uns nur wenige weibliche Stars am Klavier präsent sind. Dann schnall dich an: Im Jahr 2015 wurden Pianisten im Rahmen einer Studie nach deren Berühmtheit eingestuft. Das auf den ersten Blick schmeichelhafte Ergebnis für die Männerwelt: Unter den international bekanntesten Pianisten gab es zehn Männer und zwei

Frauen. Dieselbe Studie hat zudem ein weiteres Resultat hervorgebracht, das gleichzeitig die Frage beantwortet, die sich nach dem ersten Teilergebnis aufdrängen könnte – ob Männer wohl einfach von Natur aus die begabteren Pianisten sind: Es wurde gemessen, wie weit Männer im Unterschied zu Frauen ihre Finger auseinanderspreizen, also wie weit sie greifen können. »Handspannweite« nennt man das unter Fachleuten. Was kam zutage? Dass die durchschnittliche Handspannweite von Frauen bei 17,8 bis höchstens 20,3 Zentimetern liegt. Um diese Werte in den betreffenden Kontext zu setzen: Eine Oktave auf einer Klaviatur ist 18,8 Zentimeter breit. Das ist für Männerhände keine große Herausforderung, für durchschnittliche Frauenhände sehr wohl. In Relation gesetzt bedeutet das: Die beiden Spitzenpianistinnen, die es in die erste Riege mit den zehn männlichen Stars geschafft hatten, maßen eine Handspannweite von 22,8 bzw. 24,1 Zentimetern.

Eine Pianistin hat kaum Chancen, so gut wie ihr männlicher Konkurrent zu werden, weil die Klaviatur für Männerhände gemacht ist.

Was offenbaren uns diese Zahlen? Das Design einer Standardklaviatur macht es einem Großteil der Frauen unmöglich, mit ihren männlichen Kollegen mitzuhalten – nämlich bezifferten 87 Prozent. Und woran liegt das? Daran, dass Klaviertastaturen für männliche Hände gemacht worden sind! Und das hat zur Folge, dass Frauen rein durch ihre anatomischen Voraussetzungen nicht gleichwertig gut sein *können*. Ich weiß, dass dieser Begriff mittlerweile überstrapaziert ist, aber wo er die Tatsachen bezeichnet, sollte er auch verwendet werden dürfen: Das ist glatte *Diskriminierung*. Ist doch nicht zu fassen, oder?! Da haben wir's: Frauen sind am Piano keineswegs weniger begnadet als Männer. Was allerdings in den Köpfen der Menschen übrig bleibt, die nichts von dieser Studie wissen, ist: *Männer sind am Klavier talentierter.* Und was sich in den weiblichen Köpfen einzementiert, ist: *»Ich bin nicht gut genug.«* Glücklicherweise war ich tatsächlich nicht außertourlich begabt im Klavierspielen, aber dafür überdurchschnittlich lustlos, was das Üben betrifft, weshalb ich den Unterricht im Laufe der Oberstufe dann an den Nagel gehängt habe. Somit musste ich mich diesbezüglich nie mit Männern messen. Uff, noch mal Glück gehabt!

Es kommt ohnehin noch dicker: Die größte Datenlücke in Bezug auf die weibliche Weltbevölkerung betrifft augenscheinlich die globale Wirtschaft, genauer gesagt die Berechnung des Bruttoinlandsprodukts (BIP). Dieses ominöse *BIP* steht für die Gesamtmenge aller Waren und Dienstleistungen eines Landes. Nur werden essenzielle Bereiche nicht zu dieser Gesamtmenge dazugezählt, und zwar die Hausarbeit, die Kinderbetreuung und die Pflege von Angehörigen. Und warum werden sie nicht mit einberechnet? Weil es sich dabei um Dienstleistungen handelt, die nicht finanziell vergütet werden. Obwohl sie bei der Berechnung des BIP ausgeklammert werden, haben diese Aufgabenbereiche, die in den 1990er-Jahren unter dem Begriff »Care-Arbeit« zusammengefasst worden sind, indirekt immensen Einfluss auf das BIP eines Landes: Berufstätigen Menschen wird durch diese Betreuungs- und Hausarbeit nämlich erst ermöglicht, dass sie (so viele Stunden) einer bezahlten Arbeit nachgehen können. Und das durch diese Erwerbsarbeit verdiente Geld fließt wiederum direkt ins BIP ein, wodurch schnell klar werden sollte, wie wertvoll die Care-Arbeit ist, wenngleich sie nicht mit einem Gehalt wertgeschätzt wird.

> Frauen bringen der Wirtschaft durch ihre Care-Arbeit Billionen und sind diese Billionen in den Augen der Gesellschaft aber nicht wert.

Warum sollte das eine Rolle für dich spielen, wenn es darum geht, deinen Wert zu erkennen und künftig in Geldscheinen bzw. vielstelligen Zahlen auf dem Konto widergespiegelt zu sehen? Weil all diese Tätigkeiten mehrheitlich von Frauen verrichtet, aber eben nicht honoriert werden. Und das hat Anteil an deinem von dir selbst als zu gering eingeschätzten Wert. Schlichtweg, weil so vieles, was du erledigst, nicht gesehen wird oder nicht gesehen werden möchte.

Darum sollten wir das mit dem BIP und der unbezahlten Care-Arbeit genauer unter die Lupe nehmen: Es drängt sich natürlich die Überlegung auf, wie viel höher das BIP eines Landes wäre, wenn die Versorgung von Kindern oder pflegebedürftigen Familienmitgliedern bezahlt und damit ebenfalls beziffert und berücksichtigt werden würde. Ohne Bewertung in Zahlen kann der wirtschaftliche Wert dieser Arbeit bloß freilich nicht genau definiert werden. Trotzdem gibt es längst theoretische Berechnungen dazu: Laut offizieller Angaben der Weltbank dürfte etwa das BIP Großbritanniens im Jahr 2023 satte 3,33 Billionen US-Dollar ergeben haben. Das wurde so jedenfalls Anfang 2024 prognostiziert, nachdem die Summe für 2022 klar war: 3,08 Billionen. (Eine Zahl, die ich mir gar nicht mehr in Geldscheinen vorstellen kann. Du?) Rechnet man nun die unbezahlte Care-Arbeit mit ein, indem man dafür Stundenlöhne heranzieht, die professionelle (eigens dafür ausgebildete) Personen in der Pflege, in der Küche und in der Raumbetreuung erhalten, würde dieses Ergebnis das BIP des Landes um eine weitere Billion (!) erhöhen. Ich bräuchte wohl gar nicht erst zu erwähnen, dass Großbritannien dabei keineswegs eine

Ausnahme darstellt; die UNO schätzt, dass schon vor gut zehn Jahren, nämlich 2012, allein in den USA unbezahlte Kinderbetreuung im Gesamtwert von 2,9 Billionen Euro erbracht worden ist. Achtung: Diese Summe entspricht 20 Prozent des BIP des herangezogenen Jahres. 20 Prozent! Unbezahlte Kinderbetreuung macht folglich die größte Industrie eines Landes aus. So leisten Frauen laut dem *Statistischen Bundesamt* mehr als 52,4 Prozent der unbezahlten Care-Arbeit in Deutschland. Irre, oder? Weil das nicht länger unbemerkt passieren darf, hat die deutsche *Initiative Equal Care (Day)* beschlossen, auf die mangelnde Wertschätzung für diesen nicht honorierten Aufgabenbereich mittels eines Aktionstags aufmerksam zu machen, der für mehr öffentliche und mediale Sichtbarkeit sorgen soll. Der *Equal-Care-Day* wurde 2016 von der deutschen Journalistin Almut Schnerring gemeinsam mit dem Herausgeber Sascha Verlan ins Leben gerufen und auf den 29. Februar festgelegt – den Schalttag, den es nur alle vier Jahre gibt. Dieser Umstand soll symbolisch darauf hinweisen, dass Care-Arbeit weitgehend unsichtbar ist und deshalb kaum wahrgenommen wird. Der Equal-Care-Day steht für eine faire Verteilung von Mental Load sowie der Sorge, Pflege- und Versorgungsarbeit und weist auf das 4:1-Verhältnis bei der Verteilung dieser Aufgaben hin: Rein rechnerisch bräuchten Männer nämlich vier Jahre, um so viel an privaten, ehrenamtlichen und selbstverständlich beruflicher Fürsorgearbeit zu leisten, wie Frauen es in nur einem Jahr tun.

Fassen wir die wichtigsten Fakten zusammen:

Diese unbezahlte Care-Arbeit führt zu einer Beschäftigungslücke für Frauen, die das Wirtschaftswachstum eines jeden Landes bremst.

Wieso das nun wieder? Weil wer sich um Haushalt, Kinder und/oder pflegebedürftige Eltern kümmert, dafür so viele Stunden pro Tag bzw. Woche aufwenden muss, dass er kaum einer bezahlten Vollzeitstelle nachkommen kann. Berufstätige Menschen kurbeln allerdings die Wirtschaft an. Weil üblicherweise Frauen diese nicht finanziell honorierten Leistungen der Care-Arbeit übernehmen, können einige nicht 40 Stunden pro Woche einer Arbeit nachgehen, für die sie ein Gehalt beziehen würden. Und so schließt sich der Kreis. Drängt sich also unweigerlich die Frage auf, wer oder was verhindert, dass besagte Lücke bei der Erwerbstätigkeit geschlossen wird. Nun, da können wir jetzt Pingpong spielen, denn das liegt genau an dieser unbezahlten Haus- und Betreuungsarbeit: Während Frauen die Care-Arbeit verrichten, können sie eben keinen bezahlten Job erfüllen. Deshalb fordern lauter werdende, meist weibliche Stimmen, dass Care-Arbeit endlich bezahlt werden möge. Um das (schneller) zu ermöglichen, wäre es hilfreich, die dazugehörigen Daten zu unbezahlter Arbeit von Frauen zu erheben und damit diesen Gender-Data-Gap zu schließen. Das würde es den diversen Regierungsmitgliedern aller Staaten dieser Welt nach und nach vereinfachen, politische Entscheidungen zu treffen, die Frauen beim (Wieder-)Eintritt in den Arbeitsmarkt unterstützen, was sowohl den Frauen als auch der Wirtschaft zugutekommen würde.

Ich weiß ja nicht, ob du dich von dieser Situation betroffen fühlst, ob du beim Lesen der vorangegangenen Abschnitte schon wild genickt und dich bestätigt gefühlt hast oder ob du aufgrund deines Alters oder deiner Lebenssituation noch nicht oder nicht mehr zig Stunden pro Woche in Care-Arbeit steckst. Im letztgenannten Fall würdest du in jene Gruppe fallen, in der ich mich befinde: Als kinderlose Frau (diesen Status hab ich mir by the way nicht ausgesucht) hab ich keinen Nachwuchs zu versorgen, wodurch mir naturgemäß wesentlich mehr Zeit für meine (bezahlte) Arbeit zur Verfügung steht als Müttern und weshalb ich mehr zum BIP beitragen kann. Solltest du auch (noch) keine Kinder haben, sind diese Zahlen, Daten und Fakten dennoch relevant für dich, weil sie das Kollektiv der Frauen in einem Land oder sogar global gesehen auf der ganzen Welt betreffen und von unseren Kindertagen an immense Auswirkungen auf unsere Karrierechancen, unser Gesehenwerden und letztlich unser Selbstwertgefühl als denkende, arbeitende und kreative Wesen haben. (Dass kinderlose Frauen zusätzlich anderweitig von der Gesellschaft abgestraft werden, weil sie niemanden ins Land gesetzt haben, der später zum Wirtschaftswachstum und zum Pensionssystem beitragen wird, ist ein anderes Thema …)

Aus diesem Grund möchte ich noch ein wenig tiefer in diese gegebene gesellschaftliche Ungleichheit eintauchen, auf dass du dich mit deinen Selbstzweifeln nachhaltig verstehen lernst. Warum ich diesen Weg mit dir anpeile? Weil wir, was wir verstanden und benannt haben, wesentlich einfacher verändern können als das, was diffus und unergründlich bleibt. Darum lass uns den nächsten Schritt gehen, indem wir in Erfahrung bringen, was diese Care-Arbeit für die Frauen eines Landes in deren Alltag und Berufsleben genau bedeutet.

Feminines Rating – warum Frauen dauernd bewertet werden

Ein Mann betritt die Bühne und beginnt zu reden. Nicht nur dann, wenn er Interessantes zu sagen hat und das auf eine ansprechende Weise tut, wird ihm üblicherweise Aufmerksamkeit geschenkt: Das Publikum hört ihm aus Höflichkeit und Respekt einfach mal zu. Ist ja ein Mann – er wird bestimmt Wichtiges zu sagen haben!

Eine Frau betritt die Bühne – und sie wird sofort abgecheckt und in die passende Schublade gesteckt: Ist sie zu stark geschminkt, ist sie eine Tussi. Ist sie nicht oder zu wenig geschminkt, achtet sie nicht auf ihr Äußeres. Ist sie zu dünn, hat sie sicher eine Essstörung. Ist sie fülliger, hat sie keine Selbstdisziplin. Lächelt sie viel, ist sie flirty. Lächelt sie nicht, ist sie unterkühlt. Steht sie aufrecht da, ist sie steif. Knickt sie nur ein wenig in der Hüfte ein oder hält den Kopf zwischendurch schief, ist sie leicht zu haben. Gilt sie als schön, wird sie von den Frauen im Publikum beneidet oder gehasst und die Männer stellen sich vor, wie sie wohl im Bett ist, nehmen sie als Expertin aber nicht für voll. Gilt sie als unattraktiv, wird sie von den Frauen bemitleidet und die Männer interessieren sich aus anderen Gründen nicht wirklich dafür, was sie zu sagen hat. Ist sie laut und präsent, fordernd und sachlich, wird sie als Mannsweib oder Emanze kategorisiert. Ist sie zurückhaltend und leise, ist es kein Wunder, dass Frauen es halt seltener zu etwas bringen.

Zurück zum Mann: Wenn seine Inhalte fad sind oder er sie langweilig vorbringt, wird's freilich auch für ihn schwierig, doch in der Regel wird er für seine Aussagen und die Form des Präsentierens bewertet und nicht allein dafür, was er anhat, wie die Frisur sitzt und wie er sich hinstellt oder bewegt. Selbst ein Meer an niedergerieselten Schuppen auf den Schultern des schwarzen Sakkos ist selten Thema, während bei der Frau die Farbe des Lippenstifts oder die Größe der Ohrringe schon Anlass zur Diskussion gibt.

> Man will uns Frauen immer noch vorschreiben, was wir anziehen und wie wir uns stylen sollen.

Ob ich gestylt und geschminkt bin oder nicht, ändert etwas an meiner Außenwirkung. Dessen muss ich mir bewusst sein. Das ist nichts Böses – das ist ein Fakt. Es ändert aber nichts an mir als Person, an meiner emotionalen Intelligenz oder daran, wie gut mein Gehirn funktioniert. Trotzdem wird mein Aussehen immer wieder sogar vonseiten der Presse thematisiert – wertschätzend und positiv zwar, denn da heißt es dann: »Naives Blondchen? Weit gefehlt«, »Pamela Obermaier braucht nur ein paar Minuten, um gründlich mit sämtlichen Klischees über Blondinen aufzuräumen« oder »Als gutaussehende blonde Frau mit Vornamen Pamela kennt sie sich zwangsläufig mit Klischees aus«. Ich habe gelernt, damit umzugehen, konzentriere mich auf die gute Absicht in solchen Aussagen und habe mich etwa auf Stefan Raabs Sofa in »TV total« selbst draufgesetzt – also nicht ausschließlich aufs Sofa, sondern auf all die Klischees über Frauen mit dem Vornamen *Pamela* (wobei ich gar nicht »Pämella« heiße, sondern »Pamela«, was phonetisch ähnlich ausgesprochen und betont wird wie »Daniela« und »Manuela«) und mit dem Nachnamen *Obermaier*. (Danke an dieser Stelle an die »Baywatch«-Caster! Als ob der Vergleich mit der verwegenen Uschi Obermaier aus der 68er-Bewegung nicht gereicht hätte ...) Auch auf der Bühne mache ich ab und an Flucht nach vorn, nachdem ich um die Wirkung dieser Namen weiß, sie nicht ändern kann und mich deshalb dazu entschlossen habe, mit den Vorurteilen zu spielen. Dennoch frage ich mich von Zeit zu Zeit, ob mein Name oder meine Haarfarbe auch dann erwähnenswert wären, ob mein Äußeres überhaupt auffallen würde, wenn ich keine Frau, sondern ein Mann wäre. Nicht falsch verstehen: Ich war selbst viele Jahre lang Journalistin und kann diesen Ansatz in einem Artikel oder Interview deshalb wirklich nachvollziehen. Und mir wird von den betreffenden Redakteurinnen und Redakteuren damit freundlicherweise ein Kompliment gemacht. Aber es fällt einfach auf, wie viel mehr das Aussehen einer Frau im Zentrum der Aufmerksamkeit steht als das eines Mannes.

Frauen sind auch die Hauptzielscheibe von Body-Shaming-Attacken, also inhaltlichen Angriffen auf ihr Aussehen, die mündlich oder schriftlich passieren können. Warum ist das so? Der Körper, das Gesicht und das Styling von Frauen stehen ständig im Mittelpunkt des Interesses der Öffentlichkeit. Ich wünschte, es wäre genauso spannend für andere, was eine Frau denkt, was sie mit ihrer Arbeit bewegt und was sie folglich zu sagen hat. Aber in erster Linie geht's mal um das Äußere. Und dazu haben immer mehr Menschen immer Grauenhafteres zu kommentieren.

Ein paar Beispiele aus der Welt der Stars und Sternchen gefällig? Davon gibt es zahlreiche, denn je prominenter und/oder erfolgreicher eine Frau ist, desto häufiger wird sie angefeindet. Eine, die ein Liedchen davon trällern könnte (und dann mit Sicherheit einen Shitstorm wegen ihrer eher dünnen und hohen Stimme ernten würde – obwohl sie in der Vergangenheit mehr als einmal bewiesen hat, dass sie sich damit selbst aufs Korn nehmen und über sich lachen kann), ist Heidi Klum, über die es auf *Wikipedia* eingangs heißt: »ist ein deutsches Model«, als ob das alles wäre. Immerhin hat sie inzwischen eine ansehnliche Fernsehkarriere hingelegt und ist eine äußerst clevere Unternehmerin. Das kommt allerdings erst nach den Angaben über ihren bürgerlichen Namen und ihre Staatsbürgerschaft. Wie auch immer: Es ist *eine* Sache, ob man ihre bei uns so bekannte TV-Show gut findet oder nicht. Doch es ist eine *andere*, dass viele offenbar nicht hinnehmen können, wie smart sie als Geschäftsfrau ist. Denn ohne Frage ragt sie mit dieser Fernsehsendung – und mit anderen Shows, Projekten und Firmen – rein unternehmerisch betrachtet als eine unter Tausenden heraus. Und dem könnte man völlig unabhängig von Sympathie oder Antipathie Respekt zollen, finde ich. Gerade unter uns Frauen …

Nun ist Heidi Klum – subjektiv betrachtet hin oder her – zudem eine überaus schöne Frau, der immer wieder mal vorgeworfen wird, sie würde es übertreiben, wenn es um die Erhaltung dieser Attraktivität geht. Einmal brach ein Shitstorm über sie los, nachdem sie auf *Instagram* eines jener Fotos gepostet hatte, die so gut wie jede Frau schon mal geschossen hat, wenn sie am Strand gelegen ist: die aufgestellten Beine geben lediglich einen Blick auf die Oberschenkel und das Meer dahinter frei. Was war darunter zu lesen? Kommentare wie »She's not shaved« und »Rasier dir mal die füße ey... sowas geht gar nicht!!« Mal abgesehen davon, dass Oberschenkel nicht dasselbe wie Füße sind (man stelle sich vor, wie ein Mensch sich fortbewegen sollte, wenn an seiner Hüfte unmittelbar die Füße angebracht wären) und die betreffende Person sich folglich lieber um ihre anatomischen Kenntnisse oder ihre Rechtschreibschwäche als um jemandes Aussehen kümmern sollte: Ich hab die Aussage nicht kapiert. Wieso sollte sie sich die Beine rasieren? Das Foto zeigt die üblichen zarten, hellen Härchen, die Blondinen auf ihren Oberschenkeln haben. Und selbst schwarze Körperbehaarung auf der Haut einer Frau mit dunklerem Teint sind lediglich eines: völlig normal! Ich verwette meinen Hintern (über den bestimmt schon etliche mir fremde Leute gesagt haben, dass er viel zu üppig ist) darauf, dass man ihr nachgesagt hätte, sie würde nicht mal wie ein »normaler Mensch« am Strand liegen können, ohne sich vorher komplett unnötigerweise sogar die Oberschenkel zu rasieren. Wetten?!

Sind »Bauch – Beine – Po« und
»Haut – Haare – Nägel« wirklich mehr wert
als »Herz – Hirn – Vision«?

Sie kann es keinem recht machen. Ich behaupte: weil sie eine Frau ist. Und als Frau ist es nach wie vor nicht gemäß, derart viel Aufmerksamkeit auf sich zu ziehen, wie sie das (gekonnt) tut, geschweige denn so erfolgreich zu sein – auch und gerade finanziell. Interessanterweise sind es oft gerade Frauen, die hier die viel zitierte Stutenbissigkeit plakativ demonstrieren. Ich oute mich an dieser Stelle nicht als Heidi-Klum-Fan, aber aus meiner Sicht hat sie nicht nur aufgrund des Imperiums, das sie sich aufgebaut hat, Respekt und Achtung verdient, sondern einfach deshalb, weil sie Frau und Mutter ist – und weil sie diese Feindseligkeit vonseiten ihrer Neider aushält, ohne vor laufenden Kameras je die Fassung oder ihren Humor zu verlieren.

Dazu das Erlebnis einer meiner Freundinnen, das sie verständlicherweise hart getroffen hat – und das noch dazu in einer ohnehin bereits besonders intensiven Zeit: Sie befand sich in den Wehen und hatte schon mehr als 15 Stunden Kraftanstrengung hinter sich, um ihr erstes Kind zur Welt zu bringen. Da nahm eine ausnehmend hübsche und top gestylte Ärztin eine Vaginaluntersuchung vor, um festzustellen, wie weit der Muttermund schon geöffnet war. Den Rest der Situation lasse ich meine Freundin lieber selbst erzählen: »Nun ist es so, dass ich mit starkem und langem Haarwuchs in der Schamregion gesegnet – oder eher verflucht – bin, und ich hatte in den Tagen vor der Geburt meines Kindes wirklich anderes zu tun, als darüber nachzudenken, ob und wie ich mir den Genitalbereich haarfrei machen könnte. Abgesehen davon wäre ich ohne Hilfe gar nicht dazu in der Lage gewesen – ich konnte nicht einmal mehr meine Zehennägel selbst schneiden. Die Ärztin dürfte wohl beim Herumwerkeln in meiner Vagina davon angewidert gewesen sein, dass ich da unten so ›bewachsen‹ bin und meinte frei heraus: ›Das ist ja voll eklig. Rasieren hätten Sie sich schon können!‹ Es klingt unglaublich, oder? Aber es ist tatsächlich so passiert! Ich weiß noch, dass mich das in dem Moment voll beschämt hat und ich bilde mir ein, dass das jene Phase während der Entbindung war, in der mein Sohn plötzlich wieder in der Gebärmutter hochrutschte und diese Ärztin sich auf meinen Bauch stemmte und ihn gewaltvoll hinunterdrückte, damit er endlich in den Geburtskanal rutschte und geboren werden konnte. Heute noch, wenn ich mir das erste Bild von ihm ansehe, auf dem eindeutig blaue Flecken auf seinem Körper durch seine gewaltvoll unterstützte Geburt zu sehen sind, trifft mich das sehr. Ein wenig mehr Einfühlungsvermögen oder zumindest die Fähigkeit, die Klappe halten und die Frau als eine Gebärende mit dem Körper, der ihr geschenkt worden ist, zu nehmen, wäre dem gesamten Geburtsvorgang sicher zuträglicher gewesen.«

Ich weiß nicht, wie es dir geht – ich hatte Tränen in den Augen, als ich das gehört habe. Und wohin soll das eigentlich führen, wenn frau sich für die Härchen auf oder zwischen den Oberschenkeln oder für jene auf den Armen schämen müsste? Zu einer Ganzkörperrasur alle zwei Tage, selbst wenn eine Frau hochschwanger und kurz davor ist, einem anderen Menschen das Leben zu schenken?! Das geht doch komplett in die falsche Richtung, wenn man bedenkt, dass Mädchen sich teilweise schon vor der Pubertät schminken wollen, weil sie sich ohne Make-up nicht hübsch finden und später oft genug zu Frauen werden, bei denen Optimierung und Anti-Aging einen großen Teil ihres Lebens ausmachen. Mal abgesehen davon, dass genau das einer ganzen Meute von Menschen genauso ein Dorn im Auge ist. Andernfalls würden Madonna und Co. nicht ständig für ihre chirurgischen Eingriffe, die sie im Namen des Jugendwahns machen lassen, beschimpft werden. Hand aufs Herz: Mir gefallen geliftete Gesichter ebenso wenig wie überdimensionale silikongefüllte Brüste. Aus meiner Sicht ist es alles andere als förderlich, dass Mädchen in immer jüngerem Alter beginnen, ihr Äußeres auffallend stark zu verändern. Weil das dazu führt, dass sie sich erstens viel zu sehr über diese Dinge definieren – und weil sie sich unter all dem Make-up und den falschen Wimpern gefühlt noch mehr verstecken, als sie es ohnehin schon tun, obwohl sie das vordergründig betrachtet machen, um sich mit einem guten Gefühl zeigen zu können. *Aber die Sache ist die: Das geht mich nichts an. Es geht niemanden etwas an, was eine Frau mit ihrem eigenen Körper macht, wie sie ihn gestalten und stylen möchte.*

Berühmte Frauen können erst recht ein Lied davon singen, beurteilt zu werden: Was in Onlineartikeln irgendwann über sie geschrieben wurde, bleibt wie alles im World Wide Web erhalten. Ich kann mir gar nicht vorstellen, wie dick die Haut sein muss, die man sich wachsen lassen sollte, wenn man keinen Schritt machen kann, ohne von völlig fremden Menschen beobachtet, bewertet und be- oder verurteilt zu werden. Und dann wird diesen Frauen auch noch ihr Reichtum geneidet! Als ob der nicht als Schmerzensgeld gewertet werden müsste.

Wahre Body-Shaming-Attacken musste Pierce Brosnans Ehefrau Keely Shaye Smith aushalten, eine in meinen Augen wunderschöne Frau, über die sich immer wieder eine Vielzahl an Menschen auf diversen Social-Media-Plattformen auslässt, weil ihr Kleidergröße 38 zu eng ist. Welche bösartigen Kommentare den Leuten so einfallen, wenn sie offensichtlich nichts Sinnstiftendes mit ihrer Zeit anzufangen wissen und deshalb im geschützten Rahmen des Internets ihren Neid und ihre Niedertracht zu Wort kommen lassen, ist wirklich erstaunlich! Nun hat Keely Shaye Smith einen Mann an ihrer Seite, der solche Aussagen nicht stehenlässt, sondern seine Frau und deren Figur verteidigt, wann immer es geht – indem er schreibt, seine Liebe zu ihr wachse nach über 20 Jahren Ehe noch weiter und er liebe jedes Pfund an ihr. Trotzdem ist fraglich, warum er überhaupt zu ihrer Verteidigung ausrücken muss – und ob derartige Boshaftigkeiten an ihr abperlen wie an einer Teflonpfanne. Ich wünsche es ihr jedenfalls!

Schon in jungen Jahren musste ein Mädchen Ähnliches ertragen, dessen einziger Fehler es war, in eine royale Familie hineingeboren worden zu sein und deshalb einer regelmäßigen Publicity nicht entgehen zu können: Prinzessin Amalia aus den Niederlanden war 2023 erst 19 und selbst darauf wurde nicht Rücksicht genommen, wenn es darum ging, körperfeindliche Aussagen über sie zu treffen, weil sie mit ihren Maßen und ihrem Gewicht nicht dem gängigen Schlankheitsideal (richtiger wäre: Schlankheits*wahn*) entspricht. Wer möchte da schon gern im Rampenlicht stehen, wenn der Preis für Ruhm, Erfolg und Geld so bitter schmeckt?

Heutzutage betrifft das auch immer mehr Männer unter den Promis, wenn sie nicht wie gestählt aussehen und es gewagt haben, keine 17 Stunden pro Woche im Fitnessstudio zu verbringen: Schauspieler Jonah Hill hat sich dazu bereits öffentlich geäußert und darauf hingewiesen, wie wichtig es ist, sich selbst zu akzeptieren. Sogar der für seine Filme durchtrainierte Frauenschwarm Channing Tatum wurde nicht selten bekrittelt, wenn er nach einem Dreh wieder normalere Körpermaße annahm. In der »Kelly Clarkson Show« erklärte er dazu: »Ich weiß nicht, wie Leute, die von neun bis fünf arbeiten, in Form bleiben können. Es ist ein Vollzeitjob und ich schaffe es kaum. Es dauert zwei Monate, um wirklich schlank zu werden, aber in drei Tagen kannst du alles verlieren.« Obwohl das keine ausgleichende Gerechtigkeit, sondern als Mahnmal zu werten ist, wie häufig Männer inzwischen wegen ihres Äußeren angegriffen werden, sind wir uns sicher einig, dass Frauen es sind, die vor allem unter Beschuss stehen – und das schon sehr viel länger als Männer. Die Liste der Betroffenen ist jedenfalls lang, denn das waren leider längst nicht alle: Hollywoodstar Kate Winslet, Sängerin Billie Eilish, Tennislegende Serena Williams und die ehemalige First Lady der USA, Michelle Obama, gehören zu den berühmtesten und erfolgreichsten Frauen, die Body-Shaming-Attacken ausgesetzt waren. Und weil Prominente wie die Stars der großen Leinwand seit jeher Vorbilder für die Ottonormalverbraucherin (oder sollte sie 2024 nicht *Annanormalverbraucherin* heißen?) sind, kämpfen immer mehr Frauen mit allen Mitteln schon in jungen Jahren gegen das Altern, das Zunehmen und das allgemeine Vom-Ideal-Abweichen an. Ich finde das richtiggehend grotesk, wenn man bedenkt, dass jede Frau einerseits gern etwas Besonderes und für sich außergewöhnlich wäre, aber alle gleich aussehen wollen.

Der Teufelskreis: Je mehr Frauen sich dem Schönheitswahn unterwerfen, desto gesellschaftsfähiger wird es, wie sie aussehen, und desto stärker fallen Frauen mit ihrem völlig normalen, weil von der Natur gegebenen Äußeren samt der üblichen Alterserscheinungen auf. Wir schneiden uns damit also ins eigene Frauenfleisch. Denn auch im »echten« Leben fernab des Showbiz werden Frauen immer häufiger Opfer von Body-Shaming-Hasskommentaren – Social Media sei Dank! Was früher nur verbal vor allem im öffentlichen Raum möglich war, ist jetzt selbst für die Feigen ganz easy: Hinter Nicknames und mit gefakten Fotos oder Comic-Profilbildern lästert es sich geschützt und darum völlig hemmungslos. Social Media bedient sich allumfassend der stereotypischen Rollenklischees von Frauen und befeuert das schambesetzte Körperbild, das Frauen ohnehin schon von Kindesbeinen an mit sich herumschleppen: Im Kleinkindalter dürfen Buben mit ihren Genitalien spielen und sich beim Urinieren untenrum ungeniert nackt zeigen, doch Mädchen haben sich beschämt hinter einen Busch zu hocken, damit man sie beim Pinkeln nicht sieht. Naturgemäß schwächt das den weiblichen Selbstwert von Beginn an, und diese Körperfeindlichkeit gegenüber Frauen fördert so den Dualismus »Hure versus Heilige«. Und ausgerechnet im modernsten Medium wird das traditionelle Frauenbild durch seine User und Userinnen auf derart schädliche Art und Weise manifestiert. Würden die stänkernden Leute zeigen, wie sie selbst aussehen, wären sie wahrscheinlich in vielen Fällen ebenso angreifbar, da sich ein menschlicher

Körper nun mal nicht wie der einer Schaufensterpuppe verhält, sondern aus Fleisch, Muskeln, Fett und Blut gemacht ist. Glücklicherweise!

An dieser Stelle möchte ich unbedingt die US-Comedian und Schauspielerin Amy Schumer nennen, die ich übrigens ungeschminkt und ohne Starallüren im Central Park in New York joggen gesehen habe. Man kann ihr folglich weder vorwerfen, sie würde sich zu wenig bewegen (darauf laufen viele der Beleidigungen in ihre Richtung hinaus, weil sie keine Kleidergröße 34 trägt), noch, sie wäre vor der Kamera derart stark geschminkt, dass man sie ohne Make-up nicht wiedererkennen würde. Ihre Fans lieben Amy Schumer für dieselben Attribute wie ich: für ihren Humor und ihre gesunde Selbstsicherheit. Sie hat beides öffentlich sichtbar unter Beweis gestellt, als sie sich von der bekannten Fotografin Annie Leibovitz für den *Pirelli*-Kalender nur im Spitzenslip und mit einem Kaffeebecher inszeniert ablichten hat lassen, was als ein Statement für *Body Positivity* zu verstehen war. Amy Schumer postete damals unter eines dieser Fotos: »Schön, eklig, stark, dünn, fett, hübsch, hässlich, sexy, widerlich, makellos, Frau.« Damit dürfte sie auf die zigtausend unterschiedlichen Sichtweisen und Meinungen im Internet angespielt haben, die plastisch zeigen, dass man es sowieso nie allen recht machen kann – schon gar nicht als Frau.

Tja, dieses Heckmeck ums perfekte Aussehen hilft uns allen nicht. Und es raubt uns wertvolle und unwiederbringliche Lebenszeit, wie ich mir selbst viel zu spät erst vor einigen Jahren eingestanden habe.

Ich oute mich: Bin ich wirklich nicht schlank genug, um glücklich zu sein?

Ich gehöre zu jenem hohen Prozentsatz von Frauen in unserem Kulturkreis, die in ihrer Vergangenheit einen großen Teil ihrer Gedanken, ihrer Zeit und ihres Geldes in ihr Aussehen und dabei vorrangig ins Schlanksein investiert bzw. für die Erreichung dieses Ziels geopfert haben – mit dem Ergebnis, dass ich heute gut zehn Kilo mehr auf den Knochen habe als damals mit 16, als ich bei gleicher Körpergröße ernsthaft schon der Annahme war, zu dick zu sein.

Als schlankes Kind der 80er-Jahre wurde ich irgendwann zu einem ebenso schlanken Teenagermädchen der 90er, das sich im zarten Alter von elf erstmals fragte, ob es womöglich gerade im Begriff war, zu rundlich zu werden. Diese Überlegung entsprang dem Vergleich meines auf einem Sessel aufliegenden Oberschenkels mit jenem einer androgyn veranlagten Schulkollegin, der mich irritierte, da ihrer hauptsächlich aus Knochen und Haut zu bestehen schien, während bei meinem wesentlich mehr an Fleisch sichtbar wurde, wenn die Muskelanspannung losließ. Die Konsequenz: ein erstes, bis dato unbekanntes Unwohlsein in Bezug auf meinen jungen Körper; das Tragen von Latzhosen in Kombination mit einer buckligen Haltung, um die sich langsam entwickelnden beiden Wölbungen an meiner Front zu verbergen; und ein penibles Aufpassen darauf, nie mit aufliegenden Oberschenkeln neben jemand anders zum Sitzen zu kommen. Aus einem kreativen, wissbegierigen, neugierigen und engagierten Kind wurde praktisch von heute auf morgen ein von den ihm bislang wichtigen Themen abgelenktes Mädchen. Tier- und Umweltschutz (in Form eines selbst gegründeten Tierclubs, Wanderungen durch Wald und Bach, um beide streckenweise von Müll zu befreien, oder die Pflege von vernachlässigten Pferden) wie kreative Beschäftigungen (Zeichnen, Schreiben und wildfremde Menschen auf den Straßen mit meinem Kassettenrekorder und einem Mikro in der Hand zu Klimaschutz und ethischen Fragestellungen zu interviewen) rückten zwangsläufig in den Hintergrund. Plötzlich schien es dringlicher, einem mutmaßlich geforderten Bild zu entsprechen, weil ich in meiner Welt einfach genauso schmale Oberschenkel wie andere Gleichaltrige haben musste, um weiterhin als hübsch zu gelten. Dass es etliche Mädchen mit üppigeren und solche mit recht ähnlichen Schenkeln, wie ich sie hatte, gab, entzog sich meinem verschleierten Blick. Unterstützt von den durchwegs schlanken Hauptdarstellerinnen der ersten Hollywoodfilme, die ich zu Gesicht bekam, entwickelte ich immer mehr die feste Meinung, dass man nur dünn als schön gelten könne. Und schön wollte ich natürlich sein. Deshalb musste ich unbedingt dünn werden – schlank zu sein reichte nicht mehr.

Mit 13 ließen sich meine sekundären Geschlechtsmerkmale, die wenige Jahre später naturgemäß sehr wohl mit einem gewissen Stolz präsentiert werden würden, nicht länger verbergen und zu den mir damals noch etwas suspekten Brüsten hatten sich weiche Hüften und ein kurviger Hintern gesellt, also entschied ich mich zu einer ersten Ernährungsumstellung. Gut, die war grundsätzlich klug gewählt, auch wenn mir damals der gesundheitliche Aspekt nicht so bewusst oder gar wichtig gewesen wäre wie jener des Abnehmens: kein Zucker in den Tee, keine Softdrinks mehr, sondern ausschließlich Wasser gegen den Durst, weg mit Cornflakes und Nutella zum Frühstück. Das war der Anfang von zahlreichen aufeinanderfolgenden Jahren, in denen mich das Vorhaben, schlank(er) zu werden, mehr oder weniger intensiv in Beschlag genommen hat. Ich will nicht alles verteufeln, denn wer weiß, ob ich so viel Sport gemacht hätte, wenn ich von Natur aus zu jenen Begünstigten gehört hätte, die praktisch essen können, was sie wollen, weil sie wissen: Der Fettstoffwechsel wird's schon richten! Nachdem das bei mir nun mal nicht so lief, habe ich Pilates und Yoga gemacht, auf einen Marathon trainiert (gut, mehr als die zehn Kilometer im Staffellauf sind es nicht geworden) und lernte mehrere Fitnessstudios von innen kennen – und ja, zwei davon habe ich tatsächlich regelmäßig besucht und nicht bloß wie die anderen subventioniert, ohne de facto in ihnen zu sporteln. All das ist keineswegs schlecht für die Gesundheit und den Bewegungsapparat, weshalb ich es unter »positiv« ablegen möchte. Selbstredend habe ich *Hypoxi*, *EMS* und *PowerPlate* ausprobiert, weiß, was es heißt, in Folie eingewickelt zu werden, um darunter 40 Minuten zu schwitzen, kenne magenfüllende Tabletten und den Geschmack von Abnehmtees und Kohlsuppe (igitt!). Man könnte sagen, ich habe die Schlankheitsmaschinerie phasenweise recht engagiert unterstützt.

Inzwischen bin ich eine Frau in der zweiten Hälfte ihrer 40er. Meine Körpergröße hat sich seit meiner Pubertät nicht verändert, freilich aber Form und Gewicht immer wieder. Ich blicke auf fast drei Jahrzehnte zurück, in denen ich mal mehr, mal weniger auf Kriegsfuß mit meinen Maßen stand, in denen ich von Trennkost über eine basische Ernährungsform bis hin zu Low Carb und Intervallfasten zig Diäten und Nahrungsumstellungen ausprobiert (und meistens wieder aufgegeben) habe. Rundum glücklich war ich mit meiner Figur nur einige wenige Jahre lang mit Anfang 30, als ich mein Idealgewicht endlich erreicht hatte und modetechnisch alles tragen konnte, was mir gefiel. Doch um das halten zu können, hätte ich dauerhaft weitgehend auf Kohlehydrate verzichten müssen. Das langfristig durchzuziehen, verlangte mir dermaßen viel Einsatz und Energie ab, dass es über kurz oder lang zur Belastung wurde. Und irgendwann – reichlich spät, ich weiß – stand eine zentrale Frage im Raum:

Warum zur Hölle sollte es meine oberste Aufgabe sein, dem Schlankheitsideal zu entsprechen? Und wer sagt, dass schön gleich dünn sein muss?

Als Antwort begann ich mich zunehmend darüber zu ärgern, dass dieser Themenkomplex immer noch so viel meiner Aufmerksamkeit abzog, die ich für andere Dinge gebrauchen hätte können. Das gefiel mir ganz und gar nicht. Mit meiner kostbaren Lebenszeit sollte ich doch wesentlich Besseres anzufangen wissen! *Das war die Wende.* Ich nahm meine Energie, machte mich selbstständig, gründete ein Unternehmen und schrieb ein Buch nach dem anderen. Die damit verbundene Erfahrung zeigte mir: Von dem leben zu können, was ich liebe, meine eigene Chefin zu sein, Erfolg zu haben und auf Menschen zu treffen, die sich für meinen Intellekt und mein Wissen, für meine Emotionalität und meine Empathie interessieren, fühlte sich ebenfalls gut an – nicht nur für schön befunden zu werden. Es sind ohnehin vielmehr diese Aspekte, die mich ausmachen.

Nun ja, trotz meines BMI-Wertes, der mir kein Ideal-, sondern durchschnittliches Normalgewicht anzeigt, und der nicht gänzlich auszumerzenden, immer wieder mal aufpoppenden Sehnsucht, einige Pfunde loszuwerden, weil ich mich an das tolle Gefühl des Dünnseins erinnere (aber eben genauso an den Aufwand, der dafür notwendig war – und ich habe meine Entscheidung diesbezüglich getroffen) gibt es langjährige Freunde, die es gut mit mir meinen und mir sagen, ich hätte nie besser ausgesehen, und einen Mann in meinem Leben, der mich auch mit rund zwölf Kilogramm mehr als zu Beginn unserer Beziehung anziehend findet. Ob ich objektiv gesehen zu wenig schlank bin oder nicht, ob ich zu viel Fettgewebe angesetzt habe oder nicht – eines ist sicher: Ich habe mich selbst, seit ich der Kinderkonfektionsgröße entwachsen bin, nicht mehr so wertschätzend betrachtet wie jetzt. Irgendwie hab ich eines endlich verstanden, das ich in einer Frage formulieren möchte, weil es mir genau so durch meine Gehirnwindungen gesaust ist: »Wie sollte ich ein wertvolles Mitglied der Gesellschaft abgeben, meine Kreativität ausleben können und eine ernst zu nehmende Partnerin, Tochter und Freundin sein, wenn ich den Großteil meiner vorhandenen Zeit und Kraft in die Erhaltung oder (Wieder)Herstellung eines bestimmten Körperbildes investieren würde?« Eben: gar nicht. Dafür fehlte mir die Zeit bzw. hatte und habe ich nun mal andere Prioritäten. Darum war es unumgänglich, irgendwann mit meinem Körper Frieden zu schließen und ihn endlich als das zu begreifen, was er ist: weniger ein Schmuckstück, sondern vorrangig ein wunderbares Instrument, um mit ihm zu arbeiten, und ein Zuhause für meine Seele. Und je mehr ich ihn sein lasse, wie er ist, desto mehr Ressourcen für die wirklich bedeutenden Bereiche in meinem Leben werden frei.

Würden wir Menschen uns so intensiv mit der Verfettung unserer Seelen wie mit der angeblich unästhetischen Fülle unserer Körper beschäftigen, sähe vieles auf dieser Welt vermutlich anders aus.

Also, falls es dir ähnlich gehen sollte, so lass uns unsere äußeren Hüllen feiern, umarmen und annehmen lernen, wie sie sind, um uns den tatsächlich gewichtigen Angelegenheiten widmen zu können! Lass uns den kommenden Generationen von Frauen ein Vorbild sein, auf dass sie diesen Entwicklungsschritt, den viele von uns allein und auf teils schmerzhafte Weise machen mussten, überspringen können, um müheloser in einem liebevollen Selbstverständnis anzukommen. Denn schlank ist nicht automatisch gleich schön, und noch weniger ist schlank gleich glücklich. Wer hingegen glücklich ist, wirkt schön. Und glücklich macht, mit sich selbst im Reinen zu sein, sich mit sinnvollen, wertvollen Dingen zu beschäftigen und zwischenmenschliche Beziehungen zu pflegen.

Das stärkt nebenbei bemerkt den Selbstwert und hält Selbstzweifel in Schach, was uns die Frage »Wie viel bin ich wert?« zu unseren Gunsten beantworten lässt, sobald wir sie nicht mehr von irgendwelchen äußeren Faktoren abhängig machen.

Fällt dir was auf?

Wenn du zur Seite 21 zurückblätterst und meine Prämissen durchliest, wird dir auffallen, dass sich alle bewahrheitet haben: Durch meine Recherchen konnte ich jede einzelne meiner Theorien verifizieren. Diese Annahmen sind also Fakt und finden nicht nur im Kopf von uns viel zu emotional tickenden Frauen statt. (Entschuldige den Zynismus, aber manchmal muss er einfach raus!)

Vergiss nicht: Wenn der Maßstab der Mann ist, sind immer wir Frauen es, die aus der Reihe tanzen. Mit unseren Körpern, unserem Zyklus, unseren Gefühlen und Emotionen und unserer Art, die Dinge anzugehen. Würden wir als Norm die Frau heranziehen, wäre es urplötzlich der Mann, der davon abweicht und *anders* ist.

Gender-Pay-Gap und Care-Arbeit lassen grüßen

»Du hast recht, wenn du findest, du wärst geeigneter für diese Stelle. Aber bei dir müssen wir nun mal jederzeit damit rechnen, dass du schwanger wirst und über einen längeren Zeitraum ausfällst. Und wer weiß – wenn du auf den Geschmack gekommen bist, bekommst du vielleicht gleich ein zweites Kind. Ich mein das nicht böse: Viele Frauen haben dann einfach nicht mehr denselben Biss. Und Mütter sind nicht so zuverlässig und präsent wie Männer. Die Kinder haben eben oberste Priorität. Und das ist nachvollziehbar und richtig, nur brauchen wir in dieser Position unbedingt jemanden, für den der Job das Wichtigste ist. Und du bist da, wo du bist, echt wertvoll für uns, weil *du* es immerhin sein wirst, die dem Thomas zuarbeiten wird ...«

Jener Kundin, die diese Situation erlebt hat, war laut eigenen Worten heiß und zeitgleich kalt bei diesem Gespräch geworden: Hinter dem Brustbein empfand sie eine unangenehme Enge und bald spürte sie eine solche Wut in sich hochkriechen, dass sie sich zusammennehmen musste, nicht damit herauszuplatzen. Ihr fehlten andererseits ohnehin die passenden Worte und sie hatte keine Lust auf eine Diskussion, die offenbar nicht zu gewinnen war. Die wäre ihr vermutlich sexistisch ausgelegt worden und man(n) hätte wahrscheinlich hinter ihrem Rücken gemosert, dass sie total emotional reagiert hat und das eine Bestätigung dafür wäre, wie viel besser ein Mann in diesem Job ist, weil Männer nicht immer alles so persönlich nehmen. Mit einem Schlag war ihr klar, dass sie hier nicht mehr arbeiten wollte.

Schauen wir uns nochmals meine Theorie zu diesem Thema an:

- Frauen haben geringere Einstellungs- und Aufstiegschancen als Männer.
- Frauen verdienen weniger als Männer – und halten das meist sogar für gerechtfertigt.
- Frauen haben mehr Stress und weniger Zeit für sich als Männer.

Diese Annahmen führen mich thematisch zum nächsten Punkt, denn im Zusammenhang mit der Bewertung der Frauen in der Gesellschaft, dem (auch daraus resultierenden) geringen Selbstwert der Frauen im Business und der Unsichtbarkeit des weiblichen Geschlechts in der Wirtschaft kommt man um die Themen »Equal-Pay-Day« und »Care-Arbeit« nicht herum. Weil mir wichtig ist, dass du die Zahlen, Daten und Fakten dazu kennst, um dich in der Beurteilung deines Selbstwerts und deiner Honorar- oder Gehaltsforderungen besser verstehen zu können, widmen wir uns auf den kommenden Seiten diesem Resultat aus der Kombination von Patriarchat und Kapitalismus.

»Entschuldigung!« – Verdammt, wofür eigentlich?

Abteilungsleiter: »Wir haben gerade einen neuen Auftrag erhalten. Fahren Sie gleich morgen um 10:00 Uhr zur Kundschaft, um alles Weitere zu besprechen!«

Mitarbeiterin: »Nein, tut mir leid, das schaffe ich unmöglich. Ich habe morgen um 16:00 Uhr eine Abgabe für einen anderen Kunden, muss vorher etwas außer Haus für den Chef erledigen und weil ich heute noch zwei Meetings habe, werde ich die Zeit morgen Vormittag für die Fertigstellung der Kampagne benötigen. Also nicht, dass ich mich nicht gern darum kümmern würde, doch das geht wirklich nicht. Entschuldigung!«

Abteilungsleiter: »Ein ›Das kann ich erst übermorgen einrichten‹ wäre völlig ausreichend gewesen …«
Na, fühlst du dich ertappt? Keine Sorge: Sich zu erklären und zu rechtfertigen, ist meine Spezialität, da steh ich dir mit Sicherheit in nichts nach. Frauen sind darin mehrheitlich Weltmeisterinnen. Wenn wir den Wunsch einer anderen Person aus Zeitgründen nicht erfüllen können (was etwa im Selbstständigenbusiness immer häufiger der Fall ist, je regelmäßiger man gebucht wird), dann erklären wir uns blumig ausgeschmückt über Minuten – oder schriftlich über viele, viele Zeilen –, damit unser Gegenüber versteht, dass wir »Leider nein!« sagen müssen, weil es sich einfach nicht machen lässt, und nicht etwa, weil wir sie oder ihn persönlich damit treffen möchten. Dass wir so schnell ein schlechtes Gewissen haben oder sogar richtige Schuldgefühle empfinden, bringt uns dazu, uns ständig bei zig Leuten zu entschuldigen. Denn wir wollen ja niemanden vor den Kopf stoßen – und wir möchten auch unter keinen Umständen die Liebe, Wertschätzung oder Anerkennung anderer verlieren. Das ist unsere Achillesferse.

Teil dieser weiblichen Achillesferse
ist unser ausgeprägter Perfektionismus,
der sich durch alle Lebensbereiche zieht.

Ein Beispiel, das rein gar nichts mit der Businesswelt zu tun hat, aber das du womöglich ähnlich aus deinem Umfeld kennst: Wenn man in die Singlewohnung eines Mannes kommt und da ist es unordentlich und es steht der Dreck, denkt sich keiner etwas. Dass das so ist, gehört irgendwie zum guten Ton und wird fast vorausgesetzt. Und genauso ist es im Job: Männer können eine Präsentation halten, auf die sie nicht einmal gut vorbereitet sind, und es ist halbwegs okay. Bei einer Frau gibt's hingegen schon, *bevor* sie die Präsentation startet, so einiges, worüber gemeckert werden kann, wie wir im vorigen Kapitel besprochen haben.

Auch das Manuskript für dieses Buch fordert mich heraus, was den mir einverleibten Perfektionismus betrifft, den ich mir seit Jahren nach und nach abzugewöhnen versuche: Das eigene Buch ist meiner Erfahrung nach nie fertig – zumindest nicht zu meiner vollsten Zufriedenheit. Da könnte ich noch viermal alles durchgehen und würde nach wie vor diverse Stellen umformulieren, ergänzen oder streichen wollen. Wenn ich eines meiner älteren Bücher zur Hand nehme, fällt mir stets mindestens ein Absatz ins Auge, bei dem ich mir denke: »Puh, wieso hab ich das denn so umständlich formuliert? Das würde ich heute ganz anders schreiben.« Perfektionieren bis zum Wahnsinn! (Fällt dir was auf? Ich entschuldige mich hier zwischen den Zeilen bei dir dafür, dass meine Bücher nicht in jeder Silbe perfekt sind. Hast du so etwas schon einmal einen Mann sagen gehört?) Aber irgendwann *muss* Schluss sein. Es gibt schließlich Deadlines, die einzuhalten sind. Sonst könntest du dieses Buch gerade gar nicht lesen. Deshalb musste ich aushalten lernen, dass weder ich perfekt bin, noch es jemals eines meiner Bücher sein wird, wenn das auch manche erwarten mögen.

Vor diesem Hintergrund betrachtet ist eines überhaupt nicht mehr überraschend: Etliche Frauen fühlen sich ständig müde, richtiggehend erschöpft und ausgebrannt, sind frustriert und so gut wie immer unter Strom. Sie wollen für jeden in ihrer unmittelbaren Umgebung jederzeit alles richtig machen – und bleiben selbst oft auf der Strecke. Sie mühen sich ab für Kinder, Partner, Eltern, kümmern sich darum, ihre Freundschaften am Laufen zu halten, und reißen sich zudem vielfach den Allerwertesten für den Job auf. Die To-do-Listen von Frauen sind immer zu lang, sie schaffen es in Wahrheit nie, alle Punkte auf ihr abzuhaken. Dafür musste sogar extra ein Begriff – »Mental Load« – erfunden werden, um zu benennen, womit die meisten von ihnen tagtäglich zu kämpfen haben: mit der für heterosexuelle Partnerschaften typischen ungleichen und unfairen Rollen- und Aufgabenverteilung im Alltag einerseits und mit der zum Himmel schreienden Ungerechtigkeit am Arbeitsmarkt andererseits.

Diesbezüglich bezeichnend: Wenn sich eine Frau nun nicht von dieser psychischen Mehrfachbelastung davon abhalten lässt, Zeit zu finden, um sich selbst zu verwirklichen, beim Yoga oder Meditieren auf die innere Balance zu achten oder sich im Fitnesscenter auszupowern und für einen ansehnlichen Körper zu sorgen, bekommt sie gern das Label *»Powerfrau«* verliehen. Treffen schließlich zwei oder mehr Frauen aufeinander, um in ihrer spärlichen Freizeit etwas Außergewöhnliches auf die Beine zu stellen oder um sich beruflich zusammenzutun, erhalten sie das Gütesiegel *»Frauenpower«*, weil sie gezeigt haben, wie viel Energie, Kreativität, Willenskraft, Durchhaltevermögen und Begeisterungsfähigkeit sie mobilisieren können, um etwas Tolles zu bewerkstelligen. Nun habe ich glücklicherweise einen Mann an meiner Seite, der mit mir das 50:50-Prinzip in unserem gemeinsamen Haushalt lebt – und wir haben keine Kinder. Ich habe trotzdem eine Menge um die Ohren (was ich mir mit der Entscheidung vor knapp einem Jahrzehnt, mich selbstständig zu machen, bewusst ausgesucht habe, möchte ich der Fairness halber anmerken) und das dürfte der Grund dafür sein, dass auch ich immer wieder als Powerfrau beschrieben werde. Das ist – so schätze ich das zumindest ein – (meistens) als Kompliment zu verstehen. Ich kann mich bloß schwer darüber freuen. Warum? Ganz einfach: Schon jemals gehört, dass jemand einem Mann sagt, er wär so ein *Powermann*? Eben! Das hinterlässt bei mir deshalb einen fahlen Beigeschmack. Denn wenn es um die Gleichberechtigung geht, sind die Bezeichnungen »Powerfrau« und »Frauenpower« komplett kontraproduktiv, weil es keine Pendants für die Männerwelt gibt: Niemand redet von so viel »Männerpower« in einem Unternehmen oder von »Powermännern« auf irgendeinem anderen Gebiet – weil Männern die Power von vornherein und ohne dass sie dafür etwas Besonderes tun müssten, automatisch zugeschrieben wird. Sie müssen nicht erst ein bestimmtes Verhalten an den Tag legen oder etwas leisten, um dieses Label zu erhalten. Sie brauchen sich nicht dafür zu qualifizieren. Frauen müssen sich im Unterschied dazu beinahe dafür entschuldigen, wenn sie nicht als Powerfrauen auffallen. Und das stört mich. Ist das nicht doppelt absurd, wenn man bedenkt, dass Frauen es vielfach sind, die unterm Strich an einem Tag wesentlich mehr leisten als Männer? Was genau ich meine, damit beschäftigen wir uns im nächsten Kapitel.

»Selbst schuld!« Die frustrierende Bilanz des Equal-Pay-Day

»Equal-Pay-Day« heißt auf Deutsch »Tag des gleichen Gehalts«. Er weist nämlich darauf hin, dass Frauen im betreffenden Land ab diesem Stichtag für den Rest des Jahres gratis arbeiten oder *bis* zu diesem Tag ohne Bezahlung gearbeitet haben – je nachdem, in welche Richtung der Equal-Pay-Day (EPD) berechnet wird. »Gratis« ist hier nichts Erfreuliches, sondern bedeutet, dass sie unbezahlt wertvolle Arbeit leisten und dabei um ein Stück weniger verdienen als Männer. Konkret hatten Männer in Österreich am 31. Oktober 2023 bereits so viel Lohn erhalten wie Frauen vergleichsweise nicht eher als bis Jahresende. Nach der anderen Berechnungsart haben Frauen 2024 erst *ab* dem 14. Februar 2024 Gehalt bezogen, während Männer von Jahresbeginn an für ihre Arbeit entlohnt wurden. In Deutschland sieht es keineswegs rosiger aus. Allerdings wird hier ausschließlich der Frühjahrswert berechnet, der im Jahr 2024 auf den 6. März fiel.

»Ein Teil der Differenz lässt sich erklären«, hieß es dazu in einem Artikel der *Salzburger Nachrichten*: »Für den Unterschied im Einkommen von Frauen und Männern gibt es einige Erklärungen – dazu zählt beispielsweise, dass viele Frauen Jobs wählen, die schlechter bezahlt sind, etwa in der Pflege oder im Sozialbereich. Frauen sind häufiger als Männer in kleineren Unternehmen tätig, die im Durchschnitt niedrigere Löhne und Gehälter zahlen als Großbetriebe. Auch Auszeiten wie Karenzen für die Kinderbetreuung wirken sich nachhaltig aus. Nach der Rückkehr in den Beruf müssen Frauen oft schlechter bezahlte und unter ihrer Qualifikation liegende Stellen annehmen«, bringt er die ausschlaggebenden Fakten auf den Punkt, die alle langfristig aufs Einkommen drücken. Der restliche Teil, der zur Gehaltsschere beiträgt, konnte bislang nicht erklärt werden. Über dessen Ursache können wir nur mutmaßen und dabei ist die Diskriminierung von Frauen nicht auszuschließen. Traurig, aber leider sehr wahrscheinlich!

Der Gender-Pay-Gap
schließt sich äußerst langsam.

Sehen wir uns das noch genauer an, um die Hintergründe und Ausmaße richtig einordnen zu können: Die Grundlage für die Berechnung des Equal-Pay-Day ist der »Gender-Pay-Gap«, was auf Deutsch so viel wie »geschlechtsspezifisches Lohngefälle« bedeutet und aufzeigt, wie groß die Unterschiede in den Gehältern der beiden Geschlechter sind. Der Gender-Pay-Gap hat sich 2023 in Österreich auf 18,8 Prozent belaufen, in Deutschland auf 17,6 Prozent und in der Schweiz auf 17,7 Prozent. Zwischen Österreich und Deutschland liegt EU-weit nebenbei bemerkt kein weiteres Land: Österreich nimmt dabei den vorletzten Platz ein und

Deutschland den davor, was nichts anderes heißt, als dass wir uns die letzten Plätze vorm Schlusslicht teilen. Schlechter hat auf Basis der 2021er-Zahlen nur Estland abgeschnitten.

Vielleicht fragst du dich gerade, warum Zahlen aus 2021 für die Ergebnisse des Jahres 2023 ausschlaggebend sind. Das ist einfach erklärt: Diese Berechnung hinkt immer zwei Jahre hinterher. 2023 war übrigens erstmals ein Land negativ, was den Gender-Pay-Gap betrifft, weil für Luxemburg ein Wert von 0,2 Prozent herauskam. Wahrhaftig golden ist diese Zahl allerdings nicht, auch wenn sie noch so schön glänzt, hat mir eine Expertin für dieses Gebiet erklärt: »Wenn man genauer hinsieht, wird klar, dass sie sich deshalb ergibt, weil man das aufgrund von Bruttostundenlöhnen berechnet. Nimmt man das komplette Jahreseinkommen, verdienen die Frauen noch immer weniger, weil auch die Frauen in Luxemburg eher in Teilzeit beschäftigt sind.« Katharina Mader, Chefökonomin des *Momentum*-Instituts in Wien, muss es wissen, denn sie hat sich schon vor ihrem Antreten dieser Position viele Jahre dieser Thematik gewidmet, indem sie dazu an der Wirtschaftsuniversität als Assistenzprofessorin geforscht und gelehrt hat und außerdem in der Frauenabteilung der *Arbeiterkammer* beschäftigt war.

Zurück zu Österreich als Beispiel für die deutschsprachigen Länder in Europa, die ihre Zahlen betreffend Schulter an Schulter stehen, damit ich die von Katharina Mader erwähnten Bruttostundenlöhnen als Berechnungsbasis näher erläutern kann: 18,8 Prozent macht folglich die Lohnlücke zwischen dem Bruttostundenlohn von Männern im Vergleich zu dem von Frauen aus. Diese Information ist essenziell, weil sie uns verrät, dass Teilzeitarbeit für diese Berechnung gar nicht relevant ist! Und das sagt uns, dass Frauen hierzulande im direkten Vergleich der Jobs immer noch erheblich schlechter für die gleiche Arbeit bezahlt werden. Dieses Wissen verdanken wir der *Eurostat* (dem Statistischen Amt der EU), die diese Zahlen jährlich vorlegt. Darum sind diese 18,8 Prozent für Österreich, die 17,6 Prozent für Deutschland und die 17,7 Prozent für die Schweiz faktisch besonders aussagekräftige Werte, weil sie einen Vergleich mit der kompletten EU inklusive der Schweiz zulassen. Und hier gibt es erhebliche Unterschiede: Während wir (Deutschland, Österreich und die Schweiz) uns gemeinsam mit Ungarn auf den billigsten Plätzen tummeln, herrscht im bereits erwähnten Luxemburg und genauso in Rumänien, Slowenien, Polen, Belgien und Italien ein geringeres Lohngefälle von weniger als 5 Prozent.

Für die Equal-Pay-Days hingegen wird die Lohnsteuerstatistik von ganzjährig Vollzeitbeschäftigten in Bezug auf das Jahreseinkommen herangezogen. Beim von der *Arbeiterkammer* berechneten Equal-Pay-Day im Herbst wird ein Durchschnittswert verwendet: Alle Bruttojahreseinkommen werden zusammengezählt und durch die Anzahl derer dividiert, die da hineinfallen. Der zweite Equal-Pay-Day – genauer gesagt der erste innerhalb eines Jahres, weil dieser durch die andere Herangehensweise bereits ins Frühjahr fällt – wird vom international umtriebigen Frauennetzwerk *BPW (Business & Professional Women)* in Österreich auf Basis des Einkommensberichts der *Statistik Austria* und in Deutschland auf jener der deutschen *Statista* berechnet. Das heißt: Hier wird jeweils der Medianwert herangezogen, also es wird geschaut, welche Zahl exakt in der Mitte liegt, wenn alle Zahlen der Größe nach gelistet werden. Und der ist niedriger als das Durchschnittseinkommen, weil ihn einzelne hohe Fraueneinkommen durchaus in die Höhe treiben können, wie ich von Katharina Mader aus erster Hand weiß.

2024 fiel dieser Frühjahrs-Equal-Pay-Day in Österreich auf den 14. Februar (was für ein außergewöhnliches Geschenk zum Valentinstag, dass der Stichtag immerhin zwei Tage früher war als 2023), was nichts anderes aussagt, als dass Frauen der Statistik nach bis zu diesem Tag ohne Bezahlung gearbeitet haben und erst ab dem 17. Februar ins Verdienen gekommen sind, während Männer bereits ab dem ersten Tag des Jahres für ihre Arbeit entlohnt wurden. Das Ergebnis war nach dieser Berechnung aufgrund der erwähnten anderen Parameter ein klein wenig erträglicher: 12,4 Prozent ergab der Einkommensunterschied und damit haben Männer um gut 12 Prozent mehr als Frauen verdient. Umgerechnet auf Arbeitstage sind das mehr als 45, die Frauen unbezahlt arbeiten – oder jedes achte Jahr.

Wenn diese unterschiedlichen Zahlen, die verschiedenen Berechnungsmodellen entspringen, auch für manche verwirrend sein mögen: Es ist wichtig, das Einkommensgefälle nicht nur ein Mal im Jahr publik zu machen. Deshalb erscheint es mir durchaus sinnvoll, zwei Equal-Pay-Days festzulegen und eben vom Jahresbeginn nach vorn und vom Jahresende nach hinten zu rechnen, um diesen Missstand zweimal jährlich präsent zu halten. Und beide Termine zeichnen trotz der leichten Unterschiede insgesamt das gleiche Bild: Frauen verdienen weniger als Männer. Kein Wunder, wenn uns das vermittelt, wir wären dementsprechend weniger wert mit dem, was wir tun, können und leisten.

»Jede Frau muss sich dem Schutz und der Förderung der Interessen aller Frauen im beruflichen Leben widmen.«

Lena Madesin Phillips, US-amerikanische Anwältin und BPW-Gründerin (1881–1955)

Diese starke Aussage bildet den Gründungsgedanken des Frauennetzwerks *BPW*, das in den 1930er-Jahren in den USA gegründet wurde – von der Anwältin und feministischen Aktivistin Dr. Lena Madesin Phillips. Die Föderation zählt mittlerweile mehr als 30.000 Mitglieder in knapp 100 Ländern auf allen Kontinenten weltweit. In Deutschland haben sich rund 1.200 Businessladys unter der Flagge des *BPW* zusammengefunden, in der Schweiz sogar 2.500 und bei uns in Österreich über 250 (was im Verhältnis zur weiblichen Bevölkerungsanzahl im passenden Alter eine recht hohe Zahl ist). Ich selbst bin »eine BPW«, wie wir das nennen, und ich engagiere mich seit 2022 als Präsidentin eines der zehn österreichischen Clubs ehrenamtlich im Vorstand, weil ich das Networking unter Frauen aktiv voranbringen möchte. Die Männer machen es uns schließlich von jeher vor: Sie protegieren einander, werfen sich im Geschäftsleben die Bälle zu und schaffen es so, omnipräsent zu sein. Wir sollten diesbezüglich von ihnen lernen, um uns Frauen ins Spotlight zu bringen und dafür zu sorgen, dass es möglichst bald keinen Equal-Pay-Day mehr geben wird.

Falls du die Diskussion um den Gender-Pay-Gap und den Equal-Pay-Day schon mal verfolgt hast, ist dir vielleicht aufgefallen, dass recht schnell die »Selbst schuld«-Karte ausgespielt wird. Katharina Mader fasst verständlich zusammen, wie argumentiert wird: »Da sind dann die Frauen selbst schuld, die in den ›falschen‹ Branchen arbeiten, die Mütter geworden sind, oder die Mütter, die ›nur‹ Teilzeit arbeiten, und die Frauen, die sich den ›falschen‹ Partner ausgesucht haben. Es kommt in jedem Fall sofort dieses ›Ihr habt etwas falsch gemacht, also ändert es selber, wenn ihr wollt, dass sich der Gender-Pay-Gap verändert!‹ Aber man kann nun mal nur so viel verändern, wie die Strukturen es zulassen. Und wenn alles darauf ausgerichtet ist, dass es gesellschaftlich wertekonservativ bleibt, dann können nur einzelne Frauen das vielleicht für sich verändern – den Frauen insgesamt hilft das noch nicht weiter. Das *ÖIF* – das Familienforschungsinstitut, das vom Familienministerium finanziert wird, also wirklich keine ›linksradikale‹ Organisation ist – hat sich zum Beispiel das Karenzsystem angesehen und ist zu dem Schluss gekommen, dass so, wie es aufgebaut ist, diejenigen finanziell am meisten davon profitieren, die es so traditionell wie möglich anlegen.« So kann man(n) wieder recht praktisch die »Selbst schuld«-Keule (eine *Karte* ist das dann ja eigentlich schon keine mehr) schwingen und sagen: »Na, die Frauen haben sich das doch freiwillig so ausgesucht!« Solange das der Fall ist, werden Frauen von gesellschaftspolitischer Seite zu enge Grenzen gesetzt und es könnte tatsächlich noch die prognostizierten 250 Jahre dauern, bis der Gender-Pay-Gap der Vergangenheit angehört.

Der EU-Durchschnitt des Gender-Pay-Gaps hat jüngst jedenfalls einen Wert von 12,7 Prozent ergeben. Das zeigt, dass wir hierzulande nicht gerade vorn dabei sind, was die Gehältergleichberechtigung betrifft. Aber selbst 12,7 Prozent sind zu hoch, denn erst, wenn er bei null liegt und dieser Graben damit geschlossen wird, werden Frauen und Männer bei der Bezahlung gleichgestellt behandelt.

Nun geht's allerdings nicht bloß darum, dass Frauen weniger Gehalt bekommen – ihre Lebenserhaltungskosten sind zusätzlich höher als die von Männern. Auch dafür gibt es inzwischen einen Begriff: *Gender-Pricing*. Ich finde es in diesem Kontext maßlos traurig, dass es solche Wortschöpfungen überhaupt braucht, weil uns das erbarmungslos damit konfrontiert, dass es die betreffenden Missstände dahinter gibt. Gleichzeitig sind sie eben aus genau diesem Grund so immens wichtig. Denn was wir nicht benennen können, scheint nicht existent zu sein. Also warum war die Bezeichnung »Gender-Pricing« notwendig? Um sichtbar zu machen, dass sich die Preise für etliche Dienstleistungen unterscheiden – je nachdem, ob Frauen oder Männer sie in Anspruch nehmen –, und um auf den Punkt zu bringen, wofür wir das liebe lange Jahr wesentlich mehr Geld auf den Tisch legen müssen als die Exemplare der Gattung »Mann«: für den Friseurbesuch genauso wie für annähernd jedes Kosmetikprodukt – so betrachtet ausgerechnet für all die Produkte und Behandlungen, die wir entweder zu brauchen glauben, um als schön genug zu gelten, oder die wir uns gönnen wollen, weil wir uns durch sie tatsächlich wohlerfühlen. Außerdem schminken sich zahlreiche Frauen gern und haben damit einen weiteren Posten an Ausgaben, den Männer für gewöhnlich nicht auf ihrer Einkaufsliste stehen haben. Ich habe mir das selbst in einem Drogeriemarkt genauer angesehen, weil ich die Summe, die ich für Rasierklingen hinzublättern hatte, wirklich unverschämt hoch fand, nachdem die Preise mit der Inflation nochmals angestiegen waren. Dabei hab ich herausgefunden: Vollkommen ordinäre Einwegrasierer kosten für Frauen um zwei Drittel (!) mehr als die für Männer designten Produkte. What the fuck?! Es sind doch keine Brillanten drauf! Und das zieht sich durch die komplette Produktpalette der Kosmetika, wenn andere Artikel auch meist »nur« um die Hälfte mehr kosten. Aber warum? Ein Duschgel bleibt ein Duschgel und eine Gesichtscreme eine Gesichtscreme – egal, ob sie an Männer- oder Frauenhaut verwendet wird. Und da reden wir noch nicht mal davon, dass Frauen von ihrer Pubertät bis zur Menopause benötigen, was Männer sich überhaupt nie kaufen müssen: Slipeinlagen, Binden oder Tampons. Die Periode kostet uns auf unser Leben hochgerechnet rund 20.000 Euro. In diese schwindelerregende Summe, um die wir uns alternativ einen Kleinwagen oder sonst etwas Nützliches oder Schönes kaufen könnten, sind die Schmerztabletten nicht mit einberechnet, die viele von uns an zwei bis vier Tagen pro Monat benötigen, um überhaupt leistungsfähig zu bleiben. Sogar für die Verhütung in Form von Antibabypille, Spirale oder Kondomen sind großteils nach wie vor die Frauen verantwortlich. Zuerst dürfen sie verhindern, schwanger zu werden, und später dann dafür sorgen, unbedingt schwanger zu werden – und im Zuge dessen für etliche Nahrungsergänzungsmittel und Ovulationstests mehr bezahlen –, um schließlich, wenn sie einem Kind das Leben geschenkt haben, dafür bestraft zu werden, indem sie den berühmten Karriereknick erleiden und von diesem Tag an weniger Geld zur Verfügung haben, solange sie die Versorgung des Nachwuchses übernehmen.

Eine meiner Kundinnen hat mir aus ihrem eigenen Erleben folgende Begebenheit erzählt, die ich hier mit dir teilen darf: Sie hat mutterschaftsbedingt schon im Jahr 2001 im Homeoffice gearbeitet, als das weit davon entfernt war, gang und gäbe zu sein. Damals wusste die Mehrheit noch gar nicht, was das überhaupt ist und wie es funktioniert. Ihre damalige berufliche Heimat in der EDV war es, die ihr diesbezüglich früh Möglichkeiten eröffnete, die sie gern angenommen hat, um in ihrer Karriere nicht zurückzufallen. Deshalb arbeitete sie bereits wenige Wochen nach der Geburt ihres Kindes eben von zu Hause aus. Das war ideal für sie, konnte sie doch die Zeit, in der ihr Baby schlief, für die Arbeit nutzen. Was sie allerdings als nervig und kräftezehrend erlebt hat, war die Tatsache, dass das Homeoffice von vielen Menschen aus ihrem Umfeld nicht als richtiger Arbeitsplatz angesehen wurde. So kamen immer wieder Familienmitglieder unangemeldet bei ihr vorbei und meinten als Erklärung: »Du bist ja zu Hause!« Sie beschreibt das so: »Da halfen keine Erläuterungen. Von außen war das Bild klar: Wenn eine Frau mit dem Baby oder Kleinkind zu Hause ist, dann tut sie nichts, außer sich um das Baby oder Kleinkind und den Haushalt zu kümmern und darauf zu warten, dass der Göttergatte nach Hause kommt. Das war echt schlimm, ich wusste nicht, wie ich damit umgehen sollte. Nicht nur, dass die Familie nicht verstanden hat, weshalb man mich nicht einfach so besuchen konnte, wenn man das Bedürfnis danach verspürte. Auch wenn das Kind mit 40 Grad Fieber und Husten, Schnupfen oder Durchfall im Bettchen lag, war an fokussiertes und den Ansprüchen des Unternehmens gerecht werdendes Arbeiten selten zu denken. Dazu kam – wie der Spruch ›unverhofft kommt oft‹ besagt –, dass sich früher als erwartet das zweite Kind ankündigte. Über kurz oder lang war ein konzentriertes Arbeiten zu üblichen Bürozeiten im Homeoffice nicht mehr möglich, zumal gut meinende Freunde mich noch viel öfter besuchten. Also ließ ich das mit dem Homeoffice wieder, weil es mich mehr Kraft kostete, als es mir Erfolg brachte, und suchte mir erzwungenermaßen eine Teilzeitstelle.«

Viele Jahre später erst bemerkte sie, wie stark es ihren Selbstwert schließlich eingeschränkt hat und welch eigenes Gefängnis sie sich damit erschaffen hatte, als sie sich nach der Anfangsphase mit dem zweiten Kind wie viele Frauen dazu entschließen musste, nur mehr Teilzeit arbeiten zu gehen – und das möglichst in Firmen, die nicht weit weg von ihrem Wohnort waren, damit sie schnell bei den Kindern war, wenn irgendetwas in Kindergarten oder Schule vorfallen sollte. Hinzu kam, dass sie sich in den Betrieben, für die sie arbeitete, immer wieder rechtfertigen musste, wenn sie nicht zur Arbeit kommen konnte, weil eines ihrer Kinder krank geworden war und sie auf die Schnelle keine andere Betreuung finden konnte. Wie du dir denken oder aus eigener Erfahrung nachvollziehen kannst, brachte ihr die Teilzeitarbeit wesentlich weniger Geld, hat sie inhaltlich nicht erfüllt und hatte, wie eingangs erwähnt und rückblickend von ihr selbst reflektiert, massiven Einfluss auf ihr Selbstwertgefühl und ihr Selbstbewusstsein.

Dass es sehr wohl schon in diesem Jahrhundert anders geht und durchaus politische Hebel gibt, die diese Karriere- und Gehaltseinbußen für Frauen verhindert, beweist Island als Vorreiterland.

In Island ist die Karenz per Gesetz gleichberechtigt geregelt.

Begonnen hat alles im Jahr 1975, das von der UNO-Generalversammlung als das »Internationale Jahr der Frauen« deklariert wurde, und zwar, als die Frauen Reykjavíks am 24. Oktober entschieden, zu streiken und sich den Tag geschlossen freizunehmen – es haben tatsächlich 90 Prozent der Frauen mitgemacht, was letztlich das Geheimnis des Erfolgs gewesen sein dürfte. Es ging dabei keineswegs nur um die sichtbare, weil bezahlte Arbeit, sondern auch um die, die mehr im Verborgenen verrichtet wird. Deshalb hat an diesem Tag so gut wie keine Frau geputzt, eingekauft, gekocht oder den Nachwuchs versorgt. Und das blieb nicht lange unbemerkt: Den isländischen Männern wurde mit einem Schlag bewusst, was ihre Mütter, Frauen, Töchter und Schwestern tagtäglich leisten und dass sie damit das gesellschaftliche und wirtschaftliche Rad am Laufen halten.

Was waren die Forderungen der Frauen, die sie bei über 20 Kundgebungen landesweit auf den Punkt brachten, von denen in der Hauptstadt Reykjavík mit einer, an der 20.000 Frauen teilnahmen, die größte zu verzeichnen war? Gleichberechtigung unter den Geschlechtern, eine dementsprechend gerechte Bezahlung der Frauen und eine besser organisierte Kinderbetreuung. Alles keine unverschämten Dinge, sondern solche, die in Wahrheit selbstverständlich sein sollten. Der Streik verfehlte seine Wirkung nicht: Schon im Folgejahr wurde das Gleichstellungsgesetz verabschiedet, das seither geschlechterbezogene Diskriminierung am Arbeitsplatz verbietet. Der nächste Meilenstein: 1980 wurde die studierte Literatur- und Theaterwissenschaftlerin Vigdís Finnbogadóttir Islands Präsidentin. Damit war sie nicht nur das erste weibliche Staatsoberhaupt ihres eigenen Landes, sondern weltweit die allererste Frau, die demokratisch zu einer Staatschefin gewählt worden ist. (Ach ja: Vigdís Finnbogadóttirs Mitbewerber waren drei Männer gewesen.) Und genau so ging es weiter mit dem nördlichen Inselstaat, denn heute hat Island das geschlechtertechnisch ausgewogenste Parlament der Welt – und das ohne Quotenregelung.

Zurück zum vorbildlichen Karenzsystem: Seit 2015 sind in Island jeweils fünf Monate für Mütter und fünf Monate für Väter reserviert und davon können zwei Monate optional gewählt werden. Frauen und Männer teilen sich die Kinderbetreuungszeiten damit auf Augenhöhe. Lediglich die ersten beiden Wochen nach der Geburt eines Kindes sind aus biologischen Gründen der Mutter vorbehalten. Die Karenzzeiten werden damit vergleichsweise kurz gehalten und es gibt keinerlei Alternative zu diesem Modell. Verzichtet der Vater auf seine Elternzeit, geht sie der betreffenden Familie folglich insgesamt verloren. Und das macht den Unterschied für Unternehmen und deren Einstellungskultur. Denn wenn ein Mann seiner Firma durch den Familienzuwachs genauso abhandenkommen kann wie eine Frau, gibt es nicht länger einen Grund, ihn bevorzugt einzustellen. Und plötzlich geht's um Qualifikationen und andere Kriterien und nicht mehr um das Geschlecht. Das bringt echte Chancengleichheit auf dem Arbeitsmarkt. Nebenbei werden Frauen durch dieses Modell in ihrer Doppelrolle entlastet und Männer stärker in die Kindererziehung und die Gestaltung des Familienlebens eingebunden. Dass eine solche Regelung auch bei uns und in jedem anderen Land der Welt ein Gewinn für das Standing der Frau in der Wirtschaft und damit für beide Geschlechter wäre, dürfte sich nur leider noch nicht überall herumgesprochen haben.

»Das bisschen Haushalt macht sich von allein«, sagt mein Mann

»Nein, wirklich? *Er* kocht bei euch? Ja möchtest du dir das wirklich nehmen lassen?«, fragte mich meine Oma mit überraschtem Gesichtsausdruck, als ich in einem Gespräch vor vielen Jahren erwähnte, dass das Kochen im nunmehr gemeinsamen Haushalt mein Partner übernommen hatte. »Aber Oma! Wieso sollte ich mir das nicht *nehmen lassen* wollen? Ich bin doch froh, wenn er das erledigt! Ich koche nicht besonders gern und auch nicht annähernd so gut wie er – und außerdem fühle ich mich entlastet, wenn ich nach der Arbeit nicht auch noch eine Stunde am Herd stehen muss.«

Dass meine Oma diese Einstellung nicht wirklich nachvollziehen konnte, ist verständlich: Es war Zeit ihres Lebens ihre Aufgabe gewesen, sich um die stereotypisch klassischen Erledigungen wie Kindererziehung, Waschen, Bügeln, Kochen und Putzen zu kümmern – während mein Opa das Geld verdiente und an den Wochenenden den Garten bestellte sowie Arbeiten im und am Haus erledigte. Inzwischen bin ich schon Ewigkeiten in einer Beziehung, in der weitgehend ich das Kochen übernommen habe (weil der gewinnt, der etwas nicht gleichermaßen ungern macht wie der andere). Als mein Partner eines Tages aber anlässlich eines Besuchs meiner Großeltern kurzfristig zum Haubenkoch mutierte, weil er wenige Wochen davor ein neues Rezept ausprobiert hatte, dessen Ergebnis uns beide überzeugen konnte, sah ich in den Augen meiner Oma einen weit strahlenderen Glanz, als ich ihn vom Weihnachtsessen der vergangenen Jahre kannte, wenn ich mich ums Kochen gekümmert hatte. Dass ein Mann die Mahlzeit zubereitet, wollte ihr nicht wirklich eingehen – gerade deshalb hatte sie einen Tick mehr Anerkennung dafür übrig. Schon öfter haben wir uns darüber unterhalten, wie ungewöhnlich sie es findet, dass mein Partner und ich uns alles, was im Haushalt anfällt, teilen: Jeder macht, was er besser kann oder lieber mag – und mal tut der eine mehr und mal der andere, eben je nach den zeitlichen Ressourcen. Im Prinzip ist es bei uns gar nicht anders, als es das bei meinen Großeltern war. Nur dass wir ein weniger traditionelles Bild eines Paars bzw. einer Familie abgeben.

Was in Wohngemeinschaften »normales« Gerechtigkeitsdenken ist, scheint in den Köpfen vieler Menschen in Bezug auf Paare noch nicht angekommen zu sein. Denn oft werden Männer regelrecht dafür bewundert, wenn sie tatsächlich etwas im eigenen Haushalt tun.

Vorsicht, Rubbish-Alarm: »Wie toll, dass dir dein Mann so viel im Haushalt hilft!«

Auf diese und ähnliche Aussagen, die alle Alarmglocken bei mir zum Schrillen bringen und manchmal zu Diskussionen mit Männern wie Frauen führen, stoße ich häufig. Ich kenne solche Sätze nicht nur in meine Richtung ausgesprochen, sondern ebenso von Freundinnen, die erzählen, wie »brav« der eigene Mann dies oder jenes für sie beide bzw. im gemeinsamen Haushalt oder für das gemeinsame Kind erledigt hat. Mein Fazit: Es fällt positiv auf und wird lobend erwähnt, wenn ein Mann sich in die alltägliche Hausarbeit einbringt – sogar dann, wenn sein Einsatz prozentuell gesehen nicht annähernd gleich schwer wiegt wie jener der Frau, die ebenfalls erwerbstätig ist. Die Journalistin Alexandra Zykunov beschäftigt sich in ihrem lesenswerten Buch »Wir sind doch alle längst gleichberechtigt: 25 Bullshitsätze und wie wir sie endlich zerlegen« diesbezüglich besonders mit dem harmlosen Verb »hilft« und spricht mir damit aus der Seele: Wenn ich höre, dass ein Mann zu Hause *mithilft*, frage ich mich jedes Mal, warum das so unpräzise formuliert wird. »Hilfe« ist immerhin etwas Freiwilliges, zu dem ich mich bewusst entschlossen habe, obwohl mich die betreffende Situation an und für sich nicht selbst betrifft: Ich helfe Freunden beim Umzug, obwohl es nicht um das Transportieren meiner eigenen Sachen geht; ich helfe einer Unbekannten an der Supermarktkassa, die richtigen Münzen aus ihrer Geldbörse herauszunehmen, obwohl es nicht um die Bezahlung meines Einkaufs geht; ich helfe meinem Papa bei den Einstellungen einer App auf seinem Smartphone, weil er das allein nicht hinbekommt, obwohl ich mit meinem eigenen Handy bestens zurechtkomme. Diese Dinge tue ich *freiwillig*, weil ich das entschieden habe und so machen möchte.

Wenn nun aber ein Mann nach dem Abendessen seinen Teller von Speiseresten befreit, bevor er ihn in den Geschirrspüler räumt, den Topf reinigt, in dem seine Partnerin eine halbe Stunde vorher die gemeinsame Mahlzeit zubereitet hat, und die Küche sauber macht, dann hilft er doch nicht mit und tut der Frau einen selbstlosen Gefallen, sondern er übernimmt die Verantwortung für seinen Haushalt. All das müsste er letztlich genauso machen, würde er allein leben – und das Kochen hätte er zusätzlich zu übernehmen, wenn er nicht täglich bestellen oder auswärts essen gehen wollte. Anderes Szenario – gleiche Bewertung: wenn der Mann bei seinem Kind zu Hause bleibt, weil es mit verstopfter Nase, Halsschmerzen und Fieber im Bett liegt. Dabei hilft er nicht ganz toll mit, sondern kümmert sich um ein Kind, das gleichermaßen das seine ist und nicht nur das seiner Partnerin. Damit erfüllt er einfach seine Fürsorgepflicht – nicht mehr und nicht weniger. Und dennoch machen die Frauen um ihn herum oftmals einen Kniefall nach dem anderen, weil er sich mit diesem Verhalten positiv von nach wie vor viel zu vielen anderen Exemplaren seiner Geschlechtsgenossen abhebt, die selbst als Familienväter gern so tun, als wären sie lediglich für ihre eigenen Bereiche und ihre Erwerbstätigkeit verantwortlich und hätten ihr Soll erledigt, wenn sie am Abend von der Arbeit nach Hause kommen. Der Knackpunkt: Hast du jemals gehört, dass die umgekehrte Sachlage nur annähernd heiß diskutiert wird? Unterhalten sich Männer darüber, wie großartig es ist, eine Frau zu haben, die im Haushalt »mithilft«? Das hört sich immens seltsam an, oder? Das liegt daran, dass wir es in unserer Gesellschaft als gegeben und folglich völlig normal empfinden, wenn sich eine Frau um Haushalt und Kinder kümmert. Wäre Care-Arbeit eine bezahlte Aufgabe gewesen, hätten meine Großeltern nicht nur wesentlich mehr Geld zur Verfügung gehabt – meine Oma wäre, sollte ihr Mann vor ihr sterben, nicht ganz und gar von einer Witwenpension abhängig. Das ist nicht gerade finanziell gesund und gerecht, oder?

Das Erstaunliche: Bei der zu 100 Prozent gerechtfertigten Forderung »Care-Arbeit muss endlich vergütet werden« rotieren hierzulande (und vielerorts sonst) nicht ausschließlich die Männer, sondern genauso die Frauenherzen: »Aber könnte man für Care-Arbeit überhaupt Geld verlangen?« Diese Überlegung findet so in etlichen Frauen- und in Bezug auf die Versorgung des Nachwuchses vor allem in Muttergehirnen statt. Da zischen Gedanken durch wie »Diese Arbeit sollte ich doch gern machen, aus Liebe zu meinem Kind, um das ich mich selbstverständlich kümmern möchte« oder »Ich würde die Hausarbeit ja auch ohne Partner für mich allein erledigen müssen, weil sie sich nun mal nicht von allein macht« – selbst wenn uns das der männliche Protagonist in einem amüsanten deutschen Schlager aus meinem Geburtsjahr 1977 weismachen wollte.

Und schon schließt sich der Kreis. Du erinnerst dich: schlechtes Gewissen und Schuldgefühle. Denn nur eine Rabenmutter würde wohl Geld dafür erhalten wollen, dass sie ihr Kind versorgt. Oder? Nun wissen wir durch die aktuellsten vorliegenden Zahlen, dass Frauen durchschnittlich 32 Stunden (!) in der Woche unbezahlte Arbeit verrichten. Die Zeit, die sie in Kinderbetreuung, die Pflege der Eltern, ins Einkaufen, Kochen, Bügeln, Staubsaugen, Kehren, Wischen, Putzen und Waschen stecken, ergibt also locker einen zweiten Job – bloß eben einen ohne finanzielle Vergeltung. Weil die Haus- und Care-Arbeit derart viele Stunden pro Tag und Woche verschlingt, ist es zahlreichen

Frauen natürlich nicht möglich, eine Vollzeitstelle anzutreten, was in etlichen Fällen der wahre Grund dafür ist, warum sie Teilzeit arbeiten. Dieser Umstand führt zu weniger Einkommen und Jahre später zu einer niedrigeren Pension bzw. Rente, als sie verdient hätten, als sie benötigen – und als die Männer für sich beanspruchen und im Durchschnitt auch so erhalten.

Die unbezahlte Haus- und Care-Arbeit hat unterstützende Gesellen, die mit ihr gemeinsam dafür sorgen, dass Frauen es finanziell wesentlich schwerer haben als Männer: Da wären einmal die hauptsächlich von Frauen ausgefüllten Jobs im Sozialbereich, die auch nach einer hoffentlich überstandenen Coronapandemie trotz der angekündigten Boni und des vielen medienwirksamen Applauses immer noch nicht besser entlohnt werden, obwohl wir alle gesehen haben, dass ohne sie rein gar nichts mehr funktioniert, wenn es ans Eingemachte geht. Da wäre aber weiters der Umstand, dass Frauen für dieselbe Arbeit in besser bezahlten Bereichen schlichtweg weniger Gehalt bekommen als Männer. Warum? Weil sie angeblich schlechter verhandeln. Und weil es für eine Firma eben eine Zumutung ist, jederzeit damit rechnen zu müssen, dass eine Frau, die Kinder hat, nicht zur Arbeit kommen kann (wenn das Kind krank ist und sie zu Hause bleiben muss, um es zu versorgen und zu pflegen), oder dass eine Frau, die keine Kinder hat, schwanger wird und dann viele Monate am Stück ausfällt. Immerhin sprechen die Zahlen *für* diese Befürchtungen vonseiten der Chefs: Was die Elternzeit in Deutschland betrifft, so verlässt nämlich jede Mutter für länger als zehn Monate ihren Arbeitsplatz. In Österreich sieht das für Arbeitgeber nicht besser aus: Nur 64 Prozent aller Mütter steigen nach dem zweiten Geburtstag ihres Kindes wieder in den Arbeitsmodus ein. So gesehen muss man(n) froh sein, einen Mann für jedwede wichtige Stelle zu besetzen, denn auf den ist wenigstens Verlass.

Bei acht von zehn Elternpaaren geht der Vater gar nicht in Karenz.

Und wenn sich einer schon einbildet, sich die Karenzzeit mit seiner Partnerin teilen zu wollen, dann gehört er zu einem einzigen Prozent von Männern, die das für sechs Monate oder länger tun. Diese üblichen zwei Monate, die Männer in dieser Phase der Vaterschaft ausfallen, sind wesentlich einfacher zu verkraften als bei Frauen, die ja gleich für Ewigkeiten aus dem Büro verschwinden. Das muss selbstverständlich präventiv einberechnet werden, also kann man Frauen unmöglich dasselbe Gehalt zugestehen wie ihren männlichen Kollegen.

Übrigens ist meine Oma, die mittlerweile ein Alter von 92 Jahren erreicht hat, leider nicht mehr so gut auf den Beinen, weshalb mein Opa, der voriges Silvester seinen 99. (!) Geburtstag gefeiert hat und körperlich fitter ist als sie, vor einer Weile das Kochen übernommen hat. Sie sieht das mit der Aufteilung der Hausarbeit deshalb heute ein bisschen anders als früher.

Fällt dir was auf?

Für dieses Kapitel gilt erneut: Wenn du zur Seite 21 zurückblätterst und meine Prämissen durchgehst, wirst du sehen, dass ich alle belegen konnte. Wieder kein weibliches Hirngespinst also! Lass das einfach mal sickern. Es geht nicht darum, dass du jetzt wütend wirst (gut, ein bisschen Wut kann nicht schaden, um ins Handeln zu kommen) oder dich maßlos ärgerst. Es geht darum, zu verstehen, wo etwaige Selbstzweifel herkommen oder warum du dich mit deiner Situation abgefunden hast – und zu erkennen, dass du mit Abertausenden anderen Frauen im selben Boot sitzt. Es ist folglich nicht *deine* Schuld und du hast dir nichts vorzuwerfen! Doch du kannst etwas ändern.

TEIL 2

Geld, Erfolg, Schönheit: Das fatale Triumvirat des Selbstwerts

»Es kann doch nicht sein, dass ich mit vierzig,
meiner guten Ausbildung und meiner Berufserfahrung
so schlecht verdiene?!«

»Ich versteh das einfach nicht:
Meine männlichen Mitbewerber werden
regelmäßig gebucht. Warum gelingt mir das nicht?
Bin ich womöglich einfach nicht gut genug?«

»Was soll ich denn noch tun,
um endlich genügend Kunden zu generieren?
Abzüglich der Fixkosten und der Steuern
hab ich nicht gerade das höchste Einkommen.
Dabei arbeite ich hart und meinem Empfinden
nach rund um die Uhr.«

War dir klar, dass …

… nur 15 von 195 Staaten weltweit derzeit von einer Frau geführt werden?

… sich in den 10 größten überregionalen Zeitungen und Nachrichtenredaktionen Deutschlands zu 75 Prozent Männer in den Führungspositionen befinden?

… die hauptsächlich von Frauen verrichtete Care-Arbeit dreimal so viel umsetzen würde wie die weltweite IT-Branche, wenn sie bezahlt wäre?

… nur vier von zehn deutschen Frauen mit ihrem Körper und allgemein mit ihrem Aussehen zufrieden sind?

Warum Selbstwert für viele Frauen ein Problem ist

»Puh, ja, ich bin bloß leider überhaupt nicht telegen, und ich fühl mich so gar nicht wohl vor der Kamera. Darum kommen Videos für YouTube *und Reels auf* Instagram *nicht für mich infrage. Ich werde in der Sekunde total nervös, wenn ich etwas sagen muss, von dem ich weiß, dass es mehrere Personen hören werden. Und Fotos von mir selbst poste ich auch nur ungern. Muss ich auf der Website wirklich ein Bild von mir haben? Ist das wichtig? Ich würde ungern gleich in eine Schublade gesteckt werden, wenn man mich sieht. Sicher würden sich dann alle denken, dass ich mich schon ein wenig gehen habe lassen, Sport treiben und ein bisschen abnehmen sollte. Ich möchte doch meine Inhalte und meine Leistung verkaufen und nicht mein Aussehen.«*

So und so ähnlich habe ich das schon oft von Frauen gehört, die sich selbstständig machen wollen oder das bereits getan haben, die allgemein beruflich sichtbarer werden möchten, aber gern im Geheimen ihr Süppchen kochen würden, weil sie eine Riesenangst vor öffentlicher Sichtbarkeit haben. Männer kennen dieses Problem kaum. Da zieht erstaunlicherweise immer noch der vielzitierte Spruch der berühmten Tante Jolesch »Was ein Mann schöner is wie ein Aff, is ein Luxus«. Wie sehr Frauen sich durch derlei Selbstzweifel und fehlende Selbstsicherheit im Weg stehen, weil Menschen nun mal von Menschen kaufen wollen und es deshalb dazugehört, sich in Wort und Bild und möglichst in 3-D zu zeigen, wollen sie nicht wahrhaben.

Berechtigt ist die Angst leider. Denn wie wir im ersten Teil besprochen haben, wird das Aussehen von Frauen ständig thematisiert und bewertet – im Guten wie im Schlechten – und sie bzw. wir werden für einen zu dünnen, einen zu dicken, schlecht proportionierten oder einen falsch gekleideten Körper zerrissen. Das ist insofern belastend, als viele Frauen ihren Selbstwert an die Reaktion auf ihr Äußeres knüpfen und sich nur dann wertvoll und liebenswert fühlen, wenn ihnen das Feedback anderer verrät, dass sie optisch gut ankommen. Und es führt über kurz oder lang bei fast jedem heranwachsenden Mädchen dazu, dass es Gefahr läuft, überall an sich Mängel zu entdecken und sich vorwiegend damit zu beschäftigen, wie sich diese verstecken, vorübergehend beheben oder am besten für immer ausmerzen lassen.

Woran liegt's nun, dass das Aussehen von Frauen laufend zerpflückt wird und Männer davon weitgehend verschont bleiben – und dass wir Frauen folglich selten ein gutes Haar an uns selbst lassen können und uns so stark über das Äußere definieren? Ich fürchte, es ist so simpel wie haarsträubend: Frauen waren lange Zeit (und sind es in manchen Kulturen, Ländern und Familien noch heute) nichts als Dekorationsobjekte und mussten deshalb schön anzusehen sein. Das haben wir schon als Kinder in den gängigen Märchen gelernt: Die Protagonistinnen waren vielfach Prinzessinnen (bei den Gebrüdern Grimm wurden sie gern »Königstöchter« genannt) und bei jeder von ihnen wurde ausgiebig erwähnt, von welcher Schönheit ihr Antlitz war. Ohne dafür eines meiner Märchenbücher aufschlagen zu müssen, fallen mir auf Anhieb ein: das schöne Dornröschen, das der Prinz im Original anders als in den moderneren Verfilmungen noch nicht kannte, das er aber unbedingt küssen wollte, als er es schlafend vor sich sah. (Wir wollen das Thema des sexuellen Übergriffs gar nicht erst in all seinen Dimensionen auf den Tisch bringen. Nur so viel: In der realen Welt hätte ihm klar sein müssen, dass er ein Mädchen, das schläft, nicht einfach küssen darf, da es sein Einverständnis zu diesem Kuss nicht geben konnte. Im

Märchenland gibt es aus irgendeinem Grund andere Regeln: Er wollte Dornröschen retten – und das kann meist einzig durch den Kuss der wahren Liebe gelingen.) Auch Schneewittchen war wunderschön, hatte eine Haut, so weiß wie Schnee, Haar, so schwarz wie Ebenholz, und Lippen, so rot wie Blut – und wurde bewusstlos von einem ebenfalls fremden Prinzen vorgefunden, der die junge Frau sogar für tot hielt und trotzdem gleich mitsamt ihres gläsernen Sargs mit nach Hause genommen hat (das geht schon eher in Richtung einer Störung und eines Vergehens, das ich hier ungern ansprechen würde). Er konnte selbstverständlich nicht anders, weil sie *überwältigend schön* war! Dann haben wir Aschenputtel, das aufgrund seiner Schönheit vom Prinzen zum Tanz aufgefordert wird und das nur wegen seiner zarten Füße in den richtigen Schuh passt, während die bösen Stiefschwestern mit ihren Hammerzehen und großen Fersen das Nachsehen haben. Das ebenso schöne Rapunzel wird aufgrund seiner Haarpracht zunächst zum Opfer seines Stalkers, denn nichts anderes ist in Wahrheit der Prinz, der mit einer List an des Mädchens Zopf nach oben in den Turm klettert: Er hat die Stimme der Zauberin imitiert, die sie regelmäßig an ihren Wallehaaren – ganz ohne Extensions – in den Turm einlassen muss, in dem es von besagter Zauberin eingesperrt leben muss; dafür wird der Unglückselige allerdings schwer vom Schicksal bestraft, indem er erblindet, als er, nun umgekehrt von der Zauberin überlistet, aus Verzweiflung aus dem Turmfenster springt und unglücklich mit dem Gesicht voran in einer Dornenhecke landet. Am Ende heilt ihn seine Liebe zu Rapunzel und die beiden können doch noch gemeinsam gen Sonnenuntergang reiten.

Fällt dir übrigens auf, dass die Namen dieser weiblichen Märchenfiguren durchgängig so gewählt wurden, dass sie sächlich und nicht feminin sind: *das* Dornröschen, *das* Schneewittchen, *das* Aschenputtel, *das* Rapunzel. Was die Intention dieser Entscheidung war, wäre spannend zu ergründen. Meine Vermutung: Ein sächlicher Name passt besser zu einem Mädchen, das grammatikalisch im Deutschen ja auch ein Neutrum ist, und eine Vielzahl der Märchen wurde von den Gebrüdern Grimm gesammelt, waren also in deutscher Sprache von ihnen niedergeschrieben worden – und das unterstreicht Jugend wie Unschuld stärker, als wenn mit einem femininen Namen gleich klar deklariert würde, dass es sich um eine Frau handelt.

Wir haben bereits als Kinder gelernt, dass die Formel offenbar lautet: »*Wer schön ist, gewinnt.*«

Klar will deshalb jedes kleine Mädchen als hübsch gelten und sich im Fasching respektive Karneval am liebsten als Prinzessin verkleiden. Es funktioniert immerhin auch: Die meisten reflektieren darauf und lächeln schon anerkennend in den Kinderwagen hinein, wenn das kleine Mädchen besonders lieblich anzusehen ist. Darum kommt es nicht von ungefähr, dass sich aus diesen Mädchen (wenn sie heterosexuell orientiert sind – das sei vorausgesetzt) »Gefalltöchter« entwickeln, deren größtes Bestreben es ist, dem anderen Geschlecht (und als Erstes dem eigenen Vater) zu gefallen. Und wenn es einer Frau nicht gelingt, als schön definiert zu werden, hat sie so gesehen ihren Auftrag nicht erfüllt.

Das wird zu einer überaus ungünstigen Gewohnheit: Unser Aussehen entwickelt sich so zur für uns gewohnten Währung, die unseren Wert definiert und bemisst. Damit kennen wir uns dann aus, da wissen wir, worauf es theoretisch ankommen würde. Kein Wunder also, dass Mädchen ihr Hauptaugenmerk darauf legen und selbst erwachsene Frauen das schwer wieder loswerden können. Es geht ja leider in unserer Gesellschaft immer noch vorrangig darum, wie sexy und begehrenswert wir in den Augen der Prinzen sind. Wie gutaussehend er zu sein hat, ist zweitrangig, und dass die größte Problemzone einer Frau nicht ihre Oberschenkel, die Cellulite oder später graue Haare sind, sondern (wie gleichermaßen bei Männern) Gemeinheit, Niedertracht und Hinterhältigkeit – das wird kaum thematisiert.

> »Aber ich verstehe das nicht.
> Ich soll doch schön sein!«
>
> *Prinzessin Fiona in »Shrek«*

»Wer ist die Schönste im ganzen Land?«, fragt die böse Stiefmutter in »Schneewittchen und die sieben Zwerge«. Auch die Aussage »Aber ich verstehe das nicht. Ich soll doch schön sein!« von Prinzessin Fiona aus »Shrek« nimmt den Hype um die Schönheit aufs Korn: Jede im Königreich Far Far Away will die Schönste sein und sämtliche Prinzessinnen sind nur auf den ersten Blick Freundinnen, weil sich das eben letztlich nicht ausgeht, wenn jede schöner als die andere sein will. Womit wir beim nächsten Thema wären: Im ersten Teil des Buches habe ich angekündigt, dass ich im zweiten Teil ergründe, warum es vielfach Frauen sind, die andere Frauen wegen deren Aussehen beleidigen. Jetzt ist es so weit: Es hat oberflächlich betrachtet wieder mit dem Auftrag, schön sein zu müssen, zu tun. Und wenn frau andere Frauen verunglimpft, erhöht sie das zumindest für einen Moment selbst. Dieser Wunsch entspringt nicht einem Jahrmarkt der hirnlosen Eitelkeiten, sondern den allgemein gültigen Regeln, nach denen die Schönste vom Prinzen auserwählt wird, ohne abgesehen davon irgendetwas können oder leisten zu müssen. (Umso wunderbarer fand ich bei »Shrek«, dass sich die Hauptprinzessin Fiona gegen die eigene klassische Schönheit und für ein Leben als große, breit gebaute Oger-Frau entscheidet, nachdem sie sich in den Titelhelden Shrek, der seines Zeichens eben ein solcher Oger ist, verliebt hat.) Und das hat weniger mit der Erfüllung der eigenen Erwartungshaltungen an Liebe und Romantik zu tun, sondern mit der Abhängigkeit der Frauen von Männern. Du erinnerst dich an meine liebe Oma? Sie wäre ohne meinen Opa zeitlebens wirtschaftlich komplett verloren gewesen. Schön sein zu wollen war folglich in seiner Basis nichts Dummes und Oberflächliches, sondern notwendig, um überleben zu können.

Ich denke, um diese Theorie samt der erwähnten Regel und warum sie in Märchen so häufig präsentiert wird, nachvollziehen zu können – und in Folge, warum man Frauen nachsagt, sie würden sich am liebsten gegenseitig die Augen auskratzen, wenn eine die andere wegen deren Schönheit als Bedrohung empfindet –, müssen wir weit zurück in die Menschheits- und damit in die Frauengeschichte gehen. Denn was es in der Vergangenheit hieß, Frau zu sein, hängt letztlich direkt mit dem Selbstwert und über diesen Umweg mit den Zahlen auf deinem Konto zusammen.

Patriarchat – die unsichtbare Last

Dass es uns überhaupt möglich ist, einen Blick auf die Geschichte der Frauen zu werfen, haben wir allen voran Feministinnen wie Gerda Lerner oder Simone de Beauvoir zu verdanken, die die weibliche Geschichtslosigkeit thematisiert haben und damit zumindest ansatzweise sprengen konnten. Erstgenannte war eine österreichisch-US-amerikanische Historikerin, die 2013 verstorben ist und als Pionierin der Frauengeschichte gilt. Sie hat die Enttabuisierung der Women's History vorangetrieben, indem sie gedanklich an den Beginn der Geschichte der Menschheit ging und daraus resultierend das Buch »Die Entstehung des Patriarchats« geschrieben hat – obwohl sie ursprünglich lediglich eine Abhandlung über die Frau in der Menschheitsgeschichte schreiben wollte. Die deutsche Journalistin und Feministin Cornelia Filter beschäftigt sich in einem Artikel auf *emma.de* ausführlich mit der Entstehung des Patriarchats und zeigt voller Engagement die Komplexität dieses Themas. Kurz zusammengefasst entstand das Patriarchat Gerda Lerners Forschungen zufolge dadurch, dass sich die Männer die Fähigkeiten der Frauen, neues Leben zu gebären, untertan machten, was über einen langen Zeitraum von rund 2.500 Jahren hinweg passierte, bis die Gesellschaft, die anfänglich Männer und Frauen als gleichgestellt erachtet hatte, Männern schließlich Vorrechte einräumte – und diese auch durchsetzte. Der Grund dafür war der Frauenmangel innerhalb einiger Stämme, der den »Frauentausch« nach sich zog, also den Tauschhandel von Frauen (!) gegen Nahrungsmittel, Werkzeug und Tierhäute. Die Sexualität der Frau und ihre Fähigkeit, Kinder zu gebären, wurden so zur Ware. Und genau diese Degradierung der Frau zum Objekt und zur Gebärmaschine bildet laut Lerner das Fundament des Patriarchats und der Klassengesellschaft.

Und wie ging es dann weiter? Die Sklaverei hat dieses System vorangetrieben, denn wurden vergewaltigte Sklavinnen schwanger, so sind sie »psychologisch gebunden« worden. Damit war die Institution der Prostitution geboren: In Babylonien vermieteten Männer ihre Konkubinen und die Mütter ihrer unehelichen Kinder schon 3.000 Jahre vor Christus an andere Männer. In China haben vom 3. Jahrtausend vor Christus bis ins 20. Jahrhundert mittellose Eltern ihre Töchter von reichen Herren »adoptieren« lassen. Dass sich Mädchen und Frauen an diese Unterdrückung anpassten, wurde freilich erzwungen: mit Gewalt, durch ökonomische Abhängigkeit und durch die Spaltung der Frauen, denn für Mittäterinnen haben sich die Herren ein ausgefeiltes Belohnungssystem einfallen lassen.

Im und durch das Konkubinat wurden Frauen von Männerseite wohl erstmals systematisch gegeneinander ausgespielt. *(Merken wir uns das!)* Das funktionierte nicht nur mithilfe von bereitwilligen, dieses System unterstützenden Frauen (die sich dadurch wohl für sich selbst ein gewaltfreies und besseres Leben erhofften), sondern zusätzlich auf andere Ebene: Verheiratete Frauen erhielten diverse Privilegien, mussten dafür allerdings den Ehebruch vonseiten ihres Gatten hinnehmen – und die eigene Unterdrückung. Zudem halfen Ehefrauen ihren Männern dabei, Sklavinnen zu unterwerfen. Sowohl die Gattinnen als auch die Sklavinnen hatten den Männern jederzeit zur Verfügung zu stehen: die Ehefrauen ihren Ehemännern, die Sklavinnen *allen* Herren. In einem nächsten Schritt wurde die sexuelle Ausbeutung von Frauen durch die Männer zum Gesetz gemacht: Der Ehemann wurde zum Unterhalt seiner Frau verpflichtet *(wir sehen spätestens hier, dass das Patriarchat für Männer ebenso kein pures Honigschlecken war)*, was zu einer ökonomischen Abhängigkeit der Frauen von ihren Männern führte und Frauen damit erstmals zum Rechtsgut machte. Das Messen mit zweierlei Maß war ab diesem Zeitpunkt rechtsgültig: Die Jungfräulichkeit einer Braut wurde zur Voraussetzung für eine Eheschließung und verheiratete Frauen waren zur absoluten Treue angewiesen. Verheiratete Männer durften mit Sklavinnen und Dirnen sehr wohl Ehebruch begehen. Vergewaltigung galt zwar als ein Unrecht, aber nicht die vergewaltigte Frau war das deklarierte Opfer, sondern deren Gatte und männliche Verwandte wurden als die Geschädigten eingestuft. Noch mehr der Ungerechtigkeiten erträgt man kaum, oder?

Später gesellte sich die Verschleierung der »ehrbaren Frau« in manchen Teilen der Welt hinzu, um auf den ersten Blick zwischen »respektablen« und »nicht respektablen« Frauen unterscheiden zu können, was weiter zur Entsolidarisierung der Frauen untereinander beitrug, Ehefrauen aus dem öffentlichen Leben fernhielt und sie als Besitz ihrer Männer ausschließlich dem Privatbereich zuordnete. War eine Frau hingegen unverhüllt, so galt das als untrügliches Zeichen dafür, dass sie *allen* Männern gehörte. Und damit sich jede Frau diesem Verhüllungszwang unterordnete, wurde er streng kontrolliert und im Falle des Nichteinhaltens bestraft. Auch die römisch-katholische Kirche zeigte sich später als rein männlich dominiertes Organ des sittlichen Verhaltens, hinter dem ein bedeutungsschweres gesellschaftliches Kalkül steckte.

Die Kontrolle der weiblichen Sexualität bildete die Basis im Machtspiel der Patriarchen.

In der weiteren Geschichte der Menschheit wurde die Unterordnung der Frauen mehr und mehr als »natürlich« festgeschrieben. Alles war darauf getrimmt, in den Köpfen der Frauen zu verfestigten, dass sie weniger wert waren als Männer, dass sie weniger konnten, dass sie viel dümmer waren. Raffiniert hämmerte das Patriarchat Frauen ein, sie wären in allen Belangen des Lebens von männlicher Zustimmung und Wertschätzung abhängig.

Uff, ganz schön harter Tobak, nicht wahr? Aber den Tatsachen ins Auge zu sehen, hebt den Schleier, hinter dem schnell sichtbar wird, dass es nicht von ungefähr kommt, wenn wir Frauen uns von Selbstzweifeln durchtränkt fühlen – nicht wert, unser eigenes gutes Geld zu verdienen oder für das wertgeschätzt werden, was wir sind.

»Man wird nicht als Frau geboren,
man wird es.«

Simone de Beauvoir

Die französische Schriftstellerin und Philosophin Simone de Beauvoir, die von 1908 bis 1986 gelebt hat, erlangte durch den enormen Erfolg ihres Buches »Das andere Geschlecht«, das im Laufe der Zeit zu einem der bedeutendsten Standardwerke des Feminismus geworden ist, im Jahr 1949 weltweite Bekanntheit. Für sie war klar, dass die Rolle des Frauseins das Ergebnis kultureller Prozesse und Umstände ist und nicht etwa ein von der Natur gegebenes Faktum. Bei Simone de Beauvoir werden die matriarchalen Gesellschaften prähistorischer Zeiten angeführt, in denen Frauen mehr Macht hatten als Männer (nicht im Sinne von Unterdrückung und Gewalt, sondern im Sinne von »Ermächtigung«) und in denen alle Mitglieder der Gemeinschaft alles miteinander teilten. Weil Kinder das Überleben eines Volks absicherten und nur Frauen sie austragen und gebären konnten, galten Frauen als heilig und darum wurden auch Fruchtbarkeitsgöttinnen verehrt. Das mag der Grund dafür gewesen sein, dass Kinder den Familiennamen ihrer Mutter erhielten und nicht den des Vaters. Männer bewunderten und fürchteten Frauen aufgrund ihrer Fähigkeiten, Kinder bekommen zu können, gleichermaßen und schrieben ihnen wegen dieser gottgleichen Fähigkeit mystische Kräfte zu. Obwohl die Frauen damals wesentlich mächtiger als heute waren, wurde schon zu dieser Zeit der Grundstein dafür gelegt, dass sie als »das andere Geschlecht« definiert wurden: als Menschen mit geheimnisvollen Kräften und Körpern. Nachdem sich schließlich das Patriarchat durchgesetzt hatte, wurde dieses Bild von der Andersartigkeit verstärkt, was mit dem Aufkommen der Sklaverei zusammenhing: Frauen wurden nicht länger als Arbeitskräfte benötigt und ihre einzige Funktion wurde das Gebären und Säugen und Aufziehen des Nachwuchses. Und plötzlich galten die Männer als die Erschaffer der Kinder – die Frauen trugen sie nur aus.

Dem deutschen Philosophen und Gesellschaftstheoretiker Friedrich Engels zufolge hat etwas anderes den Grundstein für das Patriarchat gelegt: die Entstehung des Privateigentums. Sehen wir uns der Vollständigkeit halber auch diese am weitesten verbreitete Theorie noch an: Frauen und Männer waren in grauer Vorzeit, als sie ein Leben als Nomadenvölker führten, selbstversorgend unterwegs und gleichgestellt. Sie hatten zwar ihren Anlagen, Vorlieben und Fähigkeiten entsprechend unterschiedliche Aufgaben, waren aber statustechnisch gleichberechtigt. (Und »nur« darum geht es: Niemand will doch hoffentlich, dass Frauen *wie* Männer werden, dass wir als *gleich* gelten, sondern lediglich, dass Frauen gleich*berechtigt* und gleich*gestellt* sind. Denn dass wir biologisch gesehen unterschiedlicher Natur sind, ist ja nicht ausschließlich für die Fortpflanzung im Sinne des Bestehens der Menschheit bedeutsam, sondern ebenso energetisch betrachtet, damit die Dualität nicht ins Wanken gerät und die Geschlechter sich in einer idealen Welt ergänzen und von der Andersartigkeit des jeweils anderen profitieren.)

Weil sich die Menschen durch das Umherziehen mit unterschiedlichen Klimabedingungen und einer anderen Beschaffenheit der Natur konfrontiert sahen, war es nicht nur nicht immer möglich, jagen zu gehen – was übrigens nicht unbedingt vorwiegend die Männer unternommen haben, denn neuesten Erkenntnissen zufolge haben sehr wohl auch Frauen gejagt –, sondern außerdem nicht stets von Erfolg gekrönt. Deshalb mussten die Familien und Sippschaften phasenweise von den Erträgen der Frauen leben: von Früchten, Pflanzen und allem nicht Giftigen und Essbaren, was Frauen bei ihren Streifzügen gesammelt hatten. Das machte Frauen den Männern automatisch ebenbürtig, weil sie vice versa voneinander abhängig waren. Äußerst wahrscheinlich ist außerdem, dass Frauen mehrere Kinder von unterschiedlichen Männern bekamen und nicht allein für deren Betreuung und Versorgung zuständig waren. Es sorgten nämlich alle Personen einer Sippe für das Wohl des Nachwuchses – Männer genauso wie Frauen. (Vermutlich kommt daher der Spruch, es brauche ein ganzes Dorf, um ein Kind zu erziehen. Jedenfalls funktioniert es so nachweislich am besten.)

Erst als die Menschen vor 5.000 bis 10.000 Jahren sesshaft wurden, änderten sich die Strukturen innerhalb der Gruppen: Viehzucht und Ackerbau lösten die Jagd sowie das Sammeln von Beeren & Co. ab – und damit wurde alles anders, weil infolgedessen die männliche Idee aufkam, Land für sich zu beanspruchen. So begannen also die Männer, Vieh zu fangen, auf ihrem eigenen Stück Land zu halten und Hütten bzw. Häuser zu bauen, die dann ihr Eigentum waren, in dem auch ihre Frauen mit dem gemeinsamen Nachwuchs lebten. Und so war aus der Gleichberechtigung eine Schieflage geworden, weil die Frau damit auf einmal in die komplette Abhängigkeit vom Mann geraten war: ohne Mann hatte sie kein Heim, nichts zu essen und war allen anderen Männern schutzlos ausgeliefert, weil sie unverheiratet nicht als ehrbare Frau, sondern als Freiwild galt. Alternativ wurden junge Frauen, die nicht an den Mann zu bringen waren, kurzerhand ins Kloster gesteckt oder als Mägde an andere Höfe vermittelt, damit ihre Ursprungsfamilien sie los waren und ein Maul weniger zu stopfen hatten – und sie trotzdem ein Dach über dem Kopf bekamen.

Das war der Zeitpunkt, der Stutenbissigkeit und Konkurrenzkampf unter Frauen Antrieb gab. Dabei ging es folglich nicht um irgendwelche lächerlichen Zickenkriege, sondern ums nackte Überleben bzw. zumindest ums eigene Schicksal, das extrem unterschiedliche Wendungen nehmen konnte. Eins war klar: Frauen, die den Männern nicht schön genug waren, hatten eindeutig das Nachsehen.

Wir haben zwischen den Zeilen diverser Märchen und anderer überlieferter Erzählungen gelernt: »Und die Moral von der Geschicht': Traue anderen Frauen nicht!«

Nun erging es jenen Frauen in dieser neuen gesellschaftlichen Ordnung naturgemäß am besten, die im Haus eines gut situierten, wohlhabenden Mannes wohnten. Das andere Extrem war es, eine Art Sklavin der Allgemeinheit zu werden, also mehreren Männern unterworfen zu werden. Wer Land besaß, dem ging es gut und der hatte Macht. Um diesen Besitz anderen gegenüber zu verteidigen, war es sinnvoll, sich mit weiteren Männern zusammenzutun, sich zu den ersten Dörfern zusammenzuschließen, Gesetze zu erdenken und untereinander zusammenzuhalten. Das waren so gesehen die Vorläufer von Vereinen, Gremien und anderen Männernetzwerken. Voila, das Patriarchat war geboren! Und der Einfluss von Männern konnte in Ruhe über Jahrhunderte und Jahrtausende anwachsen, während sich die Frauen nur mehr um das zu kümmern hatten, was in den eigenen vier Wänden passierte: Haus, Hof, Kinder waren nun ihr Gebiet. Das war nicht minder wichtig, ganz klar, aber es hatte keinen Einfluss auf andere geschweige denn auf das gesamte Gesellschaftssystem, das inzwischen über den Tausch von Waren funktionierte.

Und eines Tages wurde schließlich das Geld als Tauschmittel eingeführt, was den Frauen endgültig den Garaus machte (und was erklärt, warum Frauen in der Regel ein wesentlich angespannteres Verhältnis zu Geld haben, wie wir später noch besprechen werden), weil sie nun mal nichts besaßen oder produzierten, das sie hätten zu Geld machen können. Obwohl sie genug zu tun hatten mit dem Austragen, Gebären und Aufziehen von Kindern, mit dem Pflegen der älteren Angehörigen und mit der Instandhaltung des Haushaltes, bekamen sie für nichts davon Geld, war das doch schon damals alles unbezahlte Care-Arbeit. So konnten Frauen logischerweise keinen Bezug zu Geld herstellen, was wiederum der Grund dafür sein dürfte, weshalb sich viele Frauen auch heutzutage extrem schwer damit tun, ihre Leistung in Geld zu bemessen (worauf wir ebenfalls noch zu sprechen kommen werden). Und weil mit diesem Entwicklungsschritt der Menschheitsgeschichte die Abhängigkeit der Frauen von Männern offiziell besiegelt war, fing wenig überraschend das Buhlen um die Reicheren unter den Männern an. Parallel dazu wurden Frauen dazu verdonnert, sich an einen einzigen Mann zu binden, weil der Besitz mit sich brachte, dass es jemanden geben musste, der ihn eines Tages nach dem Ableben des Hausherrn erben konnte, und das sollte selbstverständlich einer seiner eigenen Söhne sein. Um das zu gewährleisten, wurde nach und nach ein neues System eingeführt, durch das die Sexualität der Frau von der Lust getrennt und nur mehr der Fortpflanzung wegen in monogamer Struktur ausgelebt werden durfte. (Und darum haben wohl wiederum wesentlich mehr Frauen ein gestörtes Verhältnis zu ihrem Körper und ihrer Sexualität als Männer, was auch auf das Konto des geringen Selbstwertgefühls einzahlt.) Schön zu sein bekam damit eine völlig neue Bedeutung, denn solange eine Frau keinem gut situierten Mann gefiel, konnte es ihr als Besitzlose so richtig schlecht ergehen. Und wenn sie über die Jahre nicht hübsch blieb, würde sie recht schnell ausgetauscht werden können. Da warteten immerhin bereits eine Menge anderer Frauen, die gleichermaßen davon abhängig waren, von einem Mann versorgt zu werden. Zusätzlich hatte die Frau nach einer Hochzeit in das Haus ihres Ehemannes zu ziehen, wodurch sie ihr komplettes Umfeld hinter sich lassen musste. Während Männer im gewohnten Familienband blieben und dadurch ein großes Netz an anderen Männern um sich scharen konnten, drohten die frisch entwurzelten Frauen oftmals irgendwann zu vereinsamen, waren mit dem Nachwuchs allein zu Hause und bekamen immer weniger vom gesellschaftlichen Leben mit.

Spuren weiblicher Unterdrückung prägen bis heute

Frauen hatten nichts, waren fortan lediglich in Bezug auf einen Mann jemand, und brauchten diesen Mann, um überleben zu können. Und diese Erfahrungen haben wir epigenetisch alle in unseren Zellen gespeichert – abgesehen davon, dass viele Parameter bis in unsere Gegenwart reichen und dafür sorgen, dass Männern ihre Vormachtstellung erhalten und damit das Patriarchat weiterhin die herrschende Gesellschaftsform bleibt. Und was Frauen an Unterdrückung erlebt haben, spielt bis heute eine Rolle.

Epigenetik ist gegenwärtig in aller Munde, aber was hat es damit auf sich? Kurz und simpel zusammengefasst: Die meisten Menschen glauben, dass ihre Erfahrungen und Erinnerungen alle in ihrem Kopf abgespeichert sind – und dass es sich dabei ausschließlich um ihre eigenen handelt. So einfach ist es allerdings nicht, denn jede einzelne Zelle deines Körpers hat noch wesentlich mehr Eindrücke als dein Gehirn gesammelt. Ein Beispiel: Du kanntest deine Ururgroßmutter logischerweise gar nicht. Deshalb kann dein Gehirn keine Erinnerung an sie gespeichert haben. Dennoch hast du vielleicht etwas Optisches von ihr geerbt: ihre Augenform oder diesen besonderen Gesichtsausdruck, den du bekommst, wenn du dich konzentrierst. Es geht aber eben nicht nur um körperliche Merkmale, sondern auch um persönliche Erlebnisse, wie die Wissenschaft erforscht hat. Eine Studie der Neurowissenschaftler Brian Dias und Kerry Ressler von der Emory University School of Medicine im US-amerikanischen Atlanta brachte Erstaunliches darüber zutage, warum Lebewesen auf etwas reagieren, das sie selbst gar nicht erlebt haben. Bei dieser Untersuchung ging es um den fruchtigen Duft von Acetophenon, den die Versuchsmäuse ihrer Reaktion nach als bedrohlich empfanden, obwohl es ihre erste Erfahrung damit war. Trotzdem verbanden sie diesen Geruch mit einem leichten elektrischen Schlag an ihren Pfoten, dem aber nicht sie, sondern ihre Großeltern ausgesetzt gewesen waren. Die Forscher untersuchten die Nachkommen dieser auf »Erdbeerduft = Gefahr« konditionierten Mäuse und stellten fest, dass sowohl die direkte Nachfolgegeneration (die Kinder) als auch deren Nachwuchs (die Enkelkinder) überempfindlich auf diesen süßlichen Geruch reagierte: Die betreffenden Mäuse erstarrten bei einem Schreckgeräusch und verharrten in dieser Erstarrung merklich länger, wenn ihre Umgebung nach Acetophenon roch, also diesen Erdbeerduft verströmte. Das extrem Spannende, wenn du mich fragst: Diese Mäuse waren abgesehen davon nicht außergewöhnlich ängstlich und fürchteten sich vor keinen anderen Gerüchen! Den Grund für die erhöhte Sensitivität in Bezug auf das Acetophenon fanden die Forscher schließlich im Gehirn: Im Riechsystem dieser Nachfolgegenerationen waren genau die Rezeptoren, mit denen die Mäuse den Erdbeerduft erschnupperten, auffällig überrepräsentiert. Das Gleiche konnte bei den zugehörigen Sinneszellen bestätigt werden.

Was *einer* Frau angetan wurde,
wird *allen* Frauen angetan.

Was heißt das konkret? Dass Mäusekinder die Erfahrungen (und die damit verbundenen Ängste) ihrer Großeltern geerbt hatten. Man könnte es so auf den Punkt bringen: Deine Eltern haben dir neben der Genetik die gesamte Erinnerung an die Menschheitsgeschichte mitgeliefert. Alles, was vor ihnen passiert ist und was ihre Vorfahren geprägt hat, ist durch die Epigenetik an dich weitergegeben worden. Für unsere Überlegungen rund um den geringen Selbstwert von Frauen bedeutet das: Unser kollektives Bewusstsein hat jahrhundertelange Unterdrückung, Geringschätzung und Benachteiligung von Frauen (und natürlich auch Hass und daraus resultierend Gewalt an Frauen) gespeichert. Und das tragen alle Frauen in ihren Zellen mit sich herum.

Wen wundert es da noch groß, wie niedrig unser Selbstwert ist, wie ausgeprägt unsere Zweifel und wie stark wir uns an der Erfüllung unserer Hauptaufgabe orientieren: die Schönste von allen zu sein, um dem Prinzen oder Ackerbauern nur ja als Erste aufzufallen – und hoffentlich auch als Letzte. Und daher kommen wohl unbewusst Neid, Missgunst und Eifersucht unter den Frauen. Das haben wir immerhin von klein auf beispielsweise in den bereits erwähnten Märchen gelernt.

Während es in Märchen kaum einen bösen Stiefvater oder einen gemeinen Stiefbruder gibt und heutzutage zwar das Klischee von der nervigen Schwiegermutter gängig ist, aber Schwiegerväter stereotypisch keine solch negative Bewertung aushalten müssen, zieht es sich also vom Märchenvorgelesenbekommen in der Kindheit bis ins Erwachsenenalter durch, dass uns vorgegaukelt wird, man könne sich auf andere Frauen nie verlassen – weil sie in Wahrheit immer in Rivalität zu uns stehen und uns letztlich gefährlich werden könnten. Neid unter Frauen wird weiterhin unbemerkt in unser aller Alltag wie ein durchdachtes Parteiprogramm geschürt. Vor diesem Hintergrund kann man es Frauen fast nicht verübeln, dass sie andere Frauen diffamieren. Wenngleich es zum Glück auch viele solidarische Frauen und ganze Bewegungen solcher Frauen gibt. Ich hoffe und glaube außerdem, dass die meisten von ihnen auf die Minute damit aufhören würden, wenn sie sich dessen bewusst wären. Darum lass uns diesen Gedankengang doch einfach verbreiten! Vielleicht werden wir positiv überrascht von den Auswirkungen.

Wahrscheinlich begleitet dich nun schon einige Zeit eine Frage, stimmts?

Was hat das alles mit deinem Kontostand zu tun?

Der Zusammenhang wird schnell klar, wenn du die Sache zu Ende denkst: Weil wir es so gewohnt sind, in Bezug auf unser Erscheinungsbild be- und verurteilt zu werden, wollen wir uns vorsichtshalber lieber gleich *gar nicht* zeigen. Wir könnten dann ja (wieder) kritisiert oder gekränkt werden. Diese über Jahrtausende geübte Art mit Frauen umzugehen, die Mädchen teils heute noch von klein auf erfahren, untergräbt deren Selbstwert von Kindestagen an praktisch nonstop. Und das hat sich über kurz oder lang auf unseren Mut zur Sichtbarkeit ausgewirkt – auf unsere Selbstsicherheit, wenn es darum geht, für uns einzustehen und etwas für uns zu fordern, und schließlich auf unsere Gehälter oder Honorare.

Einige junge Frauen, die kürzlich nach einem Vortrag auf mich zugekommen sind, erzählten mir beispielsweise, es wurde ihnen bei ihrer Einstellung als Lehrmädchen in ihrer Firma mitgeteilt, es gehöre zum gepflegten Erscheinungsbild einer Frau, dass sie geschminkt ist. Da hab ich nicht schlecht gestaunt: »zum gepflegten Erscheinungsbild einer Frau«? Puh, sich zu pflegen und zu schminken, sind in meiner Welt zwei Paar Schuhe. Selbstredend sollte man geduscht, wohlriechend, mit gewaschenen Haaren und sauberer Kleidung am Arbeitsplatz erscheinen – unabhängig vom Geschlecht. Mal abgesehen davon, dass Körperpflege essenziell für Gesundheit und Selbstliebe ist. Aber wie kommen Vorgesetzte dazu, ihren Mitarbeiterinnen vorzuschreiben, dass sie sich zu schminken haben?

Warum ist es abgesehen vom privaten Bereich auch im Geschäftsleben so schwierig, aus dem Bewertetwerden in Bezug auf das eigene Äußere auszusteigen, was maßgeblich am Selbstwertgefühl vieler Frauen nagt? Weil es leider ein unumstößliches Faktum ist, dass Außenwirkung sich als echter Erfolgsgarant herausstellt. Und weil diese Außenwirkung zu einem großen Teil vom Aussehen und vom Styling abhängt. Der alte Spruch »Kleider machen Leute«, den schon meine Großmutter zu deponieren wusste, bewahrheitet sich nämlich unerfreulicherweise sogar aus wissenschaftlicher Sicht. Das hat eine Studie gezeigt, deren Ergebnis ernüchternd war: *Frauen in Röcken werden im Businesskontext als selbstbewusster und attraktiver wahrgenommen als Frauen in Hosenanzügen.*

»Na toll!«, hab ich mir dazu gedacht, denn ich mag das klassische Businesskostümchen mit Rock und tailliertem Blazer überhaupt nicht – und es steht mir auch nicht, passt null zu mir. Also bin ich bei meinen Kleidern, Hosenanzügen und Jeans-Blazer-Kombinationen geblieben. Warum ich trotzdem nicht ausgebuht werde, wenn ich eine Bühne oder einen Konferenzraum betrete? Dazu komme ich gleich. Vorher möchte ich noch anmerken: Die Männer kommen hier fairerweise ebenfalls zum Handkuss, da für sie das Gleiche in Bezug auf Maßanzüge im Vergleich zu Anzügen von der Stange gilt, weil ein Konfektionsanzug im Unterschied zu einem maßangefertigten Zwei- oder Dreiteiler weniger Vertrauenswürdigkeit vermittelt. Dazu ist zu sagen: Wenn zwei Geschäftsmänner einer bestimmten Liga aufeinandertreffen, bewerten sie sich binnen zwei bis drei Sekunden unbewusst und völlig automatisch in Bezug auf ihren Gang, ihre Körperhaltung, ihre Gestik und Mimik sowie auf ihr gesamtes äußeres Erscheinungsbild: Haarschnitt, Zähne, Hände und ihr komplettes Outfit zwischen Hals und Schuhen werden in Windeseile gescannt.

Ich empfand das Ergebnis dieser Studie für beide Geschlechter als echtes Armutszeugnis, weil es die Oberflächlichkeit, nach der wir Menschen einander einordnen und bewerten, ungeschönt auf den Tisch bringt. Und jetzt komme ich darauf zurück, warum es für mich letztlich nicht notwendig war, mich mit Kostümen und Röcken anzufreunden: Erfreulicherweise gibt es einen Parameter, der all das mit einem Schlag umwirft und aushebelt. Und ich finde, auf den sollten wir uns konzentrieren: *Selbstsicherheit.* Denn wer ein ausgeprägtes Selbstwertgefühl hat und selbstsicher auftritt, der kann das durchaus in Jeans und T-Shirt machen, hat sich in der Studie gezeigt. Die damit verbundene Ausstrahlung ist stets der beste Joker und sticht als Trumpf alle andere Karten, weshalb die Kleidung plötzlich zur Nebensache wird.

Warum nur wenige Frauen Pippi Langstrumpfs Selbstwert haben

Du kennst sicher Pippi Langstrumpfs Einstellung, wenn es darum geht, Neues auszuprobieren: »Das habe ich noch nie vorher versucht, also bin ich völlig sicher, dass ich es schaffe« hat ihre Schöpferin Astrid Lindgren sie einst sagen lassen. Was für ein großartiges Mindset! Doch warum sind so viele Frauen nicht selbstsicher wie Pippi, sondern eher ängstlich, unsicher und oftmals angepasst wie ihre Freundin Annika?

Wie fast alles im Leben fußen auch mangelndes Selbstwertgefühl und starke Selbstzweifel in der Kindheit. Wer sich als Kind hohen Erwartungen ausgesetzt und wiederholt abgelehnt gefühlt hat oder kaum Lob für sein Verhalten und seine Leistung, dafür aber regelmäßig negative Kritik erhalten hat, entwickelt daraus meist ein negatives Bild von sich selbst. Gerade Mädchen, von denen mehr Zurückhaltung und Angepasstheit – das prototypische Bravsein wie bei Annika eben – verlangt wurde, haben so Schwierigkeiten, Selbstvertrauen aufzubauen. Kommt dann bewusster oder unbewusster Liebes- und Aufmerksamkeitsentzug vonseiten der Eltern oder anderer enger Bezugspersonen hinzu, gibt es kaum fruchtbaren Boden, auf den das Bild von einem selbst fallen könnte. Diese Unsicherheit, der mangelnde Glaube an sich und an die eigenen Fähigkeiten verursachen andauernde Selbstzweifel, die überhandnehmen, wenn man sie nicht aktiv hinterfragt und auflöst, wie du das im dritten Teil dieses Buches machen wirst können, wenn du das möchtest.

Die meisten Eltern verfolgen keine böse Absicht bzw. bemerken gar nicht, womit sie das Selbstvertrauen und Selbstwertgefühl ihrer Sprösslinge untergraben, denn ein »Ach, du bist immer so ungeschickt!«, ein »Oje, hast du schon wieder eine schlechte Note in Mathe?« oder ein »Komm, lass mich das besser machen – du kannst das einfach nicht gut genug!« ist schnell und unbedacht gesagt, ohne dass dem Vater oder der Mutter bewusst wäre, was auf Dauer damit angerichtet werden kann.

Übrigens fällt mir regelmäßig auf, dass die Bezeichnungen »Selbstvertrauen«, »Selbstbewusstsein« und »Selbstwertgefühl« durcheinandergebracht und als Synonym für den jeweils anderen Begriff verwendet werden, obwohl jeder für etwas anderes steht:

Wenn wir ein gutes *Selbstbewusstsein* haben, kennen wir unsere eigene Persönlichkeit und kommen gut damit zurecht und mit uns selbst aus. Sind wir tief im Inneren selbstbewusst, so wissen wir, worin unsere Stärken und unsere Schwächen, unsere Vorzüge und unsere Schattenseiten liegen, können uns richtig einschätzen und über uns sagen:

»Ich kenne mich – ich bin mir meiner selbst bewusst!« Dadurch kommt es auch in Bezug auf die eigenen Fähigkeiten, das eigene Wissen und Können weder zu einer Unter- noch zu einer Überschätzung. Und das wirkt sich auf zahlreiche Ebenen aus, weil wir in Folge wissen, wie wir ticken, unsere Sehnsüchte und Ängste genauso benennen können wie unsere Wünsche und Ziele. Daraus ergibt sich, dass wir unsere Werte identifizieren und nach ihnen leben können. Wer selbstbewusst ist, nimmt sich selbst mit seinen Empfindungen und Bedürfnissen – körperlich, mental und emotional – wahr und hat eine gute Intuition. Im Job zeigt sich ein stabiles Selbstbewusstsein etwa darin, dass jemand kritikfähig ist und selbst unter Druck sachlich, lösungsorientiert und kooperativ vorgeht. Außerdem bewahrt echtes Selbstbewusstsein vor Überheblichkeit, Arroganz und schlechtem Benehmen anderen gegenüber. Aus all den genannten Gründen ergibt ein gut verankertes Selbstbewusstsein die beste Grundlage für ein ausgeprägtes Selbstvertrauen, ein gesundes Selbstwertgefühl und ein selbstsicheres Auftreten.

Beim *Selbstvertrauen* geht's darum, Vertrauen in sich selbst und seine Fähigkeiten zu haben, sich etwas zuzutrauen und sich nicht von Selbstzweifeln lähmen zu lassen. Das Gefühl dazu heißt: »Ich kann etwas!« Spätestens jetzt sollte klar werden, warum Selbstbewusstsein das Fundament für Selbstvertrauen ist: Nur wenn ich mir meiner Fähigkeiten und Talente bewusst bin, kann ich darauf vertrauen, dass ich sie anwenden und für mich nutzen kann. Und das äußert sich im Beruf beispielsweise darin, dass jemand nicht die Nerven wegwirft, wenn eine völlig neue Aufgabe an ihn herangetragen wird, sondern sie voller Selbstvertrauen und oft mit einer gewissen Neugier als spannende Herausforderung annimmt.

Im Unterschied zum Selbstvertrauen bedeutet *Selbstsicherheit* wiederum, sich seiner selbst sicher zu sein, was diesen Begriff zur Kombination aus Selbstbewusstsein und Selbstvertrauen macht: Wer sich selbst vertraut und sich seiner selbst bewusst ist, der fühlt sich selbstsicher und kann das durch ein adäquates Auftreten nach außen transportieren. Wer selbstsicher ist, hat keine Selbstzweifel, die ihn etwa davon abhalten würden, etwas Neues auszuprobieren, sich zu zeigen oder seine Meinung zu sagen. Hier kommt außerdem die *Selbstbehauptung* ins Spiel: die Fähigkeit, sich im sozialen Gefüge behaupten, Grenzen ziehen und seine Rechte einfordern zu können, indem man seinen Gedanken, Gefühlen und Emotionen Ausdruck verleihen kann.

Beim *Selbstwertgefühl* geht's geringfügig wieder um etwas anderes: Wer einen stark ausgeprägten Selbstwert hat, nimmt sich selbst bewusst positiv wahr und ist sich seines Wertes für die Gemeinschaft bewusst – als Mensch allgemein, aber auch als Dienstleisterin, Arbeitskraft, Partnerin, Freundin oder Mutter.

Die heilsame Nachricht dazu: Wer seinen Selbstwert erst erkannt, gefunden und verinnerlicht hat, dem können das vorhin besprochene Schönheitsideal und damit verbundene Anti-Komplimente wesentlich weniger anhaben, weil eben echte Selbstsicherheit, gepaart mit Selbstvertrauen und einem starken Selbstwertgefühl, aus dem Inneren kommt und sich höchstens im Außen zeigt – aber nicht umgekehrt.

Denn das mit dem Selbstwert verbundene Gefühl lautet: »Ich bin wertvoll!«

Und genau daran wirst du im dritten Teil dieses Buches arbeiten, wenn du bereit dazu bist.

Fällt dir was auf?

Denk das mal in Ruhe durch: Wie können Frauen überhaupt Selbstzweifel haben, wenn sie doch mehrheitlich das Leben ihrer Männer am Laufen halten und sich weitgehend um alles kümmern? Oft erweckt es den Eindruck, dass Frauen bezahlte Arbeit *und* Care-Arbeit erledigen und Männer bloß ihrer Erwerbstätigkeit nachgehen und abseits davon Freizeit haben. (Natürlich gibt es Ausnahmen, weil erfreulicherweise immer mehr Männer auch Gefallen an der im Alltag gelebten Vaterschaft gefunden haben.) Und wie können wir Männer anhimmeln, nur weil sie Männer sind, wenn man dann erfährt, dass selbst die mit Doktortitel oft nicht fähig sind, ihre Reisetasche ohne die Hilfe ihrer Mutter oder Partnerin zu packen? Frauen werden ausgelacht, weil sie klischeehaft keine Glühbirne eindrehen oder angeblich schlecht einparken können, aber es ist nicht peinlich, wenn ein Mann sich nichts Richtiges kochen kann? Das funktioniert einzig und allein aus einer kollektiven Gewohnheit heraus, weil es die Menschheitsgeschichte unsere Vorfahren so gelehrt hat und wir das alles mit der Epigenetik in die Wiege gelegt bekommen haben.

Inzwischen wissen wir allerdings, dass wir unser Leben (anders als die Frauen vor zigtausenden von Jahren) selbst in der Hand haben. Also ist es an der Zeit, uns das zunutze zu machen, unseren Selbstwert nicht länger an unser Aussehen zu knüpfen und dem Schlankheits-, Jugend- und Perfektionswahn den Rücken zu kehren!

Warum Erfolg für viele Frauen ein Problem ist

Die unscheinbare, schüchterne, von anderen unterschätzte und für alle unsichtbare Hausfrau Alma hat einen einzigen bescheidenen Wunsch: in den hiesigen exklusiven Gartenclub der Damen-High-Society aufgenommen zu werden. Um dieses Ziel zu erreichen, schreckt sie auch vor mehrfachem Mord nicht zurück.

Das ist der drastische Plot der US-Serie »Why Woman kill« mit einer an den Haaren herbeigezogenen Storyline, bei der mich dessen ungeachtet etwas berührt hat, und zwar, dass die wenig attraktive Alma sich deshalb sehnlichst wünscht, dieser Gruppe von reicheren Hausfrauen anzugehören, weil ihr etwas Entscheidendes im Leben fehlt, das sie derart unglücklich und einsam macht: Anerkennung und sozialer Austausch. Während ihr Mann als Tierarzt jeden Tag für seine Arbeit bewundert wird, dafür Wertschätzung erhält und nebenbei zig Menschen und ihren Haustieren trifft, schuftet sie daheim bei der klassischen Hausarbeit, langweilt sich ansonsten und kann ihre Kreativität lediglich in ihrem bescheidenen Garten ausleben, für den sie aber nirgends Bewunderung erntet. Die Ladys aus besagtem Gartenclub haben ihr de facto bei genauerem Hinsehen nicht wirklich etwas voraus. Sie sind lediglich die Gattinnen von angeseheneren und wohlhabenderen Männern, als Almas Ehemann Bertram einer ist. Unglücklich sind sie dennoch alle gleichermaßen, denn sie haben etwas gemeinsam: Sie werden von ihren Männern nicht ernst genommen und sind nur dann etwas wert, wenn sie wie aus dem Ei gepellt aussehen. So sagt die Stimme aus dem Off schon in den Anfangsszenen der allerersten Folge: »Lippenstift und Dekolleté sind die Waffen ihrer Wahl« und »Schönheit ist Macht«.

Die Frauen in dieser Dramedy-Serie sind von den Männern finanziell komplett abhängig und haben noch nie erlebt, was es bedeutet, selbst Erfolg zu haben. Was Almas attraktive und elegante Gegenspielerin Rita, die dem Gartenclub als Präsidentin vorsteht, alles auf sich nehmen musste, um überleben zu können, möchte ich dir in Grundzügen auch nicht vorenthalten: Sie musste sich von gewalttätigen und frauenverachtenden Männern alles gefallen lassen, das man sich gar nicht vorstellen möchte. Darum ist sie wohl zu einer Intrigantin geworden, die keine andere Frau neben sich duldet, was wiederum großartig das bereits besprochene Klischee der stutenbissigen Frauen bedient. Sie bekommt am Ende allerdings endgültig ihr Fett weg – leider genau in jenem Moment, als sie zur Sympathieträgerin wird, weil sie ihr Fehlverhalten erkennt und sich ändern möchte. Und Alma erhält erst durch den Presserummel und das Gerichtsverfahren gegen sie als Mörderin erstmals die Aufmerksamkeit, nach der sie sich schon immer gesehnt hat. Dafür hat sie alles getan, alles verloren, aber weil sie ihr Leben lang übersehen worden ist, zieht sie aus diesem negativen Interesse letztlich mehr Gutes für sich als aus dem fehlenden.

Wirklich wütend hat es mich einmal mehr gemacht, vor Augen geführt zu bekommen, was Frauen in den 40er-Jahren offenbar alles ertragen mussten, weil sie ohne Ehemann nicht hätten überleben können. Wie gut es uns im Vergleich dazu heutzutage geht, weil andere Frauen für uns auf die Straße gegangen und sich dagegen gewehrt haben, sollten wir uns hin und wieder ins Bewusstsein rufen.

Rebellisch und furchtlos – typisch weiblich?

Ich hatte wohl unbewusst recht früh das Bestreben, mich nicht von einem Mann abhängig zu machen und schon gar nicht unterbuttern zu lassen, sondern bereits ohne einen solchen »jemand zu sein« – im Sinne von: »jemand, dem man zuhört und für dessen Gedanken und Theorien man sich interessiert«. Das liegt hauptsächlich an meiner Mutter, die mir als starke und berufstätige Frau vorgelebt hat, wie frau sich unabhängig macht. Wie einverleibt ich mir das schon als Kind hatte, wird vielleicht klarer, wenn ich dir erzähle, was mein Lieblingsspielzeug im Volksschul- bzw. Grundschulalter war: eine Horde an *Princess-of-Power*-Puppen. Ich weiß nicht, ob dir diese kleinen, ausschließlich weiblichen Actionfiguren aus dem *Mattel*-Universum ein Begriff sind. Wenn nicht, bist du in guter Gesellschaft, denn die kannte in meinem Umkreis schon in den 80er-Jahren niemand. (Nur das männliche Pendant, die Figuren der *Masters of the Universe*, waren gängig und standen im Kinderzimmer meines besten Freundes Max.) Im Unterschied zur hübschen, schlanken *Barbie* konnten diese Puppen nicht einfach bloß reiten, Ärztin oder Popstar werden, mit einem Königspudel Gassi gehen, sich bodenlange Haare kämmen oder gleich einen eigenen Friseursalon führen, also ganz normalen Alltag leben. Sie hatten klingende Namen wie *Glimmer*, *Mermista* und *Frosta*, konnten zaubern und fliegen, Wasser zu Eis machen und sich in Windeseile um die eigene Achse drehen (ich kann mich nicht mehr erinnern, wofür genau das gut war, aber ich glaube, es war *Spinnerella*, die diese Fähigkeit hatte). Sie waren durch die Bank rebellische Superheldinnen und mächtige Zauberinnen und damit grandiose Identifikationsfiguren für fantasievolle, abenteuerlustige kleine Mädchen. *She-Ra* war die Anführerin und sie ritt auf einer Mischung aus Pegasus und Einhorn – richtig cool! Um nicht als die größte Superheldin aller

Zeiten erkannt zu werden, konnte sie zur Tarnung Maske und Cape abnehmen und war dann *Adora* (bezeichnend, dass ich diesen Namen noch 15-jährig für unsere Perserkatze ausgewählt habe). Ich habe jedenfalls so mit diesen Puppen gespielt, als wären alle beste Freundinnen und würden aufeinander aufpassen. Dass *She-Ra* die Chefin war, hat sie nicht raushängen lassen. Das war nur von Bedeutung, wenn es hart auf hart ging und sie ihre Mädels beschützte. (Das ruht eben auch in uns Frauen: solidarisch zu sein, ein Zusammengehörigkeitsgefühl zu entwickeln und füreinander einzustehen!)

Rebellisches, furchtloses Auftreten war während meiner Kindheit – und ist es bis heute – immer noch vorwiegend männlich besetzt. *Mattel* hat deshalb zwar mit der männlichen Puppenreihe ins Schwarze getroffen, dieser Erfolg ließ sich aber für die weibliche Zielgruppe nicht wiederholen. Möglicherweise haben einfach zu wenige Eltern den Wert als zusätzliche Identifikationsfiguren für ihre Töchter erkannt und deshalb lieber zur sicheren Wahl gegriffen, denn bei der klassischen *Barbie* war besser einschätzbar, welche Geschichten die Mädchen damit spielen würden – die, die sie bereits kannten, weil sie von der Gesellschaft dorthin sozialisiert wurden: »Mutter – Vater – Kind« anstatt »zaubern – kämpfen – siegen«.

Und so wie diese Power-Zauber-Prinzessinnen von der Bildfläche verschwanden, bevor sie einen nennenswerten Bekanntheitsgrad erreicht hatten, werden auch im realen Leben in den 2020ern kraftvolle, erfolgreiche Frauen gern unter den Tisch fallen gelassen und damit gerade in männerdominierten Bereichen unten gehalten.

Erfolg ist die Kombination aus der inneren Einstellung, Durchhaltevermögen und Umsetzungsstärke – und in vielen Fällen der Tatsache, dass man(n) einen Penis hat.

Selbst jene unter den Frauen, die sich in Männerdomänen durchgesetzt haben, erzählen häufig vom steinigen Weg dorthin: »Es gibt Frauen am Dirigentenpult, aber es ist nach wie vor eine Männerdomäne. Weil das Publikum das so gewohnt ist. Weil der Beruf nicht familienfreundlich ist. Und weil die Ausbildung mit zwölf Semestern und relativ vielen Einzelstunden eine der teuersten der Welt ist. Am *Mozarteum* [Anmerkung: das ist die Salzburger Universität für Musik, Schauspiel und Regie] werden pro Jahr ein bis zwei Studenten aufgenommen, und mit 19 Jahren, wenn man die Aufnahmeprüfung macht, sind die Burschen meistens frecher und mehr von sich überzeugt als junge Frauen. Und das entscheidet dann oft über die Aufnahme – denn als Dirigent brauchst du auch ein Standing.« Das hat die österreichische Chefdirigentin Elisabeth Fuchs, Gründerin der *Jungen Philharmonie Salzburg* so geschildert. Ein Paradebeispiel, wenn du mich fragst.

Wir hatten schon besprochen: Die meisten Frauen unterschätzen sich gnadenlos selbst und spielen ihre bisherigen Erfolge herunter, um nicht anzuecken und nicht als eingebildet oder überheblich zu gelten. Doch diese Zurückhaltung und falsche Bescheidenheit kostet sie mitunter eine Karriere, wenn sie nicht wie Elisabeth Fuchs trotzdem mutig antreten, um sich Platz zu verschaffen. Sogar in Berufen, die auf den ersten Blick eher weiblich wirken, haben Männer die Nase vorn: Kalligrafie ist die Kunst des Schönschreibens und würde man deshalb eher Frauen zuordnen, oder? Eine Kalligrafin erzählte anlässlich einer unserer Netzwerkveranstaltungen, dass sich in ihren Kursen fast ausschließlich

Frauen in der Schönschreibung üben. Die Großverdiener und Stars der Kalligrafieszene sind dennoch Männer. Das Gleiche kenne ich von meinen Lektoratslehrgängen, die ich nebenbei für eine Medienakademie abhalte: Die Teilnehmerinnen sind mehrheitlich Frauen (im vergangenen Winter hatte ich erstmals fünf Männer auf 18 Frauen, aber in den Jahren davor waren es meistens reine Frauengruppen und ab und zu mal ein bis höchstens zwei Männer). Interessant ist dabei der Blick in die Branche: Die Chefetagen der Verlage sind demgegenüber zu einem hohen Anteil männlich besetzt. Dazu passend ist meine persönliche Erfahrung während des Studiums: An den Instituten der Germanistik, der Philosophie und der Psychologie waren wesentlich mehr Studentinnen als Studenten, obwohl die großen Literaten gerade in der älteren und in der früheren der neueren deutschen Literatur männlich sind und waren und es sich mit den Philosophen und den berühmten Psychologen der Menschheitsgeschichte ebenso verhält. Übrigens werden in Schulbüchern auch heutzutage noch dreimal (!) so viele männliche wie weibliche Quellen genannt. Wenn mir diesbezüglich jemand damit kommt, dass man deshalb äußerst wenige Schriftstellerinnen und gar keine Philosophinnen durchnehmen könnte, weil es nun mal keine große Auswahl an Werken von Frauen gibt, dann gefällt mir das aus einem simplen Grund nicht: wegen der dahinterliegenden Ursache für diesen Umstand. Frauen wurden früher einerseits nicht gehört und es war nicht schicklich, dass sie sich mit anderen Dingen als den ihnen zugewiesenen Aufgaben beschäftigten; und selbige Aufgaben (die Versorgung der Familie) ließen ihnen andererseits weit weniger Zeit und Muße, um ihren sicher vorhandenen Begabungen zu frönen.

Heutzutage halten sich immer noch viel zu viele Frauen zurück, weil potenzieller Erfolg auf einen Großteil von ihnen nach wie vor gefährlich wirkt: Während Männer sich holen, was sie wollen, selbstsicher ihren Weg gehen und darauf pfeifen, ob sie beliebt sind, solange der Kontostand stimmt oder zumindest das Ansehen passt, haben Frauen Angst, zu polarisieren und streitbar zu sein – auch weil sie, wie wir schon gehört haben, wesentlich stärker unter Beschuss stehen, sobald sie sich und ihren Wunsch nach Erfolg zeigen. Wenn sie endlich den Beruf ausüben können, für den ihr Herz schlägt, oder wenn sie es gewagt haben, sich mit ihrer Idee selbstständig zu machen, über ihren Schatten gesprungen sind und sich öffentlich präsentieren, ist es damit aber selten getan. Die nächste Hürde heißt »Gehaltsverhandlung« bzw. »Preisgestaltung«. Weibliche Angestellte sind nicht etwa zu faul oder zu feige, eine Gehaltserhöhung auszuhandeln, sondern blitzen mit ihren Forderungen, Wünschen und Vorstellungen schlicht wesentlich öfter ab als ihre männlichen Kollegen: 20 Prozent der Männer gehen siegreich aus einer Gehaltsverhandlung – bei den Frauen bekommen hingegen lediglich 13 Prozent die geforderte Gehaltserhöhung, wie auch Alexandra Zykunov in ihrem Buch »Wir sind doch alle längst gleichberechtigt« feststellt. Und das liegt sicher nicht ausschließlich daran, dass sie weniger Verhandlungsgeschick unter Beweis stellen würden. Eine anständige Lohntransparenz wäre die Voraussetzung dafür, dass Frauen überhaupt in Gehaltsverhandlungen gehen können. Nur: Die bei uns weitverbreiteten Verschwiegenheitsverpflichtungen in den Arbeitsverträgen verhindern das bislang. Die Ökonomin Katharina Mader meint dazu: »Die werden jetzt fallen müssen, weil es eine neue Lohntransparenzrichtlinie von der EU gibt, die bis 2026 von allen Mitgliedsstaaten in nationales Recht übergeführt werden muss.« Das ist ein echter Lichtblick, oder? Und trotzdem weist sie auf das Kleingedruckte hin: »Man wird sehen, dass ab dem mittleren Management nicht nur die Lohnunterschiede ein Problem sind, sondern der Umstand, dass es den Frauen natürlich auch nichts bringt, wenn dort nur drei Männer sitzen.«

Erfolg steckt sogar im Vornamen

Warum sitzen denn im mittleren und im oberen Management hauptsächlich Männer? Das hat mit der ungleichen und somit Frauen gegenüber unfairen Einstellungs- und Aufstiegspolitik zu tun, für die das Patriarchat und der Kapitalismus gesorgt haben: Frauen werden bei Beförderungen oftmals übergangen. Du erinnerst dich an das Erlebnis meiner Kundin, deren Vorgesetzter meinte, man müsse bei ihr jederzeit mit einer Schwangerschaft gefolgt von einer Karenz rechnen. Sie ist leider kein Einzelfall. (Es sagen bloß nicht alle immer offen, weil das der Anti-Diskriminierungsgesetze wegen nicht ganz so schlau ist.) Vor allem Mütter werden häufig benachteiligt und als weniger zuverlässig, fokussiert, konzentriert und kompetent eingestuft als Väter. Höhere Positionen an Universitäten in Deutschland und Österreich werden vor allem von Männern besetzt. Das Problematischste daran ist: Vielen Männern (und auch manchen Frauen) ist das nicht bewusst. Sie meinen, inzwischen hätte die Gleichberechtigung am Arbeitsmarkt durch Quotenregelung und dergleichen längst Einzug gehalten. Und bei den Frauen bleibt übrig, dass Erfolg eben nicht für sie vorgesehen ist. Das weltweit verbreitete (unbewusste) Denken, Männer wären Standard und für den Erfolg gemacht, hat sich in den meisten Köpfen längst manifestiert, weshalb es nicht von ungefähr kommt, dass sich Frauen recht schnell ins Bockshorn jagen lassen. Dazu heißt es in »Unsichtbare Frauen«: »Infolge der weit verbreiteten akademischen Praxis, Initialen statt voller Namen zu verwenden, ist das Geschlecht der Wissenschaftlerinnen und Wissenschaftler oft nicht klar ersichtlich, sodass Erstere häufig für Männer gehalten werden.« Weiterhin nennt Caroline Criado-Perez eine Untersuchung, die zutage brachte, dass Wissenschaftlerinnen von Kollegen vielfach als Männer zitiert werden, weil sie in ihrem unbewussten Weltbild ein

P eher einem *Paul* zuordnen als einer *Pauline* oder einer *Petra*.

Dazu fällt mir das Debakel einer meiner Freundinnen ein, die es gleich doppelt erwischt hat: Nicht nur, dass sie den Titel »Ingenieur« trägt *(in Österreich sind Titel immer noch etwas Fundamentales, wenn es ums Vorwärtskommen im Berufsleben geht)* – sie hat mit *Alexandra* zudem einen Vornamen, der gern in seiner verkürzten Form *Alex* verwendet und wohl deshalb regelmäßig als männlich gelesen wird: Immer wieder passiert es ihr, dass sie E-Mails und Briefe erhält, die mit »Sehr geehrter Herr Ing. Alexander« beginnen – sogar in Antworten auf eine von ihr geschriebene Nachricht, in der in ihrer Signatur deutlich lesbar »Ing. Alexandra« steht. Auch bei Netzwerk- oder Businesstreffen wird sie ständig als »Herr Ingenieur« vorgestellt. Wenn sie dann aufsteht, schauen sie erst einmal alle groß an.

Aber lass uns den Gedankengang von vorhin weiterspinnen: Wenn es in den Führungsetagen erwiesenermaßen äußerst wenige Plätze für Frauen gibt, ist es nicht verwunderlich, dass Frauen sogar im beruflichen Kontext eine versteckte Art des Konkurrenzdenkens gelernt haben, weil es von jeher für viele Berufe, Studien- und Arbeitsstellen nur Platz für eine oder wenige Frauen gab. Wäre der Zugang nicht so begrenzt gewesen, hätte es wohl nie zu dieser Rivalität kommen müssen. Dass dieses Denken leider nach wie vor gerechtfertigt ist, beweist folgende Untersuchung: Einer Gruppe von Unternehmen wurden dieselben 5.000 Bewerberinnen und Bewerber zweimal vorgestellt – einmal zusammen mit üblichen Daten und Informationen zum Namen und sozialen Hintergrund. Daraufhin waren lediglich fünf Prozent derer, die ausgewählt wurden, Frauen. Beim zweiten Mal wurden diese persönlichen Informationen nicht übermittelt – und der Anteil der diesmal für Vorstellungsgespräche ausgewählten Frauen lag plötzlich bei 54 Prozent! Ein weiteres interessantes Finding dieser Studie: Die Ergebnisse zeigten, dass Manager implizite Signale und Hinweise nutzten, um auf die geschlechtliche Identität von Bewerbern in anonymisierten Bewerbungen zu schließen. Anders gesagt: Trotz der anonymen Bewerbungen haben Manager nach Hinweises auf das Geschlecht der Vorstelligen gesucht.

Es ist keine paranoide Einbildung emotionaler Feministinnen, die nie zufriedenzustellen sind, dass Männer in Bewerbungsprozessen nach wie vor die Nase vorn haben.

Immerhin ist diese Diskriminierung in vielen Fällen inzwischen (hoffentlich) keine bewusste mehr, sondern eine, die dem jahrhundertealten Denken geschuldet ist, das wir noch nicht überwunden haben.

Dieses Denken ist es auch, das dafür gesorgt hat, dass Menschen (inklusive Frauen) Männern von Haus aus mehr zutrauen als Frauen. Weil in Regierungen und Unternehmen die meisten Entscheidungen nach wie vor von Männern getroffen werden und diese uns Frauen einfach gern zu ihren Gunsten vergessen (optimistisch interpretiert) oder ignorieren (pessimistisch betrachtet), hat sich das nach all den Jahren der Thematisierung dieser Missstände keineswegs nachhaltig verändert. Das Ergebnis einer US-Studie spricht Bände: Wenn fünfjährigen Mädchen ein Spiel mit der Ankündigung, es sei für »wirklich schlaue Kinder« präsentiert wird, wollen sie es genauso gern spielen wie gleichaltrige Buben bzw. Jungen. Schon ein Jahr später aber zeigen die Mädchen kein Interesse mehr daran, weil sie bereits Selbstzweifel haben. Der Hintergrund: In den Schulen wird ihnen beigebracht, dass geistige Brillanz nicht zu ihren Eigenschaften gehört. Dass dieselben Mädchen als erwachsene Frauen an den Universitäten männlichen Dozenten mehr zutrauen als weiblichen, lieber auf das Wissen von Ärzten statt auf das von Ärztinnen setzen – ich erinnere an die zahlreichen Frauen, die einen Gynäkologen einer Gynäkologin vorziehen – oder sich vor Gericht eher von einem Anwalt als von einer Anwältin vertreten lassen, ist demnach nicht überraschend. Das gilt nicht nur für die besonders angesehenen Berufe im Bildungs- oder Gesundheitssystem sowie in der Juristik, sondern trifft so gut wie alle Frauen in der Selbstständigkeit. Das Klischee: *Frauen machen mit der Gründung ihr Hobby zum Beruf – Männer machen die wichtigen Jobs.* Na dann viel Spaß beim Durchsetzen gegen die männliche Konkurrenz!

Wo oder wann hätten Frauen vor diesem Hintergrund erleben können, dass ihnen Erfolg gleichermaßen zusteht wie Männern? Wie hätten sie sich einverleiben sollen, dass sie Erfolg nicht zu fürchten brauchen und dass sie ihn sich zum Ziel setzen dürfen? Das gewohnte Bild und die gewohnten Regeln sehen eben anders aus: erfolgreicher Mann und *hinter* (!) ihm – nicht *neben* ihm – eine starke Frau, die ihn unterstützt.

»Hinter jedem erfolgreichen Mann
steht eine starke Frau.«

Sprichwort aus dem Volksmund

Überleg mal: Wie viele Paare kennst du, bei denen das andersrum ist – und funktioniert? Das muss ein mental wirklich starker Mann sein, damit er sich nicht von seiner Frau in den Schatten gestellt oder von ihrem Erfolg bedroht fühlt, zeigen derlei Beispiele. Sonst gerät die Partnerschaft schnell in Gefahr, wenn der ebenfalls vom Patriarchat geprägte Mann sich nutzlos vorkommt oder es schlicht nicht aushält, sollte seine Frau im übertragenen oder tatsächlichen Wortsinn im Rampenlicht stehen.

»Sag mal, Pamela, du bist ja aber doch eine verkappte Männerhasserin!?«, könnte man mir vorwerfen, wenn man mich falsch verstehen möchte. Nein, das bin ich nicht. Im Gegenteil: Ich mag Männer gleichermaßen wie Frauen und auch Kinder. Mich interessieren immer das Benehmen und der Charakter eines Menschen – nicht sein biologisches oder soziales Geschlecht. Ich mag deshalb eine Frau nicht nur deshalb, weil sie dasselbe Geschlecht hat wie ich, ich finde ein Kind nicht automatisch sympathisch, weil es ein Kind ist, und ich lehne Männer nicht kategorisch ab, weil sie gern als das personifizierte Patriarchat gesehen werden. Davon abgesehen bin ich wie gesagt überzeugt, dass Männer auf anderen Ebenen genauso stark unter den sozialen Konstrukten leiden wie Frauen. Es gibt aus meiner Sicht wenige Gewinner dieser Gesellschaftsform. Um mein Statement zu untermauern: Ich hatte enorm wichtige männliche Mentoren und echt gute Freunde in meinem bisherigen Leben. Und ich habe einen Mann an meiner Seite, der meine Arbeit für mindestens so wichtig hält wie seine eigene.

Ich hatte insgesamt weitgehend Glück mit Männern. Dennoch musste ich wie so viele Mädchen bereits in der Schule und wie zahlreiche Frauen später am Arbeitsplatz die Erfahrung der sexuellen Belästigung machen. Wegen dieser negativen Erlebnisse mit einigen wenigen Männern habe ich allerdings nicht beschlossen, alle Männer zu verteufeln. Meines Erachtens sind Männer nur auf den ersten Blick die Begünstigten dieses Systems, das sich »Patriarchat« nennt. Denn in einer Gesellschaft, in der die Rechte, Möglichkeiten und Potenziale von Frauen so beschränkt gehalten werden, haben Männer zwar die Macht, können aber energetisch gesehen nicht wirklich frei und damit nicht im eigentlichen Sinne glücklich sein. Und damit sitzen sie in Wahrheit in einem ganz ähnlichen Boot wie wir.

Fällt dir was auf?

Erfolg ist in einer Welt, in der Männer die Zügel in der Hand halten, nicht für Frauen gedacht. Wenn wir Frauen das nicht langsam, aber stetig ändern, wird das für immer so bleiben. Das will keine von uns für die nachfolgenden Generationen an Frauen. Die sollen es leichter und besser haben. Wir sollten es uns aber selbst wert genug sein, das bereits jetzt – hier und heute – für uns zu unterbrechen, damit auch wir noch davon profitieren können. Klar könnte ich dazu sagen: »Denk an deine Tochter, Schwiegertochter, Enkelin, Nichte oder Patentochter und sei ihr ein gutes Vorbild, denn je mehr Role-Models von erfolgreichen Frauen es gibt, desto bestärkter wird sie sich darin fühlen, dass Erfolg ihr Recht als Frau ist.« Und das wäre wahr. Das reicht mir bloß nicht. Ich würde dich gern davon überzeugen, dass du etwas nicht nur aus Selbstlosigkeit und Fürsorglichkeit tust, sondern schon für dich selbst, weil du auch dir gegenüber eine Verantwortung hast, und weil du ebenfalls dieses Recht auf Erfolg hast. Wie du es geltend machst, dabei helfe ich dir im dritten Teil des Buches.

Warum Geld für viele Frauen ein Problem ist

»Aber ich dachte, Sie machen das ohne Bezahlung?« Mit diesem Satz überraschte mich ein Mann am anderen Ende der Leitung, der mir gerade ausführlich seine Lebensgeschichte erzählt hatte. Aufgrund eines Zeitungsartikels über meine Arbeit als Ghostwriterin hatte er mich angerufen – und ich dachte während seiner weitschweifigen Ausführungen zweifelsohne, er wolle im Anschluss eines meiner Angebote buchen.

»Wie kommen Sie darauf? Das stand doch so nicht im Artikel? Ich führe eine Textagentur und eine meiner Dienstleistungen ist das Ghostwriting. Damit verdiene ich meinen Lebensunterhalt, davon lebe ich.«

Die Enttäuschung am anderen Ende der Leitung war nicht nur hör-, sondern auch fühlbar: Der Mann fand seine Biografie so spannend, dass er sie unbedingt mit einer großen Leserschaft hatte teilen wollen. Da er nicht gut im Schreiben war, wäre ich ihm als Ghostwriterin gerade recht gewesen, nur Budget hatte er dafür keines bzw. war er nicht gewillt, Geld darin zu investieren. Meine Fähigkeiten, meine Erfahrungen als Autorin, ehemalige Verlagsleiterin, Journalistin, Autorencoachin und Lektoratsausbildnerin waren ihm keine Bezahlung wert. Er formulierte das so freilich nicht aus, sondern meinte leicht beleidigt klingend:

»Ich dachte, Sie schreiben so leidenschaftlich gern. So hatte ich das in diesem Artikel verstanden: dass Sie das aus Freude an der Sache machen.«

Ich fragte ihn, ob er denn in einer Werkstatt schon einmal darum gebeten hätte, die Reparatur seines Wagens gratis zu bekommen; oder beim Friseur, ob der Haarschnitt heute aufs Haus gehe – also nicht nur heute, sondern best-

möglich die kommenden paar Jahre, um annähernd an den Aufwand und die Kosten eines Ghostwritings zu kommen. Er entgegnete, dass das ja »etwas anderes« sei. Diese Begründung wagte ich zu hinterfragen und wollte schließlich wissen, womit er früher sein Geld verdient hatte. Das hat er mir nicht mehr beantwortet. Lediglich, dass das alles nicht vergleichbar wäre, weil ich doch so eine Begeisterung fürs Schreiben hege.

Ich war wirklich platt. Und ehrlicherweise sauer. Dieser mir fremde Mann hatte insgesamt knapp eineinhalb Stunden meiner Zeit beansprucht und war am Ende noch verschnupft gewesen, nicht bekommen zu haben, was er wollte. Ich hätte ein schlechtes Gewissen haben sollen, weil ich mich nicht dazu überreden ließ, ihm meine Arbeitszeit und meine Dienstleistung zu schenken?!

Den zweiten ähnlichen Anrufer habe ich bereits nach 15 Minuten unterbrochen, als mir meine Intuition sagte, er erwarte ebenfalls, ich würde gratis ein Manuskript für ihn erstellen, und beim dritten habe ich nach wenigen Sätzen klargestellt, dass das Ghostwriting eine komplexe und anspruchsvolle Dienstleistung und deshalb selbstverständlich entsprechend zu vergüten ist. Auch diese beiden waren wenig begeistert, hatten sie sich immerhin tatsächlich erhofft, durch Glück eine Frau gefunden zu haben, die ihnen aus purem Spaß an der Freude ihr Buch schreiben würde.

Alle drei Anrufer hatten aus meinem Business in ihren Köpfen offenbar ein Hobby gemacht, das ich ihrer Ansicht nach mit so viel Leidenschaft betrieb, dass mir die Freude an der Arbeit genug sein hätte müssen. In ihrem Weltbild war das wohl kein ernstzunehmender Beruf – und das passte womöglich dazu, dass ich eine Frau war, die ihn in diesem Fall ausübte. Ich frage mich, wie viele Männer eine ähnliche Erfahrung gemacht haben.

Was die Vergütung einer Dienstleistung, das Honorar für eine Arbeit betrifft, nehmen es manche Vertreter (ebenso Vertreterinnen) unseres Systems gern, wie es gerade praktisch für sie ist: Weil ich eine so begeisterte Schreiberin bin, hätte ich für Ghostwritings nichts verrechnen sollen. Wenn eine Frau weniger begeistert die Hausarbeit verrichtet oder sich für die Care-Arbeit verausgabt – weil das nun mal so ist, dass das die Frauen machen –, bekommt sie allerdings auch kein Geld als Ausgleich, wenn das sogar manchmal echtes Schmerzensgeld wäre. Wählt frau jedoch eine Aufgabe oder gestaltet sich als Unternehmerin den eigenen Beruf auf die Weise, wie er sie glücklich macht, dann sollte die Freude daran Lohn genug sein? Wie soll das bitte zusammenpassen? Kein Geld, wenn man es gern tut – und ebenfalls kein Geld, wenn man es nicht gern tut, es allerdings sonst keiner machen würde?

Bei mir sind diese drei Herren mit ihrer Meinung und ihrer Erwartungshaltung abgeblitzt. Ihre Saat ist nicht auf fruchtbaren Boden gefallen, obwohl sie subtil vermittelt hatten, dass ich mich dafür schämen oder zumindest schlecht fühlen sollte. Aber bei vielen anderen Frauen wären sie siegreich aus der Schlacht gezogen. Denn vor allem Frauen, die sich als Selbstständige in helfenden Berufen oftmals richtiggehend aufopfern, fühlen sich zu ihrem Dienst am Menschen meist berufen und haben deshalb des Gefühl, das könne nicht in Geld aufgewogen werden, also dürfe man gleich gar nichts dafür »verlangen«. Und das wird leider von manchen ihrer Klienten (manchmal auch von Klientinnen) schamlos ausgenutzt.

Dafür kann ich doch nichts verlangen!

Rund ums Geld ranken sich zahlreiche Widersprüche. Unser Selbstwert wird neben allem, was wir dazu schon behandelt haben, oftmals zusätzlich von unserem Kontostand beeinflusst. Wir fühlen uns weniger wertvoll, wenn wir uns etwas nicht leisten können. Andererseits haben wir Hemmungen, unseren Wert in Geldscheinen zu bemessen. Ganz schön verworren alles, oder?

Ein altbekanntes Gefühl unter Frauen:
»Mit Geld will ich mich nicht schmutzig machen.«

Wie tief es gehen kann, als Frau den Eindruck gewonnen zu haben, man dürfe, ja *wolle* kein Geld für die eigene Dienstleistung verlangen, zeigen die Gedanken einer meiner Bekannten dazu:

»Frauen tun sich schwer, ihren eigenen Wert zu erkennen, weil sie intuitiv nicht gegenrechnen würden, wenn das nicht notwendig wäre. Wir sind einfach mehr mit der Natur verbunden, erkennen ihren Wert – und die Natur verlangt und braucht kein Geld. Natur ist *einfach. Und wir Frauen* sind *ebenfalls einfach.*

Wären wir an der Macht, gäbe es möglicherweise gar kein Geldsystem, weil es ohne auch gehen würde. Wir werden aber in ein System abseits der Natur gezwungen und quälen uns damit ab, darin eine entsprechende Wertigkeit definieren zu müssen. Mir macht das Druck. Was ein Mensch ist und tut, hat für mich nichts mit Geld zu tun. Das ist eine indoktrinierte, konditionierte, systemtechnisch geprägte Geschichte. Mir gibt es immer viel mehr, wenn jemand nach einer Beratungseinheit die Freude am Leben wiederentdeckt und mir nach Wochen oder Monaten er-

zählt, was sich alles für ihn verändert hat. Mich erfreut das Wachstum von Menschen, wie mich alles in der Natur erfreut – und die Natur verlangt auch kein Geld von mir.

Ich hab da offensichtlich einen massiven inneren Konflikt. Für mich fühlt es sich einfach nicht richtig an, wenn ich am Ende eines erfolgreichen Termins die Hand ausstrecke und sage: ›Das kostet dieses oder jenes.‹ Das Geschenk, dass ich einem Menschen sein Lächeln zurückbringen konnte, ist so groß und mit nichts zu vergleichen, geschweige denn in Geld umzumünzen. Ich glaub, ich versteh das Geldsystem einfach nicht. Aber interessanterweise – und darin steckt ebenso ein Konflikt – kann ich den Wert anderer gut bemessen und bin, wenn es mein Kontostand zulässt, immer gern bereit, für die Dienstleistung anderer zu bezahlen.«

Erstaunlich, oder? Als ich sie nach diesem schriftlichen Monolog gefragt habe, ob es ihr im Sinne eines Tauschhandels leichter fallen würde, ihre eigene Dienstleistung zu bemessen, meinte sie, darüber müsse sie erst nachdenken. Später hat sie mir dann geantwortet: *»Nach langem Nachdenken muss ich zugeben, dass es mir auch da schwerfällt, exakt etwas zu nennen, wie etwa ›ein Sack Kartoffeln gegen eine Stunde Coaching‹. Ich glaub, dass den Wert einer Dienstleistung zu bemessen wirklich schwierig ist und das extrem vom Selbstwert abhängt.«*

Und damit ist sie der Sache dann schon selbst auf den Grund gegangen: Seinen Wert als Trainerin, Coach, Psychotherapeutin, Beraterin oder Energetikerin, um nur einige Berufssparten zu nennen, nicht in (genug) Geld bemessen zu können, hat etwas mit dem eigenen Selbstbild und dem eigenen Selbstwert zu tun. Und der ist bei Frauen oftmals im untersten Untergeschoss des Kellers im letzten Raum hinten links vergraben und droht dort zu verstauben, wenn wir uns seiner nicht annehmen.

Rechnungen ausstellen – ein Albtraum?

Ich habe noch keinen einzigen Mann kennengelernt, der ansatzweise ähnlich über Geld und sein berufliches Wirken nachgedacht hätte, doch schon etliche Frauen, die so oder ähnlich argumentieren, warum es sich für sie falsch anfühlt, Geld zu verlangen.

In diesem Kontext erinnere ich mich beispielsweise sofort an eine Physiotherapeutin, die mir ihren Konflikt diesbezüglich folgendermaßen geschildert hat: *»Ich weiß noch, wie ich gerade im ersten Jahr meiner eigenen Praxis dann irgendwie immer ein schlechtes Gewissen hatte, wenn ich einem Patienten am Ende eine Rechnung gegeben habe.«*

Lassen wir uns das bitte auf der Zunge zergehen, um es komplett zu verinnerlichen: Eine Physiotherapeutin hat (jedenfalls in Österreich) meist schon sechs oder zehn Sitzungen in Vorleistung gearbeitet (abgesehen davon, dass die Vorleistung nicht alles ist – es sind ja auch Kosten wie Strom und Miete zu berücksichtigen und das übernimmt sie in der Zeit alles auf eigene Rechnung). Diese Sitzungen verteilen sich üblicherweise über mehrere Wochen oder gar Monate, weil sich durchschnittlich ein Termin alle 14 Tage organisieren lässt. Sie hat jemandem in diesen vielen Stunden geholfen, damit es ihm körperlich besser geht. Sie hat also die Lebensqualität der betreffenden Person maßgeblich verbessert und das bei vollem Körpereinsatz. Nach dieser langen Zeitspanne stellt sie eine Rechnung aus, um ihre Arbeit vergütet zu bekommen und die laufenden Kosten decken zu können – noch dazu in vielerlei Fällen eine Rechnung, deren Betrag von der Gesundheitskasse anteilig rückerstattet wird. Und wenn sie diese Rechnung schließlich der bereits von ihrem Wirken profitiert habenden Person aushändigt, hat sie ein *schlechtes Gewissen*?!

Ich gehe davon aus, dass du entweder genauso schockiert bist, wie ich es war, als sie mir das gestanden hat –

oder aber, dass du dich in ihr wiedererkennst, wenn auch (hoffentlich) zumindest in abgeschwächter Form. Wenn wir genau hinsehen und du ehrlich zu dir selbst bist, falls du ähnliche Empfindungen in Bezug auf Geld haben solltest wie die Frauen, von denen ich dir gerade erzählt habe, dann wird rasch klar werden, dass dieser Haltung zwei Gegebenheiten zugrunde liegen: ein überaus geringer Selbstwert im Inneren – und ein richtig schlechtes Bild von Geld. (Darum werden wir uns im dritten Teil des Buches unter anderem genau mit diesen beiden Themen auseinandersetzen.) Unter Umständen erkennst du das daran, dass du dir bei selbstständigen Frauen ab und an mal gedacht hast, die bekämen den Hals nicht voll, weil du ihre Preise für zu hoch gehalten hast. Vielleicht hattest du dir dazu nicht überlegt, dass ihnen höchstens die Hälfte des jeweiligen Betrags bleibt, weil sie Steuern, Versicherungen und andere Abgaben bezahlen müssen. Hinzu kommen Vorleistungen wie die meist hohen Ausbildungskosten, die gerade deshalb alles andere als unerheblich sind, weil Frauen oftmals viel mehr Aus- und Fortbildungen absolvieren als Männer, bis sie es wagen, sich selbstständig zu machen. Womöglich bieten sie eine Leistung an, die dir das dafür veranschlagte Geld nicht wert ist, weil du nicht den Eindruck hast, davon zu profitieren. Oder du bist wie die meisten unter uns Frauen derart prägend darauf konditioniert worden, als Frau bescheiden zu sein, dass es dir nicht mal auffällt, wie du unbewusst jene Frauen darum beneidest, die aus diesem Spiel ausgestiegen sind und ihren Preis selbstsicher verlangen. Ich glaube nicht, dass Frauen einander böswillig sabotieren wollen, doch ich fürchte, dass das manches Mal ungewollt passiert, weil eben das Patriarchat über so verdammt lange Zeit hinweg dafür gesorgt hat, dass wir uns des Geldes nicht wert fühlen.

Ein häufiger Gedanke von Frauen:
»Darf ich das? Verdiene ich (so viel) Geld überhaupt?«

Aber Achtung: Diese antrainierte weibliche Zurückhaltung, mit der man das eigene Licht immer unter den Scheffel stellt, damit es bloß nicht auf einen selbst, sondern auf irgendwelche Männer (oder von mir aus auf andere Frauen, denn auch das kann selbstverständlich vorkommen) strahlt, die andernfalls in unserem Schatten stehen würden, hat nichts mit Dankbarkeit zu tun, die nämlich ein Baustein des Erfolgs und Glücks ist, während diese falsche Bescheidenheit dem Erfolg große Wackersteine in den Weg legt. Wenn du dich also (wieder?) einmal in der Situation befinden solltest, in der du die Preisvorstellungen einer Frau für frech hältst oder die Gehaltswünsche einer Kollegin oder Freundin für ungemäß, dann kannst du mit nur einer einzigen Frage an dich selbst ratzfatz überprüfen, ob die betreffende Frau wirklich übers Ziel hinausschießt und sich da in ihrem Marktwert vertut oder ob das Patriarchat in dir zugeschlagen hat: »Würde ich das genauso sehen, wenn sie ein Mann wäre?« Und erfahrungsgemäß sag ich dir: In drei von vier Fällen wirst du dir »Autsch!« als ehrliche Antwort geben. Wir haben einfach so lang gelernt, dass Männer mehr Geld verdienen müssen und dürfen als Frauen, dass sie mehr Fähigkeiten haben und darum mehr verlangen können, dass daraus ein mächtiger, tiefsitzender Glaubenssatz geworden ist. Es wird Zeit brauchen, um das zu *ver*lernen. Und das ist okay.

Wichtig ist, dass wir begreifen: Es geht nicht um Schuldzuweisung – es geht um Bewusstmachung.

Und es ist an der Zeit, dass wir wieder die Verantwortung für uns übernehmen. Das ist naturgemäß ein Prozess, an dem es nachhaltig zu arbeiten gilt. Und der erste wichtige Schritt ist dieses Erkennen der bislang in diesem Buch geschilderten Umstände und Zusammenhänge, damit es uns – und auch dir – wie Schuppen von den Augen fallen kann.

Mir ist ohne Frage bewusst, dass ich hier zwar aus meiner Sicht alle Themen, die den Selbstwert einer Frau betreffen, beleuchtet habe, es allerdings sein mag, dass du dich nicht bei jedem angesprochen gefühlt hast, obwohl du Probleme mit deinem Selbstwertgefühl hast. Aber solltest du auch nur an *einem* Punkt zumindest nachdenklich geworden sein oder überlegen, ob du richtig bist, wie du bist oder warum dir gewisse Dinge in deinem Leben nicht gelingen, dann empfehle ich dir, dich damit auseinandersetzen. Denn mit großer Wahrscheinlichkeit hat es nichts mit dir persönlich zu tun, sondern ist ein Resultat des einen oder anderen Themas, das ich in den ersten beiden Teilen dieses Buchs angesprochen habe. Ich hoffe und wünsche mir für dich, dass dir der nun folgende dritte Teil genau bei dieser Auseinandersetzung helfen wird!

Fällt dir was auf?

Viele Frauen mögen Geld nicht besonders. Sie hätten es nicht als Zahlungsmittel gewählt und in ihrer Vision von einer besseren Welt wäre es auch nicht notwendig, weil alle füreinander sorgen und miteinander ihre Gaben teilen und tauschen würden, sodass jeder hat, was zum Leben benötigt wird. Ich habe sogar von einem Dorf in Mexiko gehört, in dem heute und jetzt das Matriarchat herrscht und wo das gegenseitige Versorgen genau so gelebt werden dürfte.

Mehrheitlich mögen jene Frauen Geld nicht, die vergleichsweise stark verinnerlicht haben, dass es einerseits böse (weil es von Männern zur Unterdrückung anderer und für Kriege verwendet wird, um das mal ganz platt auszudrücken) und andererseits nicht für Frauen gemacht ist.

Solange wir aber in dieser Art von Gesellschaft leben, nicht aus diesem System aussteigen (können oder wollen), tun wir uns keinen Gefallen, uns selbst zu sabotieren, indem wir Geld schlechtmachen und von uns weisen. Wenn wir im Spiel mitmachen, haben wir wesentlich mehr Handhabe, es zu beeinflussen und letztlich etwas zu verändern. Und genau das wollen wir jetzt angehen, damit es sich für dich positiv verändern kann!

TEIL 3

Wie viel bist du wert? Bereit, über Nacht mehr zu verdienen?

Solang du nichts an deiner Situation änderst,
wird sich auch nichts an deinem Kontostand ändern.

Wenn du dich und dein Leben
in deinem Inneren als mangelhaft wahrnimmst,
wirst du im Außen keinen Wohlstand anziehen.

Sobald du dich selbst liebst,
können dich andere echt gern haben.

War dir klar, dass ...

... die Identität, die du dir selbst gibst, große Auswirkungen auf die Möglichkeit, dich zu verändern, hat?

... über einen längeren Zeitraum wiederholte Gedanken eines Tages zu deiner Realität werden?

... eine Studie gezeigt hat, dass Erfolg von der Einstellung zu Niederlagen abhängt?

Schritt 1: Mehr vom Leben – so begreifst du deinen Wert als Frau

»Zweifel zerstört mehr Träume, als es Versagen jemals könnte.« Diese Aussage stammt von der 1975 geborenen US-amerikanischen Filmregisseurin, Autorin und Aktivistin Suzy Kassem. Als ich diesen Satz erstmals gelesen habe, musste ich an folgende Situation aus meinem Leben denken: Es ist um die zweieinhalb Jahrzehnte her, dass meine angeheiratete Cousine, damals noch Schülerin und ich einige Jahre älter und schon Studentin, im doppelten Wortsinn zu mir aufblickte und meinte: »Ich könnte das nicht … studieren. Dafür bin ich nicht gescheit genug.« Ich war verdutzt bis irritiert, dass ein Mädchen dieses Alters bereits einen solchen Glaubenssatz verankert hatte und hab sie vom Gegenteil zu überzeugen versucht – ihr erklärt, dass sie das ganz bestimmt genauso könnte. Und das hat sie definitiv: Sie ging nach der Schule in die Schweiz, hat tatsächlich studiert und eine bemerkenswerte Karriere hingelegt. Sie hat ihr mangelndes Selbstwertgefühl überwunden, ihre Selbstzweifel hinter sich gelassen und war erfolgreich damit.

Ich habe in meinem bisherigen Leben – und besonders in den vergangenen zehn Jahren meiner Selbstständigkeit – dermaßen viele Frauen kennengelernt, die wie meine Cousine bewusst oder unbewusst an sich selbst zweifelten, indem sie Gedanken wie »Ich kann das nicht«, »Das schaffe ich bestimmt nicht«, »Dafür bin ich nicht gut genug« oder »Bestimmt sind andere viel besser und ich sollte es deshalb lieber gleich bleiben lassen« über die Jahre zu ihren inneren Überzeugungen gemacht haben. Wenn du ebenfalls immer wieder an deinem Wert als Frau zweifeln solltest, hat dir das Lesen von Teil 1 und 2 dieses Buches hoffentlich bereits in einem ersten Schritt geholfen. Mein Ziel war es auf den vorangegangenen Seiten, dir die Ursachen für diesen Umstand und die Zusammenhänge in Bezug auf ihn in Erinnerung zu rufen. Vielleicht hast du manches geahnt oder dich schon damit beschäftigt, aber wir verdrängen unangenehme Fakten gern, wenn es um ein konkretes Problem geht.

In diesem dritten Teil gebe ich dir nun zusätzlich Übungen und Aufgaben mit auf den Weg, die dir dabei behilflich sein werden, deinen finanziellen und wirtschaftlichen Erfolg trotz aller potenziell widrigen und erschwerenden Umstände ab jetzt selbst in die Hand zu nehmen.

Es steht dir zu, reichlich Geld für deine Leistung zu erhalten. Das hast du definitiv verdient.

Du fragst dich vielleicht, woher ich überhaupt wissen kann, dass du ein wertvoller Mensch bist, der *mehr* vom Leben verdient hat – und dass du viel mehr kannst, als du zeigst. Immerhin kenne ich dich doch gar nicht. Das ist einfach erklärt: Ich weiß das, weil du dieses Buch nicht lesen würdest, wenn es anders wäre.

Wärst du kein wertvoller Mensch, würdest du dich nicht mit der Entwicklung deiner Persönlichkeit auseinandersetzen, wärst nicht reflektiert und nicht bereit, dazuzulernen, hättest kein Interesse daran, an deinem Mindset zu arbeiten und dich positiv zu verändern – und du würdest diese Zeilen hier nicht lesen (wollen). Darum bin ich überzeugt davon, dass du es verdient hast, mehr zu verdienen (haha, Wortspiel!), und dass du genug auf dem Kasten hast, um das zu schaffen.

Wenn der Selbstwert von äußeren Attributen abhängt

Ich habe weiter vorn schon darauf hingewiesen, dass etliche Frauen ihren Selbstwert von der Einschätzung ihres eigenen Aussehens abhängig machen. In meinen Beratungen erlebe ich oft, dass (angehende) Unternehmerinnen sich nicht öffentlich zeigen möchten, weil sie sich nicht schön oder nicht »gut genug« fühlen und befürchten, dass andere sie kritisieren könnten, wenn sie zu viel von sich persönlich preisgeben. Darum kommen sie ewig nicht in die Sichtbarkeit, trauen sich auf keine Bühne und präsentieren sich nicht gern in Videos – aus Angst vor potenziell kränkendem Feedback und aus dem Schamgefühl heraus, nicht dem gängigen Schönheitsideal zu entsprechen. Ganz ehrlich: Mir ging's da nicht anders. Wenn man sich öffentlich zeigt, liefert man sich aus – besonders als Frau.

Du erinnerst dich an meine Einladung in Stefan Raabs »TV total«? Was glaubst du, war danach unter dem Videoclip vom Sendungsausschnitt meines Auftritts zu lesen? Gaaaaaaanz viele Menschen hatten gaaaaaaanz eindeutige Meinungen über mich, die sie gaaaaaaanz offen miteinander geteilt haben. Die meisten der Kommentare zeigten eine freundliche, mir wohlgesonnene Haltung: »Die ist ja echt sympathisch«, »Ich find sie süss«, »raab geht mir aufn sack, lässt sie nicht ausreden, fällt ihr ins wort … unglaublich« oder »der redet einem gast ja non-stop ins wort … und hat anscheinend keine ahnung von der autorin und ihrem buch« zeugen davon, dass mir diese Menschen nichts Böses wollten. Anders sieht's da schon mit folgenden Meldungen aus: »Diese Frau labert soviel Blödsinn« oder »Pamela sollte lieber Pämela werden, sie würde mehr Geld damit verdienen ^^«. Da auch ich mit dem Ansinnen aufgewachsen bin, schön sein zu müssen, hat mich vor allem dieser Kommentar tatsächlich getroffen: »Find sie nicht so hübsch für eine Treuetesterin« (mal abgesehen davon, dass ich keine Treuetesterin war, sondern eine Journalistin). Das Posting direkt darunter fand ich genauso unpassend: »Diese Frau ist so hoooooot!« Weder möchte ich nämlich als zu wenig attraktiv für irgendetwas bewertet noch zum Objekt degradiert werden, wie du sicherlich nachempfinden kannst. Aber nicht einzig unter diesem Video gibt es zahlreiche Bemerkungen, die ich lieber nicht gelesen hätte: Sogar unter einem meiner Hörbücher auf *YouTube* lassen sich die Userinnen und User nicht hauptsächlich über technische Probleme beim Abspielen oder die Sprechweise des Vorlesers aus, sondern posten Anmerkungen wie »Pam, du bist so hot!« Das gefällt mir nicht, manchmal trifft es mich richtiggehend, also habe ich aufgehört, Kommentare zu lesen (erst für dieses Buch bin ich sie durchgegangen), denn ein »We love Pamela O.!« an anderer Stelle kann nicht dafür entschädigen, dass ich immer wieder sexualisiert werde und das nicht möchte.

Selbstverständlich geht es nicht nur ums Aussehen, wenn das auch gerade bei uns Frauen das Hauptaugenmerk ausmacht, lange bevor uns inhaltlich Aufmerksamkeit geschenkt wird. *Alles,* was man tut, wird bewertet und beurteilt. Du bist nicht bloß entweder zu dick oder zu dünn, zu gestylt oder zu pur. Du bist außerdem mit deinem Auftreten den einen zu laut, den anderen zu leise, mit deinen Inhalten den einen zu ausführlich und den anderen zu oberflächlich und so weiter und so fort. Unter einem meiner Hörbücher hat sich eine Frau darüber beschwert, dass das Buch sich zu lange damit aufhält, zu erklären, was die Hörerschaft in den folgenden Stunden alles erfahren wird, anstatt gleich mit den Inhalten losgelegt zu haben. Die meisten wünschen sich aber nun mal genau einen solchen Überblick, ein Heranführen an das, was kommt und eine Vorschau auf das, was sie lesen oder hören werden. Die wichtigste Erkenntnis für dich:

Du wirst es niemals allen recht machen können.

Es geht darum, dich auf die Menschen zu konzentrieren, denen gefällt und hilft, was du tust und die dich nicht verurteilen, sondern so gut finden und sein lassen, wie du bist.

Trotzdem will ich nichts beschönigen: Je präsenter du wirst, desto mehr Menschen – Männer wie Frauen – werden eine Meinung zu dir haben und sie ungefragt kundtun. Doch da Sichtbarkeit unter Umständen eine wichtige Zutat für deinen nachhaltigen Erfolg ist, solltest du dich von diesem Risiko nicht davon abhalten lassen, dich öffentlich mit dem, was du kannst und was du weißt, zu zeigen. Das gilt nicht nur für Unternehmerinnen. Auch Angestellte müssen oft eine Präsentation übernehmen, einen Vortrag halten oder sollen sich, wenn von der Firma gewünscht, etwa in Social-Media-Videos zeigen und damit das betreffende Produkt oder die betreffende Dienstleistung vertreten. Und genau davor haben viele Frauen eine Riesenangst, werden bei einem solchen Auftrag unsicher oder mögen es einfach nicht, öffentlich das Wort zu ergreifen und damit im Spotlight zu stehen.

Mein Tipp: Probier das alles aus – am besten, nachdem du diesen dritten Teil des Buches durchgearbeitet hast. Lass dir das nicht nehmen, nur weil manche Menschen nicht nachdenken oder nicht behirnen, dass man besser schweigt, als etwas Gemeines zu sagen oder online zu hinterlassen. Das habe ich auch nicht. Noch nie habe ich mich so weit rausgelehnt und so viel von mir preisgegeben wie in diesem Buch, das du gerade liest. Das würde ich nicht gewagt haben, wenn ich mir nicht inzwischen zumindest einige Teflonqualitäten aneignet hätte. Meines Erachtens ist das Nichtlesen solcher Kommentare die einzige Lösung neben der, den eigenen Selbstwert so zu stärken, dass diese Dinge an einem abprallen. Und das ist selbstredend die weitaus bessere Methode.

Vom Selbstzweifel über die Selbstliebe zum Selbstwert

»Ich darf nicht zu fordernd sein, sonst wirke ich egoistisch oder vermessen«, »Um akzeptiert zu werden, muss ich mich zurücknehmen und zugänglich verhalten«, »Ich sollte mich nicht zu stark auf meine Karriere konzentrieren, ansonsten könnte das meine Chancen auf eine Partnerschaft beeinträchtigen, weil Männer es nicht mögen, wenn Frauen zu erfolgreich sind!« Das sind bloß einige der Überzeugungen, die sich viele Frauen im Laufe ihres Lebens aneignen und die ihnen Richtlinien dafür geben, wie sie sich an die gesellschaftlichen Normen anzupassen haben. Wie besprochen betrifft das längst nicht nur das Äußere, wenn auch Haltungen wie »Alle Frauen in den Medien sind dünn, also muss ich ebenfalls so aussehen« und »Ich muss bestimmte Kleidung tragen, um respektiert zu werden und damit meine Kompetenz nicht infrage gestellt wird« sicher unter den Top 10 rangieren. Doch es gibt so viel mehr, was die weibliche Geschlechterrolle ausfüllt und ganz oben auf dieser Liste steht wohl, dass manche Frauen es nicht wagen, sich gegen die Mutterschaft und damit gegen eine der für sie vorgesehenen Hauptrollen in der Gesellschaft zu entscheiden, weil sie fürchten, sonst nicht als vollständige Frau betrachtet zu werden, weil von Frauen faktisch erwartet wird, Kinder zu bekommen und sich um die Familie zu kümmern. Auch höflich zu bleiben oder gar unterwürfig zu agieren, obwohl sich eine Frau in einer Situation oder einem Gespräch längst nicht mehr wohlfühlt, ist etwas, das häufig vorkommt, weil wir Frauen gelernt haben, immer freundlich und nett sein zu müssen, um akzeptiert zu werden.

Glennon Doyle, eine US-amerikanische Autorin und Queer-Aktivistin, bringt es in ihren Büchern »Ungezähmt« und »Ungebrochen« auf den Punkt: »Wenn eine Frau endlich lernt, dass es unmöglich ist, der Welt zu gefallen, kann sie lernen, sich selbst zu gefallen.« Glennon Doyle kann ein Liedchen davon trällern, da sie sich »selbst abhandengekommen« ist, als sie zehn Jahre alt war, wie es in ihrer Kurzbiografie heißt. Ihre Abrechnung mit Konditionierung und Unterdrückung in wenigen Worten: »Der Inbegriff der Weiblichkeit besteht darin, sich selbst vollkommen zu verleugnen. Das ist das Endziel jeder patriarchalischen Struktur. Denn der effektivste Weg, Frauen zu kontrollieren, ist, sie dazu zu kriegen, sich selbst zu kontrollieren.«

Du sollst dich aber nicht (länger) kontrollieren, um anderen zu gefallen oder in die gesellschaftlichen Normen zu passen.

Du darfst dich annehmen und lieben lernen, um dein Leben so zu leben, wie es dich erfüllt und sich für dich sinnstiftend anfühlt!

Solltest du gar nicht sicher sein, ob in Bezug auf deine Selbstliebe Luft nach oben ist oder ob du tatsächlich ein schwaches Selbstwertgefühl und/oder starke Selbstzweifel hast, dann lies dir die folgenden Aussagen aufmerksam durch und zähle mit, bei wie vielen ein deutliches »Ja, genau!« in dir kommt:

- Es ist mir wichtig, was andere von mir denken und wie sie über mich reden.
- Ich habe oft das Gefühl, nicht gut genug zu sein in dem, was ich tue.
- Es ist mir zutiefst unangenehm, wenn ich vor einer Gruppe von Menschen reden soll.
- Ich bin eine Perfektionistin und es ist mir wichtig, immer 100 Prozent zu geben.
- Meines Erachtens habe ich im Vergleich mit anderen keinerlei besondere Talente, Fähigkeiten oder Begabungen.

- Es fällt mir schwer, für mich einzustehen und mich für mich selbst starkzumachen.
- Wenn viele Augenpaare auf mich gerichtet sind, bekomme ich schnell Angst, mich zu blamieren. Es wäre mir beispielsweise unendlich peinlich, zu stolpern, hinzufallen oder irgendwie doof herumzustottern.
- Ich finde vieles an mir nicht gerade schön und mach mir häufig Gedanken darüber, ob ich unattraktiv bin und wie ich das Level meiner Attraktivität anheben könnte (durch Diäten, Schönheitsoperationen oder eine andere Frisur).
- Ich stehe einfach ungern im Mittelpunkt. Das mag ich bei meinen Geburtstagsfesten nicht besonders und schon gar nicht im beruflichen Kontext.
- Ich habe oft ein schlechtes Gewissen, auch wenn ich weiß, dass ich keines zu haben bräuchte.
- Wenn etwas nicht klappt, das mehrere Menschen betrifft, suche ich automatisch die Schuld bei mir – so auch, wenn ich Streit mit meinem Partner/meiner Partnerin, jemandem aus meinem Freundeskreis oder mit einem Familienmitglied habe.
- Um Konflikte zu vermeiden, sage ich häufig nicht, was ich wirklich denke oder will, sondern halte mit meiner Meinung oder meinem Anliegen hinterm Berg.
- Ich fühle mich relativ schnell gekränkt oder angegriffen, sagen meine Freunde.
- Wenn ich eine andere Frau kennenlerne, vergleiche ich mich meistens mit ihr: Ist sie schöner als ich? Ist sie eloquenter als ich? Ist sie erfolgreicher als ich?
- Wenn ich mich mit anderen Frauen vergleiche, schneide ich so gut wie immer schlechter ab.
- Auf ein Lob, anerkennende Worte oder ein Kompliment weiß ich meistens gar nicht, was ich entgegnen soll.
- Ich bewundere Leute, die auf der Bühne stehen. Das könnte ich nicht.

- Wenn mich jemand verbal angreift, fühle ich mich wie ohnmächtig und verstumme augenblicklich. Erst später fällt mir ein, was ich hätte erwidern können. Darüber ärgere ich mich dann irrsinnig.
- Ich beneide andere Frauen um deren bessere Jobs oder deren Erfolg.
- Ich glaube, ich bin in nichts so richtig gut. Bei allem, was ich ganz passabel kann, fällt mir jemand ein, der darin noch wesentlich besser ist als ich.
- Ich bemühe mich meistens automatisch, es allen recht zu machen, um nirgends anzuecken und von niemandem abgestraft zu werden.
- Wenn ich ehrlich bin, wäre ich gern Everybody's Darling. Die Vorstellung, man könnte mich nicht mögen, halte ich nur schwer aus.
- »Nein« zu sagen, fällt mir nicht gerade leicht, denn ich bin sehr harmoniebedürftig und fürchte einen Konflikt.
- Wenn ich einen Fehler gemacht habe und der auffliegt, ist mir das unendlich peinlich und ich mache mir lang Vorwürfe deshalb.
- Tief in meinem Inneren sehne ich mich sehr nach der Anerkennung anderer Menschen. Ich würde auch mal gern Applaus für meine Leistungen bekommen – und gleichzeitig habe ich irgendwie Angst davor.
- Ich mag mein Spiegelbild nicht besonders, lasse mich ungern fotografieren, geschweige denn filmen, und nackt laufe ich noch nicht mal bei mir zu Hause rum, weil ich mich so unwohl in meinem Körper fühle.
- Ab und zu denke ich mir, dass ich alles Schlechte, was mir in meinem Leben widerfahren ist, wohl verdient habe.
- Ich kann mich erinnern, dass ich mich als Kind meist ungeliebt gefühlt habe.
- Wenn ich klüger/geistreicher/schöner/schlanker wäre, hätte ich es sicher leichter.

- Einige Männer in meinem Leben haben mich nicht besonders gut/respektvoll/wertschätzend behandelt (Vater, Bruder, Chef, Partner, Kollege).
- Manchmal wünschte ich, ich wäre jemand anders.
- Ich hab oftmals das Gefühl, etwas falsch zu machen oder so, wie ich bin, falsch für andere oder die Gesellschaft an sich zu sein.

Ein, zwei oder drei dieser Aussagen bejahen zu können, würde noch nicht unbedingt dafür stehen, dass dein Selbstwert zu gering ist. Wenn es aber vier oder mehr sind, dann sollten wir ihn auf alle Fälle aufpäppeln. Zunächst ist es dafür essenziell, dass dir eines klar wird:

Selbstzweifel sind auch bloß eine falsche Überzeugung und eine schlechte Angewohnheit.

Und wir wissen: Gewohnheiten kann man ändern. Unsere Gedanken und unser Verhalten bestehen zu etwa 45 Prozent aus Gewohnheiten. Das ist prinzipiell hilfreich, denn bei all den Eindrücken, die tagtäglich über uns hereinprasseln, bringen sie eine gewisse Sicherheit und Routine in unser Leben – wenn wir beispielsweise nicht darüber nachdenken müssen, wie unser Auto zu bedienen ist oder welchen Weg wir zum nächstgelegenen Supermarkt nehmen sollen. Einige unserer Gewohnheiten tun uns allerdings nicht gut. Diesbezüglich brauche ich sicherlich nicht auszuholen, sondern exemplarisch nur ein paar Stichworte zu nennen: zu wenig Schlaf, ungesunde Ernährung, zu wenig Bewegung, Rauchen oder (zu viel) Alkohol trinken (wobei die beiden letztgenannten Beispiele schnell von einer Gewohnheit zu einer Sucht werden können und deshalb ein wenig anders zu bewerten sind). Uns selbst abzuwerten, kleinzuhalten oder ständig zurückzunehmen gehört ebenfalls auf diese Liste, wenn es auch nicht unter die klassischen Gewohnheiten fällt. Darum schildere ich das Folgende zuerst anhand eines gängigeren und deshalb leichter verständlichen Beispiels.

Wenn jemand regelmäßig und über einen längeren Zeitraum zu fett- und zuckerhaltig isst, laufen wie bei allen Gewohnheiten drei Stufen in ihm ab: Es gibt einen Anreiz, die darauffolgende Handlung als Antwort auf den Anreiz und die Belohnung. Im Falle der schlechten Ernährungsweise als Trostpflaster oder zum Entspannen bedeutet das: Die betreffende Person hat sich über jemanden geärgert oder fühlt sich in der Arbeit gestresst. Das weckt in ihr das Verlangen nach einem Stück Schokoladentorte, weil sie sich angewöhnt hat, auf derartige Situationen mit Süßigkeiten als Trost oder zur Beruhigung zu reagieren. Das Gehirn verknüpft dieses Verhalten (das Essen der fett- und zuckerhaltigen Torte) mit Entspannung. Und als Belohnung dafür schüttet es Endorphine aus, die dann tatsächlich kurzfristig glücklich und zufrieden machen. Diese Handlung gänzlich zu unterlassen, würde eine innere Unruhe auslösen, weil der belohnende Botenstoff Endorphin plötzlich wegfallen würde. Aus diesem Grund kann das nicht die Lösung sein, sondern es geht darum, ein neues Entspannungsritual als Ersatz für das bisherige, unterm Strich eher schädliche zu finden. Ideal wäre in diesem Beispiel etwa das Auspowern mit einer Runde um den Block oder im Wald – oder sich eine Meditation zu gönnen. Selbstverständlich ist das gerade zu Beginn alles andere als leicht, aber durchaus machbar. Nach etwa zwei Wochen beginnen sich nämlich die Verbindungen im Gehirn schon zu verändern und es wird zum Freund und Helfer, indem es anfängt, das neue Muster zu belohnen. Das hält wiederum die Motivation hoch und wenn die betreffende Person mit dem Hang zu Süßem drei bis sechs Monate durchhält, ist das neue Verhalten schließlich so tief verankert, dass sie sich nicht mehr dazu überwinden muss, aufs Meditationskissen zu sinken, anstatt den Eisbecher aus dem Gefrierschrank zu nehmen, sondern das praktisch automatisch abläuft.

Mit dir selbst solltest du keine Kompromisse eingehen.

Schlechte Angewohnheiten können also nicht einfach ausradiert oder gelöscht werden, doch es ist möglich, sie durch neue zu ersetzen, indem die alten Muster überschrieben werden. Und das zahlt sich wirklich aus und ist die ganze Mühe wert.

Denn ein geringer Selbstwert konnte durch die Angewohnheit, geringschätzig über dich zu denken wachsen, gedeihen und sich festsetzen, indem du wiederholt negativ von dir selbst gedacht und dich selbst abgewertet hast, sobald dir eine Sache nicht gut gelungen ist oder du etwas an deinem Äußeren nicht schön genug fandest. Damit du da gedanklich jetzt nicht abbiegst: Daran hast du keine Schuld! Weil Frauen über Jahrhunderte bis in die Gegenwart gering gehalten wurden, ist es völlig nachvollziehbar, wie es zu diesen für dich selbst schlechten Gewohnheiten gekommen ist, durch die du dich sehr wahrscheinlich über Jahre oder Jahrzehnte regelmäßig abwertend über dich denken und reden gehört hast: »Dafür bin ich nicht gut genug«, »Andere können das sicher besser als ich«, »Ich halt lieber den Mund, denn vermutlich wäre das, was ich zu sagen habe, gar nicht besonders klug oder interessant«, »Die finden mich bestimmt schrecklich, weil ich nicht so hübsch bin«, »Mein Hintern ist viel zu fett, als dass mich der sympathische neue Kollege attraktiv finden könnte« oder »Ich frag lieber nicht nach einer Gehaltserhöhung – so spar ich mir die Abfuhr« könnten nur einige dieser Gedanken oder Aussagen gewesen sein. Richtig?

Du darfst jetzt lernen, deine
destruktiven Gedanken zu erkennen,
bevor sie dich kontrollieren und manipulieren!

Wenn du dich näher damit auseinandersetzen möchtest, lege ich dir mein Buch »Mein innerer Tyrann – über die Kunst, sich nicht selbst im Weg zu stehen« ans Herz, in dem der bekannte Beziehungscoach Dominik Borde und ich uns genau diesem Thema ausführlich gewidmet haben. Womöglich hilft dir schon diese Überlegung dabei, ab sofort weniger hart mit dir ins Gericht zu ziehen, sondern aus deinen negativen Gedanken über dich liebevolle, nachsichtige und fürsorgliche zu machen:

Sich selbst abzulehnen, hat noch niemanden
schöner, schlanker, beliebter, erfolgreicher
oder gar glücklicher gemacht.

Wenn du dich für deine Fehler, Unzulänglichkeiten, Schwächen oder angeblichen Mängel ablehnst, führt das im Gegenteil dazu, dass du dich innerlich unwohl, klein und schwach fühlst. Davon hat niemand etwas und so würdest du wahrscheinlich mit niemandem sonst umgehen. Darum starten wir gleich damit, deinen kränklichen Selbstwert heilen und gesunden zu lassen, damit er sich endlich adäquat entwickeln und stark werden kann.

Mach bitte als Erstes die folgende Übung. Sie ist recht einfach durchzuführen: Beantworte eine Frage nach der anderen so ausführlich wie möglich, und das am besten schriftlich. Nimm dir dafür genug Zeit und sorge dafür, dass du allein bist, also deine Ruhe hast, um dich vollständig darauf einlassen zu können!

Die Freundschafts- oder Fanbrille

Welche Frauen aus deinem weiteren Umfeld (Arbeitskolleginnen oder Geschäftspartnerinnen bzw. Kundinnen, eine bestimmte Ärztin oder die Lehrerin deines Kindes vielleicht) magst, schätzt oder bewunderst du?

✦ Notiere jeden einzelnen Namen und schreib zu jedem Namen dazu, was genau du an der betreffenden Frau magst, schätzt oder bewunderst! ✦

Welche Frauen aus deinem unmittelbaren Inner Circle (Familie, Freundeskreis) liebst oder bewunderst du besonders – und was liebst oder bewunderst du an ihnen?

✦ Notiere auch hier jeden Namen und schreib dann jeweils dazu, was es ist, das du an dieser Frau liebst oder bewunderst! ✦

Welche Frauen des öffentlichen Lebens (Schauspielerinnen, Sportlerinnen, Politikerinnen, Sängerinnen, Entertainerinnen, Kabarettistinnen bzw. Comedians, Moderatorinnen, Influencerinnen) findest du ausnehmend großartig, bewunderns- und beachtenswert?

✦ Notiere wiederum jeden Namen einzeln und schreib danach jeweils dazu, was es ist, das du an dieser Frau toll findest und womit sie dich in ihren Bann gezogen hat! ✦

Als Nächstes geh nochmal deine Antworten durch und überprüf, wie viele der genannten Punkte sich ausschließlich auf deren Äußeres beziehen!

✦ Ringle diese Punkte ein oder mach ein Kreuzchen neben sie, damit du sie unkompliziert zählen kannst! Möglicherweise waren es ja gar nicht besonders viele. Wenn das der Fall ist, dann geh all diese Frauen gedanklich nochmals durch und schreib mit einem Stift anderer Farbe auf, was du an ihnen schön findest! ✦

Und jetzt nimm die liebevolle, wertschätzende Brille nicht ab, die du während der Beantwortung der vorangegangenen Fragen aufgesetzt hattest, sondern lass sie bewusst drauf, wenn du dich selbst nach denselben Parametern betrachtest und bewertest: Was an dir ist liebenswert? Was an dir ist bewundernswert? Was an dir schätzt du? Wofür würdest du dich selbst bewundern, wenn du dich weniger kritisch sehen könntest? Was an dir und deinem Körper ist schön?

✦ Schreib ungefiltert alles auf, was dir einfällt! ✦

Diese Übung war zum Aufwärmen. Denn wahrscheinlich fällt es dir recht leicht, andere Frauen toll zu finden, über deine beste Freundin ins Schwärmen zu geraten oder einen weiblichen Filmstar zu bewundern. Nun solltest du darauf vorbereitet sein, dasselbe in dieser Stimmung ausführlicher und intensiver auch bei dir zu schaffen. Denn jetzt gehen wir einen Schritt weiter, indem du dich noch genauer mit deinen eigenen Stärken auseinandersetzen wirst. Damit das gut machbar ist, hab ich die Überlegungen diesmal in der Ich-Perspektive formuliert. Beantworte dafür erneut jede einzelne Frage so ausführlich wie möglich und mach das achtsam und mit deiner vollen Aufmerksamkeit!

Fokus auf deine Stärken und Vorzüge

Was hab ich als Kind gern gemacht? Was konnte ich so richtig gut?

Woran mache ich rückblickend fest, dass ich in dem, was ich gern gemacht habe, so richtig gut war?

Was von dem, was ich richtig gut konnte, hat damals einen positiven Eindruck bei den Menschen in meinem Umfeld hinterlassen?

Worin bin ich jetzt als Erwachsene so richtig gut?

Woran kann ich das, worin ich so richtig gut bin, festmachen? Wie zeigt sich das für mich? Wie zeige ich das nach außen und wie wird das von meinem Umfeld wahrgenommen?

Was hab ich in meinem aktuellen oder vorherigen Job so richtig gut gemacht?

Weswegen bin ich ein Gewinn für die Gemeinschaft (meine Familie, mein Team, meinen Freundeskreis)?

Mach dein Mindset zu deiner besten Freundin!

Du liest das hier sicher nicht zum ersten Mal: Unser Mindset hat enormen Einfluss auf unseren Erfolg und die Kommunikation mit unseren Mitmenschen. Genauso großen Einfluss hat es auf unser Selbstwertgefühl. Und in diesem Kontext sehen wir uns die Sache mit der inneren Einstellung genauer an.

Zunächst ein gut nachvollziehbares Beispiel aus dem beruflichen Alltag oder aus der Schulzeit, wenn wir gedanklich einen Zeitsprung nach hinten machen wollen: Wenn ich ständig über jemanden motze, meine Erstreaktion stets ein Jammern, Augenrollen oder ein Beschweren ist, wenn ich immer erzähle, was alles gerade schwierig ist – dann hat das Auswirkungen auf das vollständige Team bzw. auf die gesamte Schulklasse. Das ist einleuchtend, oder? Darum ist es wichtig, auf die eigene Energie zu achten, weil die etwas mit dem Gegenüber macht – aber eben nicht nur mit unserem Gegenüber, sondern auch mit uns selbst. Andere Menschen können uns aus dem Weg gehen, doch wir selbst nehmen uns mit all unseren Gedanken zwangsläufig rund um die Uhr überallhin mit.

Die US-Psychologin Carol Dweck hat zur inneren Einstellung und zum daraus resultierenden Selbstbild diverse Untersuchungen durchgeführt und dabei etwas Bahnbrechendes entdeckt: Es gibt zwei Arten von Menschen, was das Mindset betrifft, nämlich welche, die ein statisches Selbstbild haben, und solche, die mit einem dynamischen Selbstbild durchs Leben gehen.

Wer ein statisches Bild von sich verinnerlicht hat, durch dessen Gehirnwindungen zischen regelmäßig Gedanken wie die folgenden:

- »Da kann man jetzt nichts mehr machen.«
- »Das lohnt sich überhaupt nicht.«
- »Es ist eben, wie es ist.«

Menschen mit einem dynamischen Selbstbild denken eher in diese Richtung:

- »Ich werde das schon irgendwie hinbekommen.«
- »Ich versuche es einfach und werde mein Bestes geben!«
- »Macht nichts, dass das diesmal nicht geklappt hat, ich werde fürs nächste Mal daraus lernen.«

Genau diese Sätze können teils bis in die Kindheit eines Menschen zurückverfolgt werden, denn sie sind es, die wir häufig – eben in die eine oder andere Richtung – über uns selbst als etwas Ermunterndes von den Erwachsenen gehört haben: »Versuch es und gib dein Bestes – dann wird es dir sicher gelingen!« oder als demotivierendes »Das hat wohl nicht geklappt. Da kann man nichts machen …« Du erinnerst dich, dass wir im Kapitel über Selbstwert bereits davon gehört haben. Was liegt nun diesen unterschiedlichen Aussagen von anderen und späteren eigenen Gedankengängen zugrunde? Was unterscheidet diese beiden Menschentypen folglich voneinander? Die mit einem statischen Selbstbild betrachten grundlegende Eigenschaften ihrer Persönlichkeit als fest angelegt und damit als nicht veränderbar. Doch die mit einem dynamischen Selbstbild gehen davon aus, dass sie ihre Persönlichkeit durch Übung und Lernen entwickeln und verändern können.

Wie hat die Psychologin das entdeckt? Sie hat 13- und 14-Jährige zwei Jahre lang beobachtet und innerhalb dieses Zeitraums hat sich gezeigt, dass die Mathematik-Noten von jenen mit einem dynamischen Selbstbild immer besser wurden, während die von jenen mit einem statischen Selbstbild zusehends schlechter wurden. Die Jugendlichen mit statischem Selbstbild haben sich in dieser Phase vorranging darauf konzentriert, im Außen gut dazustehen, um bloß nicht als dumm eingeordnet zu werden. Sie haben Herausforderungen gemieden und nur oberflächlich gelernt, weshalb sie auch nicht besser wurden. Die mit einem dynamischen Selbstbild haben sich im Unterschied dazu nicht um ihre Außenwirkung gekümmert. Sie haben sich stattdessen auf jede herausfordernde Aufgabe eingelassen, weil es ihnen ein gutes Gefühl beschert hat, sich ums Besserwerden zu bemühen. Das Spannendste war der völlig unterschiedliche Umgang mit Fehlern: Die Teenager mit dem statischen Selbstbild haben versucht, ihre Fehler zu vertuschen, sich zu verteidigen, bei Prüfungen zu schummeln und die Schuld bei anderen gesucht – und all das aus der Motivation heraus, nicht für dumm gehalten zu werden. Ihr wenig ausgeprägtes Selbstwertgefühl hat sie so gesehen auf die völlig falschen Dinge fokussieren lassen. Die mit einem dynamischen Selbstbild sind hingegen offen mit ihren Fehlern umgegangen, weil ihnen klar war: Niederlagen gehören nun mal dazu. Sogar das Gehirn der Jugendlichen hat komplett unterschiedlich auf Fehler reagiert: Die Gehirnströme derer mit einem dynamischen Selbstbild waren während des Produzierens eines Fehlers hochaktiv, also engagiert. Bei denen mit einem statischen Selbstbild war das Gehirn in diesem Zustand kaum aktiv. Simpel heruntergebrochen könnte man sagen: Das Gehirn hat gezeigt, dass diese Teenager mental vor ihrem aktuellen Problem davonlaufen wollten.

Erfolg hängt von der Einstellung zu Niederlagen ab.

Wenn du an dich selbst oder andere Frauen aus deinem Umfeld denkst und den Eindruck haben solltest, dass viele ein eher statisches Selbstbild haben dürften, so könnte das durchaus der Fall sein. Denn durch einige der bereits abgehandelten Prägungen aus der Vergangenheit könnte möglicherweise bei Frauen das statische Mindset stärker ausgeprägt sein als bei Männern. Wenn ein ganzes Geschlecht damit aufwächst, dass über seine Entstehung behauptet wird, sie wäre lediglich nebenbei passiert (»Die Frau wurde aus der Rippe Adams erschaffen« und ist somit hart gesagt wie ein Blinddarm – nur ein vom Mann nicht benötigte Teil aus dessen Körper), geht das kaum spurlos an den Betroffenen vorbei. Wir alle kennen die Geschichte der Vertreibung aus dem Paradies, die Frauen dafür verantwortlich und schuldig daran macht, dass Adam und Eva aus dem Paradies geworfen wurden, was als immerwährende Strafe für alle Frauen, die in der Menschheitsgeschichte folgen sollten, die Erbsünde und damit die Torturen der Menstruation als Konsequenz nach sich zog. Auch das macht natürlich etwas mit dem eigenen Mindset und dem Bild, das frau von sich selbst hat. Allzu oft werden wir ja leider bis heute als die Fehler im System dargestellt und von daher wäre es nicht verwunderlich, wenn wir es mit dem dynamischen Selbstbild einen Tick schwerer hätten als die Männer.

Die gute Nachricht: Dein Mindset und dein Selbstbild sind nicht in Stein gemeißelt.

Solltest du dir ein statisches Selbstbild aneignet haben, so musst du nicht bis zum Sankt Nimmerleinstag damit durchs Leben gehen. Du kannst daraus sehr wohl auch jetzt noch – egal, wie alt du bist – ein dynamisches machen. Du erinnerst dich: Jede schlechte Gewohnheit kann mit einer alternativen und guten Gewohnheit überschrieben werden.

Die meisten von uns haben gelernt oder gehen davon aus, dass die Lösung eines Problems, das sich groß anfühlt, ebenso groß, komplex und kompliziert umzusetzen ist. Das ist ein Mythos und stimmt so glücklicherweise nur in seltenen Fällen. Die folgenden Aufgaben, die du regelmäßig trainieren solltest, um zu erfahren, dass du dich dynamisch verändern und dir eine neue Gewohnheit aneignen kannst, die mit der Zeit automatisch ablaufen wird, mögen dir deshalb vielleicht recht simpel vorkommen – und dennoch helfen sie dir dabei, ein mögliches statisches Selbstbild in ein dynamisches zu wandeln. Und tatsächlich *sind* diese Übungen recht einfach. Funktionieren tun sie trotzdem.

Selbstsicherheit und Selbstbild

Mach dir die Körper-Geist-Wechselwirkung zunutze!

Schon mal von der Wechselwirkung zwischen Körper und Geist gehört? Wenn du dich in *Wonder-Woman*-Haltung hinstellst, wird es beinahe unmöglich, dich schlecht, klein und minderwertig zu fühlen:

Stell dich aufrecht, leicht nach vorne gebeugt, aber mit geradem Rücken und mindestens hüftbreit hin, stemm die Hände in die Hüfte und reck deinen Kopf nach oben. Alternativ oder danach kannst du auch beide Arme nach hinten strecken, als würdest du gleich abheben und schon dein Cape flattern hören.

Ich mache das immer dann, wenn ich mich vor einem Auftritt nervös fühle. Ich nehme mir ein paar Momente in einer Toilettenkabine und fühle mich in den Mut und die Stärke von *Wonder Woman* ein, indem ich mich genau so hinstelle.

Umgekehrt ist es eine kaum zu bewältigende Herausforderung, dich gut, selbstsicher und präsent zu fühlen, wenn du dich krumm zusammenkauerst, als würdest du dich eben richtig klein und unsichtbar machen wollen. Weil Selbstsicherheit unmittelbar mit einer aufrechten

Körperhaltung zu tun hat, solltest du ab sofort darauf achten, aufrecht zu stehen, zu gehen und zu sitzen. Diese äußere Haltung wird sich nach und nach in deiner inneren Haltung widerspiegeln und dich außerdem daran erinnern, dass du nicht mehr die Alte bist.

Nachdem das nun ja keine Übung ist, die du schnell mal während des Einkaufens umsetzen wirst, sondern eine, die sich für einen geschützten Rahmen wie dein Zuhause oder eben eine WC-Kabine vor einer herausfordernden Situation eignet, kommen wir mit der nächsten Übung zu einer, die durchwegs alltagstauglich ist.

Gewöhn dir eine aufrechte Körperhaltung an!

Weil eine aufrechte Körperhaltung etwas Positives mit deinem Selbstwertgefühl, deinem Auftreten und deiner Außenwirkung macht, bekommst du an dieser Stelle einen weiteren Tipp zu diesem Thema. Er stammt von der älteren Generation: »Kopf hoch, Schultern nach hinten, Brust raus, Bauch rein!«

Was er auslösen kann, hat eine meiner Freundinnen am eigenen Leib erlebt: Sie hat diesen Tipp in jungen Jahren von einer damaligen Arbeitskollegin erhalten und fand das zunächst – sie war um die 20 Jahre alt – echt doof (vor allem das »Brust raus«), aber sie übte es trotzdem und hat sogar richtiggehend damit experimentiert: Wenn sie in schlechter Körperhaltung auf dem Weg zur Arbeit durch die Fußgängerzone schlenderte und ihr sie blöd anmachende junge Männer entgegenkamen, hat sie schnell die andere Körperhaltung angenommen – und jedes Mal zeigte das seine Wirkung, denn die betreffenden Männer verstummten, wenn sie gerade wieder dazu ansetzen wollten, und wichen ihr aus. Und noch heute, knapp 30 Jahre später – erinnert sie sich an diesen Satz, wenn ihr auffällt, dass sie etwa beim Einkaufen mit herabhängendem Kopf und ebensolchen Schultern durch den Supermarkt schlurft. (Diese Körperhaltung spiegelt dann wider, dass sie gedanklich mit ihren Alltagssorgen beschäftigt ist und sich davon runtergezogen fühlt.) Sobald ihr das auffällt, denkt sie an diesen Tipp, begibt sich in diese Körperhaltung – und »Zack!«, geht es ihr mit einem Mal besser, fühlt sie sich selbstsicherer, spürt die Spannung in ihrem Körper und fühlt sich augenblicklich wohler.

Probier es aus, in der Öffentlichkeit allein aufzutreten!

In den Jahren meines Singledaseins mit Anfang 30 lebte ich etwa 300 Kilometer von meiner Heimatstadt entfernt, hatte deshalb keine Familie dort und vergleichsweise weniger Freundinnen als zu Hause. Und nicht immer hatte eine dieser Freundinnen Zeit, etwas mit mir zu unternehmen. Da ich mich nicht von einer anderen Person davon abhängig machen wollte, etwas zu erleben, musste ich meine Komfortzone verlassen und lernen, es auszuhalten, allein essen und ins Kino zu gehen und irgendwann ohne Begleitung auf Urlaub zu fahren. Zuerst war mir alles davon ein wenig unangenehm. Um beim Abendessen in einem Lokal nicht aufzufallen, hatte ich deshalb gern ein Buch dabei, in das ich meine Nase stecken und in dem ich mich verkriechen konnte. Besonders lästig fand ich, dass sie mich an der Kinokasse immer entgeistert angeschaut haben, wenn ich nur ein einzelnes Ticket kaufen wollte. Aber mit jedem Mal fiel es mir leichter, und irgendwann hat es sich richtig gut angefühlt – vor allem, als ich im Sommerurlaub feststellte, dass ich es sogar noch länger allein mit mir ausgehalten hätte.

Abgesehen davon, dass es dir eine komplett neue Welt eröffnen wird, Unternehmungen allein durchzuführen, verspreche ich dir: Es wird deinen Selbstwert, dein Selbstvertrauen und die Beziehung zu dir selbst von Grund auf stärken. Also immer rein ins Abenteuer ohne Begleitung!

Keine Angst vor direktem Augenkontakt!

Gehörst du zu den Frauen, die es aus irgendeinem Grund nicht wagen oder einfach nur schwer aushalten, fremden Menschen direkt in die Augen zu schauen? Dann wird es Zeit, auch das zu üben: Ab sofort, so schlage ich dir vor, siehst du deinem jeweiligen Gesprächspartner oder deiner Gesprächspartnerin in die Augen und hältst diesen Augenkontakt, bis der oder die andere ihn abbricht. Geh es wie ein Spiel an! Damit trainierst du täglich wie nebenbei deine innere Stärke, das Vertrauen in dich selbst, deine Selbstbehauptung und deine Selbstsicherheit.

Sollte dir das merklich schwerfallen, so kannst du es anfangs mit Menschen aus deinem Vertrauensumfeld ausprobieren und üben.

Brich als Erste das Schweigen!

Einen ähnlichen Effekt hat es, das Schweigen in einer kleineren oder größeren Gruppe zu brechen. Ich mach das am liebsten in Fahrstühlen, denn da entsteht schnell eine beklemmende Energie, weil alle Anwesenden mit meist zurückgezogenem Kinn in sich gekehrt und nach hinten gelehnt möglichst vermeiden, einander anzusehen oder zu berühren. Wenn ich dann mit »Grandioses Wetter heute, nicht wahr?!« oder »Ihr Kleid steht Ihnen wirklich außergewöhnlich gut!« das Schweigen breche, sehen mich die Leute meistens verdutzt an, brauchen einen

Moment, um sich zu sammeln und darauf einzugehen, doch in den häufigsten Fällen ernte ich ein Lächeln und es entsteht ein kurzes Gespräch, das die seltsame Atmosphäre aufreißt wie die Sonne eine dunkle Wolkendecke.

Sicher, manche halten mich für anstrengend oder daneben, aber das macht ja nichts. Wichtig ist, dass dir derlei Aktionen dabei helfen werden, dir selbst stärker zu vertrauen, dich unabhängiger davon zu machen, was andere von dir denken – und mit einem positiven Mindset durch den Tag zu gehen.

Sag was Nettes!

Wie schon bei meinem Beispiel aus dem Fahrstuhl angedeutet, sind Komplimente an völlig fremde Menschen etwas, das nicht nur mit deinem Gegenüber etwas macht, sondern auch mit dir selbst. Ehrlicherweise halte ich mich bei fremden Männern damit zurück, weil das leider falsch gedeutet werden könnte. Bei fremden Frauen spare ich nicht damit, ihnen etwas Nettes zu sagen. Ich erinnere mich an eine Situation in einem kleinen Computerfachgeschäft: Ich wollte mein Notebook abholen, und neben mir wartete eine andere Kundin ebenfalls. Sie war eine wahre Augenweide. Einen Moment lang habe ich gezögert, ihr das zu sagen, aber dann beschloss ich, nicht zu viel zu überlegen und meinte in ihre Richtung: »Sie sehen unglaublich toll aus – wie aus einem Modemagazin! Alles ist perfekt aufeinander abgestimmt. Wirklich schön!« Einen Augenblick lang wirkte sie irritiert und schließlich antwortete sie: »Danke für das liebe Kompliment! Das freut mich wirklich sehr, weil ich einen Laden habe und Mode meine Passion ist« und schon waren wir in einer Unterhaltung gelandet und die restliche Wartezeit verging wie im Flug.

Wenn du das öfter machst, festigt das einerseits deine Selbstsicherheit, vor Fremden deine Gedanken zu äußern, und andererseits könnte es dir völlig neue Bekanntschaften bescheren. Darum: Leg deine Hemmungen ab und probier es einfach! Du kannst nur gewinnen.

Bitte um mehr oder etwas Alternatives!

Viele Menschen trauen sich im Restaurant nicht, eine Beilage ändern zu lassen oder nach etwas mehr von einer Soße oder Preiselbeeren zum Wild oder Wiener Schnitzel zu fragen. Vor allem Frauen wollen nicht als kompliziert gelten und schon gar nicht wie Meg Ryan in einer ihrer Paraderollen als die weibliche Titelfigur in »Harry & Sally« als schrullig und verkorkst abgestempelt werden. Das macht zweierlei mit ihnen: Einerseits bekommen sie schon im Kleinen nie, was sie wollen – und das wird ungleich schwieriger, wenn es darum geht, als Unternehmerin ein höheres Honorar oder als Angestellte eine Gehaltserhöhung einzufordern. Andererseits schwächt es sie in ihrer Selbstbehauptung. Denk dran: Du bist der zahlende Gast. Wenn es dir schmeckt, du die Speisen verträgst und dich wohlfühlst, haben alle etwas davon, weil du gern wiederkommen wirst. Also leg deine Scheu, um das zu bitten, was du wirklich haben möchtest, in einem ersten Schritt beim Bestellen im Restaurant ab, damit du es später in den wichtigeren Situationen problemlos schaffst!

Mach dich bemerkbar und sei mal laut!

Wir bleiben noch im Restaurant – bzw. im Café, im Bistro oder in einer Bar: Ich habe es schon zahllose Male erlebt, dass jemand bezahlen möchte, der Kellner oder die Kellnerin aber nicht reagiert. Nicht, weil er oder sie arrogant wäre, sondern weil der Wunsch nach dem Bezahlen so leise geäußert wurde, dass er es nicht über die Köpfe der 20 anderen Gäste hinweg an sein oder ihr Ohr geschafft hat. Wenn es meine Gruppe betrifft, werde ich dann gern mal lauter und damit unüberhörbar. Ich weiß, dass ich meine Leute damit unter Umständen in Verlegenheit bringe, aber nachdem sich alle zu uns umgedreht haben – einschließlich des Kellners bzw. der Kellnerin, weil mein »WIR WÜRDEN GERNE ZAHLEN, BITTE!« ungewohnt laut war, sehen alle, dass ich ein freundliches Gesicht mache, und schon ist wieder alles gut.

Keine Sorge, du musst dich nicht komplett verändern! Wenn du eher ein introvertierter, leiserer Mensch bist, ist das überhaupt kein Problem. Leise Frauen können genauso viel Geld verdienen und Beachtung erhalten und alles schaffen, was lautere, extrovertierte können. Es geht nur in dieser Übergangsphase, in der man dein Leisesein mit einem niedrigen Selbstwertgefühl verwechseln könnte bzw. in der du dich von einem tatsächlich zu niedrigen Selbstwert zu einem starken entwickeln möchtest, darum, es auszuhalten, mal laut zu sein, aufzufallen und auch mal blöde angeglotzt zu werden. Dadurch lernst du, dass das alles gar nicht so schlimm ist, denn es passiert dir nichts, wenn diese Situation eintritt.

Deine Über-Nacht-Veränderung beginnt jetzt!

Lächle dich im Spiegel ab sofort liebevoll anerkennend an – bei jedem Händewaschen und beim Zähneputzen, am Morgen wie am Abend – und nick dir aufmunternd zu, wie du es bei einer Freundin tun würdest, die down ist und die du gern wieder aufrichten möchtest!

Überlege dir täglich bei zumindest einem Kommunikationsakt in der Öffentlichkeit, wie stark du wahrgenommen werden willst.

Schritt 2: Money makes you funny – so änderst du deine Sicht auf Geld

Meine Mutter hat immer an mich geglaubt und mich in all meinen Vorhaben bestärkt. Mein Vater hat das auch getan, aber zu jedem meiner Erfolge gefragt: »Und wie viel bezahlen sie dir dafür?« und dann als Reaktion auf meine Antwort oft gemeint: »Das ist viel zu wenig« oder – wenn ich etwas ohne Bezahlung gemacht habe – »Meinst du schon, dass das eine gute Idee ist? Ich will nicht, dass du ausgenutzt wirst.« Lange dachte und sagte ich dazu: »Papa, es geht doch nicht immer um Geld!« Erst später habe ich zu verstehen begonnen, dass er damit eine zutiefst feministische Haltung zum Ausdruck gebracht hat, da ein Mann vermutlich nichts von all dem ohne Honorar gemacht hätte. Fakt ist: Manche meiner ursprünglichen Überzeugungen musste ich ändern, um eine bessere Beziehung zu Geld aufbauen zu können.

»Wenn du fliegen willst, musst du die Sachen loslassen, die dich runterziehen«, war sich die 2019 verstorbene US-amerikanische Schriftstellerin Toni Morrison sicher. Und sie wusste bestimmt, wovon sie da sprach, denn sie galt als eine der bedeutendsten Vertreterinnen der afroamerikanischen Literatur und erhielt 1993 den Literaturnobelpreis. In Bezug auf deine Einstellung zu Geld heißt das, dass es an der Zeit ist, sie zu hinterfragen, zu überdenken und neu zu programmieren, wenn du künftig mehr Geld verdienen möchtest.

Du weißt sicher längst, dass nicht nur unser Mindset unseren Zustand beeinflusst, sondern unsere Ansichten es sind, die letztlich unsere Realität kreieren. Knapp zusammengefasst: Was wir denken und aussprechen, wovon wir überzeugt sind und was wir erwarten, manifestiert sich über kurz oder lang im Außen und wird so zu unserer Wirklichkeit, zu unserer Wahrheit, zu unserem Leben. Und weil Energie der Aufmerksamkeit folgt, führen negative Gedanken und Aussagen zu negativen Gefühlen, Erlebnissen und Erfahrungen, da sie einem Naturgesetz gleich genau dieses Negative anziehen, verstärken, wiederholen und vermehren. Am Wissen über dieses Phänomen kommt man mittlerweile nicht mehr vorbei, weil es dankenswerterweise genug sicht- und hörbare Menschen gibt, die diesen Umstand thematisieren und verbreiten. Und das ist auch notwendig und überfällig.

Viele Frauen haben mit den Begriffen »Erfolg« und »Geld« ein Problem und sind sich des daraus resultierenden Kreislaufs nicht bewusst.

Ja, die Wahrheit ist traurig, doch ich kann sie dir nicht ersparen: Viele Frauen haben schon mit den Begriffen »Erfolg« und »Geld« ein Problem – und erst recht mit den Definitionen und den Erwartungshaltungen dazu. Wenn es dir genauso geht, dann ist das naturgemäß eine schwierige Ausgangslage, um mehr als genug Geld zu generieren. Das ist uns jetzt klar, nachdem wir wissen, wie das mit dem Erschaffen unserer Wirklichkeit funktioniert. Darum widmen wir uns in diesem Kapitel deiner Haltung Geld gegenüber, die sich bislang in deinen bisherigen Erfahrungen mit Geld widergespiegelt haben dürfte.

Entlarve deine persönlichen Probleme mit Geld

Um eine Situation verändern zu können, ist es notwendig, sie zunächst so anzunehmen, wie sie ist. Darum beschäftigen wir uns in dieser ersten Übung mit deinem Ist-Zustand – dem Zustand, von dem du dich in den weiteren Schritten dann wegentwickeln wirst. Es geht darum, glasklar wahrzunehmen, welchen Herausforderungen du dich in Bezug auf Geld momentan zu stellen hast und mit welchen Problemen du dich deshalb konfrontiert siehst.

Lies die folgenden Aussagen eine nach der anderen durch und kreise jene ein, die auf dich zutreffen. Die anderen kannst du durchstreichen.

- Ich hab zu wenig bzw. nicht genug Geld.
- Ich verdiene zu wenig.
- Ich hab kein Händchen für Geld.
- Ich sollte doch mit meinem Geld auskommen, also mache ich wohl etwas falsch.
- Ich bräuchte viel mehr Geld, als ich zur Verfügung habe.
- Ich kann mir gar nicht vorstellen, richtig viel Geld zu haben.
- Ich kann mir vieles, das ich benötige, nicht leisten.
- Ich kann mir ein Leben, wie ich es mir wünsche, nicht leisten.
- Ich kann nicht mit Geld umgehen.
- Ich muss immer um Geld kämpfen.
- Geld mag mich offenbar nicht besonders.
- Ich habe keine Ahnung, wie ich zu mehr Geld kommen könnte.
- Ich hab in meinem Leben schon so viel Geld verschwendet, fehlinvestiert oder verloren.

- Ich will nicht ständig über Geld nachdenken müssen.
- Ich bin ein echter Pechvogel, was Geld betrifft.

Schreib nun jeden der zu dir und deiner Situation passenden Satz auf einen eigenen Zettel – und natürlich auch jeden weiteren, wenn dir hier einer fehlt, denn unter Umständen sind ja gar nicht alle Sätze vorgekommen, die deinen Ist-Zustand beschreiben würden.

Denk über jeden in aller Ruhe nach, beweine ihn bzw. die Situation, für die er steht, sei wütend darüber, trommle gern in einen Polster bzw. ein Kissen oder schrei hinein, so laut du kannst. Worum es mir geht? Lass alles an Emotionen raus, was da ist! Nichts soll dich mehr blockieren, nichts soll verdrängt bleiben, alles darf gesehen, gefühlt und anerkannt werden.

Und dann verbrenn jeden dieser einzelnen Zettel und entsorg die Asche entweder im Biomüll oder füll sie in ein kleines Gefäß und verstreu sie über deiner Lieblingswiese, an einem See oder über einem Bach oder Fluss – ganz wie es sich für dich am stimmigsten anfühlt. Wichtig ist nur, dass du deine Schwierigkeiten in einem Ritual transformierst und sie loslässt.

Dein Makeover für eine neue Geldbeziehung

Gerade hast du damit begonnen, deine aktuelle Situation rund ums Geldverdienen und Geldhaben so anzunehmen, wie sie ist. Um eine Veränderung einzuleiten, ist es zusätzlich notwendig, dir deiner bisherigen Ansichten über Geld bewusst zu werden, die sehr wahrscheinlich über kurz oder lang überhaupt erst zu deinem Ist-Zustand geführt haben.

Wir leben diesbezüglich in einer seltsamen Welt, denn einerseits regiert Geld die Welt und jene, die Unmengen davon anhäufen, haben jenen gegenüber, die zu wenig davon haben, klare Vorteile. Andererseits denken die meisten von uns extrem schlecht über Geld. Obwohl es nicht das Geld ist, das den Charakter der Menschen verdirbt, sondern umgekehrt der Charakter der Menschen das Geld verdirbt, verdrängen wir diese Wahrheit aus irgendeinem Grund – oder wieder mal aus reiner Gewohnheit. Auch in unserem Sprachgebrauch kommen zahlreiche Redewendungen und Sprichwörter vor, die verraten, wie negativ wir das Geld im Kollektiv sehen: Niemand will sich mit Geld die *Hände schmutzig machen,* weil *Geld stinkt;* immer wieder wird betont, dass *Geld nicht glücklich macht.* Als ob nicht jeder wüsste, dass Geld *allein* nicht glücklich macht, wenn wir unserem Leben keinen tieferen Sinn verleihen und keine erfüllenden Beziehungen leben.

Trotzdem ist diese Haltung aus dem Kontext gerissen Bullshit und blockiert uns außerdem in unserem finanziellen Erfolg, denn selbstverständlich kann man sich mit Geld Dinge kaufen und leisten, die das Leben einfacher und schöner machen und die uns Glücksmomente bescheren. Wer fährt nicht gern auf Urlaub ans Meer und wen machen diese Tage oder Wochen nicht happy? Natürlich kommt es dann darauf an, wie und mit wem wir den Urlaub verbringen, aber wer es sich gar nicht erst leisten kann, an einem feinen Strand mit einem guten Buch vor der Nase die Seele baumeln zu lassen, der ist diesbezüglich klar im Nachteil. Und da spreche ich jetzt noch nicht mal die bedeutenden Bereiche und schwierigsten Situationen im Leben an, die mit Geld leichter zu bewältigen sind als ohne (wenn jemand, der an einer Krankheit leidet, durch die Möglichkeit, sich nicht von der Krankenkasse abgedeckte Behandlungen leisten zu können, unter Umständen sein Leben verlängern oder retten kann). Und dass ausschließlich Gauner und schlechte Menschen, die auf Kosten anderer leben, viel Geld anhäufen, ist auch so eine Mär. Klar gibt es immer wieder solche Männer und Frauen, doch selten war es das Geld, das sie so agieren hat lassen und zu egoistischen, rücksichtslosen Menschen gemacht hat. Es zeigt höchstens schon auf den ersten Blick sichtbar ihren miesen Charakter, das ist alles. (By the way: Ist der Charakter zweifelhaft, hilft mehr oder weniger Geld auch nicht.)

Fühl dich deshalb in den kommenden Abschnitten und mit den nun folgenden Übungen dazu eingeladen, deine Einstellung zu Geld zu reflektieren, deine bisherigen Erfahrungen und Erlebnisse mit Geld zu hinterfragen und dich so intensiver mit diesem Thema auseinanderzusetzen. Keine Sorge, die Übungen werden dir diese Selbstreflexion erleichtern. Klar ist allerdings: Es wird sich nur dann etwas für dich verändern, wenn du die nun vor dir liegenden Seiten nicht einfach innerlich zurückgelehnt konsumierst. Es geht darum, aktiv und engagiert mit ihnen zu arbeiten. Beginnen wir damit, deiner aktuellen Einstellung zu Geld auf die Schliche zu kommen!

Deine Haltung Geld gegenüber – Glaubenssätze aufspüren

Es folgen Feststellungen und Überzeugungen, bei denen du achtsam hinspüren kannst, ob die jeweilige Aussage etwas in dir auslöst oder dich komplett kaltlässt. Jeden Satz, der dich verärgert, nervt, den du lächerlich findest oder der dich sonst wie aufwühlt – also »triggert«, kreist du ein.

Denk nicht allzu lang darüber nach, sondern achte lediglich auf den jeweiligen Impuls, den du beim Lesen spürst:

- Geld verdirbt den Charakter.
- Mit mehr Geld kommen neue Probleme.
- Das Leben ist kein Wunschkonzert.
- Reiche Menschen sind schlechte Menschen.
- Geld ist ein notwendiges Übel. Es wäre besser, wenn es kein Geld gäbe.
- Geld ist absurd: Man kann für eine geistige Leistung nichts Materielles verlangen.
- Geld ist dazu da, uns das Leben zu erleichtern.
- Ohne Fleiß kein Preis.
- Zu viel Geld kommt man nur, wenn man illegale Geschäfte macht.
- Geld bringt das Schlechteste in den Menschen zum Vorschein.
- Geld an sich hat eine böse Energie.
- Reiche sind nur deshalb reich, weil sie anderen viel Geld wegnehmen.
- Geld ist nicht so wichtig.
- Reiche Familien sind korrupt.
- Geld stinkt.
- Nur wenn man viel Geld hat, ist man erfolgreich.
- Geben ist seliger denn nehmen.
- Von nichts kommt nichts.
- Im Leben gibt es nichts umsonst.
- Gratis ist im Leben nur der Tod – und der ist sauteuer.
- Viel Geld zu haben, hat seinen Preis.
- Geld macht nicht glücklich.
- Ohne Geld ist man auf dieser Welt nichts wert.
- Geld ist die Wurzel allen Übels.
- Viel Geld muss man sich erst einmal verdienen.
- Geld ruiniert immer alles – egal, ob du viel oder wenig hast, es geht immer nur ums Geld.
- Reiche sind in Wahrheit einsam, weil viel Geld zu falschen Freunden führt.

- Geld ist nur Mittel zum Zweck.
- Für gottgegebene Gaben darf man kein Geld verlangen – das wäre eine Sünde.
- Ohne Geld wäre die Welt eine bessere.
- Die Einführung des Geldes hat alles schwierig und ungerecht gemacht.
- Reiche Menschen sind überheblich und haben den Bezug zum echten Leben verloren.
- Auf dieser Welt dreht sich alles immer nur um Geld.
- Man kann nicht alles haben.
- Wer etwas erreichen will, muss hart dafür arbeiten.
- Wenn man viel Geld hat, wollen zig Leute – sogar fremde – plötzlich etwas von dir.
- Viel Geld bringt nur Sorgen und Unglück.
- Reiche haben viele Neider.
- Die wichtigen Dinge im Leben kann man sich nicht kaufen.
- Geld ist hart verdient, also muss man drauf schauen und brav sparen, damit man genug davon hat, wenn man es braucht.
- Bescheidene Menschen kommen auch mit wenig Geld aus. Und Bescheidenheit ist eine Tugend.
- Reiche Menschen bleiben nur deshalb reich, weil sie geizig sind.
- Verkaufen ist verachtenswert, weil damit Menschen nur etwas angedreht wird, das sie gar nicht brauchen.
- Reich werden nur Gauner und Verbrecher, die gegen das Gesetz handeln, andere ausnehmen und auf deren Rücken reich geworden sind.
- Man muss hart arbeiten, um genug Geld fürs Überleben zu verdienen.

So, und jetzt machen wir uns daran, all diese Feststellungen auseinanderzunehmen! Zunächst gehst du all jene Aussagen, die du eingekreist hast, noch einmal in Ruhe und nacheinander durch und überlegst dazu, ob das so wirklich immer und unter allen Umständen stimmt, ob du diese Überzeugung selbst für dich gewählt hast, ob sie vielleicht die einer anderen Person aus deinem nahen Umfeld ist – und ob du sie behalten möchtest.

In einem weiteren Schritt darfst du dir einen neuen, positiv formulierten Satz notieren, der deine ursprüngliche Haltung aushebelt. Wenn du beispielsweise »Viel Geld bringt nur Sorgen und Unglück« als eine deiner Überzeugungen entlarvt hast, machst du daraus: »Viel Geld bringt Sicherheit und viele Möglichkeiten« und denkst die Bedeutung dieses Satzes mit konkreten Beispielen so lange und intensiv durch, bis du seinen Wahrheitsgehalt fühlst.

Tipp: Du kannst die für dich am schwersten wiegenden negativen Haltungen zu Geld und zum Geldverdienen auch auf ein extra Blatt Papier schreiben, auf einem anderen Zettel jeweils ein positives Pendant formulieren, das Blatt mit den negativen Aussagen bei einem kleinen Ritual verbrennen und das mit den positiven an einer Stelle anbringen, an der du es regelmäßig siehst – beispielsweise neben deinem Spiegel im Badezimmer, sodass du die Sätze wie Mantras während des Zähneputzens immer wieder lesen kannst.

Alternative Varianten: Du schreibst mit einem dieser ausradierbaren Stifte und löschst danach den jeweiligen bisherigen Glaubenssatz. Oder du überziehst ihn mit einem Korrekturroller. Jedenfalls schreibst du dann den neuen genau an diese Stelle – du überschreibst somit den alten.

Wenn du gern mit Farben spielst, kannst du jeden alten Glaubenssatz mit einem kleinen bunten Zettel überkleben und auf diesen nun farbenfrohen Untergrund deinen neuen Glaubenssatz schreiben.

Du siehst schon: Es gibt viele Möglichkeiten, also leb dich hier nach eigenem Ermessen gern in deiner Kreativität aus!

Für die kommende Zeit empfehle ich dir, deine Gedanken und Aussagen über Geld bewusst zu beobachten, auf dass du sofort eingreifen kannst, wenn du etwas Negatives denken oder sagen solltest.

Bei der nächsten Übung legst du den Fokus darauf, was du in deiner Kindheit und Jugend von deinen Bezugspersonen aus der Familie und in der Schule gehört und gelernt hast. Dafür möchte ich dir vorher noch etwas Wichtiges mitgeben: Falls du auf viele einschränkende Überzeugungen stoßen solltest, die sich eindeutig auf deine Eltern zurückführen lassen – gib ihnen keine Schuld!

Erstens geht es nicht um Schuld und genauso wenig darum, Schuldige zu finden, und zweitens sind Eltern auch »nur« Menschen und ihrerseits Kinder von anderen Eltern, die es nicht besser wussten, weil man in den früheren Generationen viel zu wenig über diese Phänomene – über das Manifestieren und die Eigenverantwortung für das eigene Erleben – gewusst hat. Du verstehst? (Klar, Kinder wünschen sich perfekte Eltern. Und Eltern hätten gern ebenso perfekte Kinder. Aber niemand wird jemals perfekt sein.) Und drittens schadest du dir letztlich selbst, wenn du deine Eltern für die Unzulänglichkeiten und Schwierigkeiten in deinem Leben beschuldigst. Solange du der Meinung bist, sie würden dir etwas schulden – und ihnen vorwirfst, sie hätten vieles falsch gemacht, worunter du heute noch leidest –, kannst du dein Leben nicht allumfassend im eigentlichen Sinn annehmen. Denn eins ist sicher: Wenn du deine Eltern ablehnst, lehnst du gleichzeitig dich selbst ab. Immerhin bist du zu jeweils 50 Prozent aus ihnen entstanden. Und solltest du Eigenschaften deiner Eltern nicht akzeptieren, so wirst du ihnen mit den Jahren immer ähnlicher werden. Denn was wir nicht annehmen wollen, das ziehen wir umso mehr an. Du erinnerst dich?

Energie folgt der Aufmerksamkeit.

Bis du deine Eltern nicht so, wie sie während deiner Kindheit (zu dir) waren und wie sie es heute sind (oder bis zu ihrem Tod waren, sollten sie nicht mehr am Leben sein), angenommen hast und dir denkst, du hättest zu wenig oder das Falsche von ihnen bekommen, wird's mit allem schwierig: mit der Selbstliebe (du wirst dich dann tief in dir drinnen nie für gut genug halten), mit dem Wohlstand (du wirst unbewusst glauben, nicht viel Geld verdient zu haben), mit deinem Privatleben (es wird herausfordernd werden, eine erfüllende Partnerschaft oder Beziehung zu deinen Kindern und Freunden zu leben). Deine Eltern nicht zu achten, würde dich außerdem dauerhaft dazu verdonnern, ihnen etwas beweisen zu wollen. So würdest du nie ein wahrhaft selbstbestimmtes Leben haben und nie wirklich deine eigenen Entscheidungen treffen, sondern alles von der damit verbundenen Wut angetrieben oder aus diesem Schmerz heraus tun, der dich deine Kindheit bzw. deine Eltern nicht annehmen lässt.

Viele Frauen haben unbewusst die Programmierung, nicht mehr Geld haben zu dürfen als ihre Herkunftsfamilie, um diese zu ehren.

Vielleicht ist es bei dir ja so, dass du deinen Eltern gar nichts krummnimmst, ein gutes, wertschätzendes Verhältnis zu ihnen hast (oder hattest), aber dir nicht erlaubst, mehr Geld zu haben als sie. Damit wärst du jedenfalls nicht allein, denn manche haben das aus unbewussten Solidaritätsgründen so verinnerlicht und andere, weil man Gefahr läuft, allein zu sein, wenn man die ursprüngliche Gruppe, Familie oder Sippe verlässt. Auch das könnte ein gewaltiger, bislang unbemerkter Hemmschuh sein, doch selbst das bräuchtest du nur herauszufinden, um es ändern zu können.

Mach die nun folgende Übung deshalb, ohne die darin beschriebenen Verhaltensweisen und Überzeugungen, die du von deinen Eltern kennst oder gelernt hast, zu bewerten. Es geht lediglich darum, sie zu entlarven und dir bewusst zu machen. Beantworte alle Fragen am besten wieder schriftlich und so ausführlich wie möglich!

Was du über Geld gelernt und erfahren hast

- Wie stehen oder standen deine Großeltern mütterlicherseits und wie die väterlicherseits in Bezug auf Geld da?
- Wie stehen oder standen deine Eltern in Bezug auf Geld da?
- Wie schätzt du die Einstellung deiner Mutter zu Geld ein?

- Wie schätzt du die Einstellung deines Vaters zu Geld ein?
- Wie hast du deine Mutter während deiner Kindheit im Umgang mit Geld erlebt? *(verschwenderisch, sparsam, großzügig, geizig)*
- Wie hast du deinen Vater während deiner Kindheit im Umgang mit Geld erlebt? *(verschwenderisch, sparsam, großzügig, geizig)*
- Gibt es etwas, das dir deine Mutter immer wieder über Geld gesagt oder geraten oder aufgetragen hat?
- Gibt es etwas, das dir dein Vater immer wieder über Geld gesagt oder geraten oder aufgetragen hat?

Lass die Erkenntnisse aus dieser Reflexion in den kommenden Tagen nachwirken!

Als Nächstes geht's darum, dir darüber klar zu werden, welche Rolle Geld bisher in deinem eigenen Erwachsenenalltag eingenommen hat und wie es dir im Umgang mit Geld gegangen ist.

Wie bist du bislang mit dem Annehmen/Einnehmen und Ausgeben von Geld umgegangen?

Lies die folgenden Aussagen und streich jene durch, die nicht zu dir passen, sodass nur die übrig bleiben, denen du zustimmst:

- Ich checke meine Kontostände nicht gern.
- Ich wünschte, ich müsste keine Steuern zahlen. Der Staat zieht einen ja bis aufs letzte Hemd aus!

- Ich habe Angst, finanziell über den Tisch gezogen zu werden.
- Ich geh nicht gern zum Briefkasten, weil ich neue Rechnungen vorzufinden fürchte.
- Für meine Altersvorsorge zu sparen ist mir wichtiger, als mir im Hier und Jetzt etwas zu gönnen.
- Ich bezahle Rechnungen oft auf den letzten Drücker oder überhaupt zu spät.
- Ich bekomme regelmäßig Mahnungen.
- Ich hab nur ungern große Scheine in meiner Geldtasche.
- Ich bin eine echte Schnäppchenjägerin: Ich kaufe äußerst bewusst ein, sammle Gutscheine, warte Rabatte und den Schlussverkauf ab und fahre auch extra in mehrere Geschäfte bzw. bestelle in unterschiedlichen Onlineshops, um jedes Produkt und jeden Artikel dort zu kaufen, wo er am preisgünstigsten angeboten wird.
- Ich schäme mich, wenn ich wieder mal knapp bei Kasse bin.
- Ich fühle mich benachteiligt, wenn es um Geld geht, und ich kann auf der Stelle mehrere Gründe nennen, weswegen ich zu wenig Geld habe, also woran das liegt oder wer daran schuld ist.
- Ich habe mein Gehalt nicht gut verhandelt und fühle mich unterbezahlt.
- Ich verlange vermutlich viel zu wenig für meine Dienstleistung.
- Ich fühle mich wie eine Versagerin, weil ich mich in einer misslichen finanziellen Lage befinde.
- Wenn ich mich mit anderen in meinem Umfeld vergleiche, fällt mir auf, dass ich finanziell richtig schlecht aufgestellt bin.
- Ich mag Luxusmarken, trage sie gern und umgebe mich gern mit ihnen, weil es sich gut anfühlt,

damit zeigen zu können, dass ich mir etwas Teures leisten konnte.

- *Wenn du selbstständig bist:* Ich lass mich im Preis drücken, weil ein geringes Honorar besser ist als keines.
- *Wenn du selbstständig bist:* Ich nehme Aufträge an, auf die ich eigentlich keine Lust habe, weil ich das Geld brauche.
- *Wenn du selbstständig bist:* Ich arbeite mit Kunden zusammen, die nicht zu mir passen, obwohl ich das gleich zu Beginn spüre – weil ich nicht auf das Geld verzichten kann, das mir das einbringt.
- *Wenn du selbstständig bist:* Ich lass mir von anderen oft ein Benehmen gefallen, das in Wahrheit nicht in Ordnung ist – aus Angst, sie zu verärgern und als künftige Kunden zu verlieren.
- *Wenn du selbstständig bist:* Ich traue mich nicht, einen Kredit aufzunehmen oder mir privat Geld zu leihen, um in mein Business investieren zu können.
- *Wenn du als Coach, Trainerin, Beraterin oder in einem ähnlichen Beruf und Setting arbeitest:* Ich halte mich im Unterstützen meiner Klienten bewusst zurück, weil ich es mir nicht leisten kann, dass sie ihr Problem zu schnell überwunden haben oder zu schnell wachsen. Sie sollten doch eine Zeit lang zu mir kommen, damit ich genug an ihnen verdiene.

Denk jetzt über jede Aussage, die du *nicht* durchgestrichen hast, noch einmal nach: Muss das so bleiben? Was hat es dir bislang gebracht, das so zu sehen oder so damit umzugehen? Was davon kannst du dir vorstellen, mit relativ wenig Aufwand zu ändern? Welche Ideen hast du, wie dir das gelingen könnte?

Im nun folgenden Abschnitt wirst du einen weiteren wichtigen Schritt machen, indem du anfängst, Geld zumindest neutral und im besten Fall als etwas Positives wahrzunehmen.

Vom Symbol des Kapitalismus zur willkommenen Ausgleichsmaterie

Es ist mir wichtig, dir etwas zu vermitteln, das womöglich nicht unbedingt naheliegend ist: Wenn du deinen Körper ablehnst oder schlecht machst, schneidest du dich von ihm und deinen mit ihm verbundenen Fähigkeiten ab. Auch deshalb hab ich dich in Teil 1 und 2 dieses Buches immer wieder wissen lassen, dass es deinem finanziellen Erfolg im Weg steht, solltest du dich aus Gründen der Selbstzweifel abwerten und dein Äußeres betreffend nicht zeigen wollen. Darum haben wir uns im Kapitel über den Selbstwert eingehend damit befasst, wie du das nachhaltig ändern kannst.

Es wird dich vielleicht wundern, aber bei Frauen hängen diese beiden Themen – ein geringer Selbstwert, der dem geschuldet ist, dass sie ihren Körper in seinem Aussehen ablehnen, und Geldnöte – erstaunlich oft zusammen bzw. treten häufig gemeinsam auf. Sie entspringen beide dem niedrigen Selbstwertgefühl und münden in einer Art Teufelskreis in einem noch niedrigeren. Im Laufe des Buchs habe ich schon so manche Ansichten anderer Frauen über Geld mit dir geteilt, um dich an den Umstand heranzuführen, dass vor allem Frauen sich ungern über Geld definieren und aus ihrem sozialen und manchmal spirituellen Denken heraus am liebsten hätten, dass das Geld als Währung abgeschafft würde. Sie sind davon überzeugt, dass Geld sie nicht glücklich machen würde, leiden allerdings andererseits unter der Abwesenheit des Geldes bzw. daran, dass sie zu wenig davon haben.

Möglicherweise wird dir mehr Geld selbst keine Freude bringen, aber ganz bestimmt wird dir ehrliche Freude über Geld mehr Geld und mehr Freude bringen.

Denk mal drüber nach – auch über etwaige Parallelen zwischen deiner Einstellung zu Geld und deinem Körperbild! Eines ist jedenfalls sicher: Um genug Geld zu erhalten, wirst du es zuerst »verlangen« müssen, und damit du das zuwege bringst, ist es nicht nur nötig, deine Selbstzweifel hinter dir zu lassen, deinen Wert zu erkennen, zu definieren und schließlich nach außen zu präsentieren, sondern außerdem, das Geld zu deiner Verbündeten zu machen. Du könntest dazu einfach mal ein Gedankenexperiment wagen und dem Geld eine Persönlichkeit verleihen, um zu sehen, ob sich deine Sicht auf Geld damit positiv verändert, indem du dir überlegst, ob das Geld möglicherweise von dir wertgeschätzt werden möchte, damit es sich eingeladen und willkommen fühlt und Lust hat, sich zu dir zu gesellen. Probier es einfach mal aus – just for fun!

Überleg dir dazu mithilfe der nachstehenden Übung, was du Geld alles zu verdanken hast, was es dir im Leben schon Gutes beschert hat.

Was Geld in deinem Leben schon Gutes bewirkt hat

Nimm dir für diese Übung bitte einen Block oder extra Papier, damit du alles aufschreiben kannst, was dir in den Sinn kommt!

Wenn dir nichts Außergewöhnliches einfällt oder du dir schwer mit dieser ungewöhnlichen Perspektive tust, dann hilft dir wahrscheinlich folgende Übung: Stell dir vor, du würdest heute Abend schlafen gehen und morgen nur mehr mit jenen materiellen Dingen im Leben aufwachen, für die du heute dankbar warst! Na, hilft das?

Mit der nächsten Übung darfst du – gerne groß – träumen: Schreibe (mindestens) 25 Gründe auf, wofür du gern mehr Geld hättest und was du mit dem Geld tun würdest! Sei kreativ und unbescheiden, mal dir in den schillerndsten Farben aus, was es alles gibt, mit dem dich Geld glücklicher machen könnte – oder zufriedener oder womit es dir Sicherheit bescheren würde.

25 Gründe, warum und wofür du gern mehr Geld zur Verfügung hättest:

1

2

3

4

5

6

7

8

9

10

11

12

13

14

15

16

17

18

19

20

21

22

23

24

25

Money-Focus: So ziehst du (mehr) Geld in dein Leben

Viele Frauen beschweren sich darüber, zu wenig Geld zu haben und denken ständig darüber nach, warum sie so wenig verdienen und wie ungerecht das ist. Grundsätzlich verständlich, aber nicht zielführend! Weil sie ihren persönlichen Money-Focus nicht erkennen oder hinterfragen und damit nicht berücksichtigen oder noch nicht verinnerlicht haben, wie stark sie diese Umstände durch die Art, wie sie über Geld denken, erst in ihr Leben ziehen, beachten sie die essenzielle Reihenfolge für ihre finanzielle Gesundheit und einen anhaltenden Geldfluss nicht, die ich dir hier und jetzt mit auf den Weg gebe: Geld darf zuerst in deinem Kopf Einlass finden, und wenn das Geld es sich dort bequem gemacht hat und nicht mehr wie ein seltener oder gar ungebetener Gast von dir betrachtet und behandelt wird, kann es sich auf deinem Konto und in deiner Geldbörse einnisten.

Was allerdings zum Kopf dazukommen sollte: das Herz. Um Geld in dein Leben zu ziehen, reicht es nicht, mit deinen Gedanken zu arbeiten. Das ist übrigens der Grund, warum etliche Leute zwar täglich ihre Mantras beten, ihr jeweiliges Ziel allerdings auch nach Wochen oder Monaten nicht erreicht haben: weil es nicht genügt, zu *denken*, dass man dieses oder jenes haben möchte oder bekommen wird. Man muss es *fühlen*. Ein Gefühl ist wesentlich stärker als ein Gedanke, wird es doch in der Regel von einem Gedanken ausgelöst. Positives Denken allein reicht deshalb nicht. Um mehr Geld zu manifestieren, solltest du durch und durch fühlen, wie es sein wird, wenn dieses Geld da ist, wenn du es besitzt, es auf deinem Konto siehst oder in Form von Scheinen zwischen deinen Fingern spürst und was das in deinem Leben bewirken wird. Deine Fähigkeit zu visualisieren, dir diesen Zustand mit allen Sinnen vorzustellen, darf jetzt also geschult werden.

Parallel dazu ist es sinnvoll, an deiner Ungeduld zu

arbeiten, denn zuerst gilt es, die aktuelle Situation anzunehmen – und mit ihr all die damit einhergehenden Sorgen, Ängste, die Frustration und die Wut. Das klappt vielleicht heute auf wundersame Weise wie über Nacht fabelhaft, aber dann passiert morgen etwas, das dich wieder vom Kurs abbringt: ein Elektrogerät wird kaputt und muss repariert oder ersetzt werden; eine unerwartete Rechnung liegt im Briefkasten; bei deinem Auto wird eine Reparatur fällig; deine Anstellung wird dir gekündigt oder du hast keinen neuen Auftrag in der Pipeline. Und *dann* wird's erst so richtig spannend: Schaffst du es, das für den Moment zu akzeptieren und weiterhin zu visualisieren und zu fühlen, wie es sein wird, wenn du deine Notlage überwunden hast? Oder fällst du zurück in alte, gewohnte Muster: ins Jammern, ins Sorgen, ins Fürchten, ins Verzweifeln, ins Aufgebenwollen – ins *Mangeldenken*?

Ich weiß, wie herausfordernd das sein kann, denn mein eigener Money-Focus war alles andere als von allein ein durchwegs positiver und ich hatte keinen familiären Reichtum als Background, als ich mich selbstständig gemacht habe, und musste mich durch die schwierigen Phasen kämpfen. Und das ist das Stichwort: *kämpfen.* Sobald die Leichtigkeit verloren war und ich nicht mehr nach meinem eigenen Prinzip der Mühelosigkeit gelebt habe, wurde es immer verkrampfter. Erst der leichtfüßigere, spielerische Umgang mit der verkappten finanziellen Situation konnte meine sorgenvolle, todernste Einstellung aushebeln, was letztlich zum Erfolg geführt hat. Deshalb bin ich überzeugt davon, dass du das auch hinbekommen wirst – mit Geduld, Vertrauen und Spucke. Merk dir darum vor allem eines:

Der erste Schritt findet nicht im Außen statt, sondern im Kopf, im Bauch und im Herzen!

Warum ist das so? Einmal mehr, weil wir gemäß dem Gesetz der Anziehung und der Tatsache, dass Energie der Aufmerksamkeit folgt, immer das anziehen, woran wir denken und was wir fühlen. So funktioniert das Gesetz der Anziehung in Bezug auf zu wenig Geld: Wenn du dich ständig sorgst, zu wenig davon zu haben, wirst du mehr davon anziehen – also blöderweise nicht mehr vom Geld, sondern mehr vom Zu-wenig-Geld-Haben. Und das ist ja genau das, was du *nicht* willst. Darum solltest du diese hinderliche Angewohnheit jetzt ablegen und diese Reihenfolge verlernen. Du bist bereits mitten im Prozess. Bleib dran, indem du dir am besten gleich die für dich schönsten positiven neuen Glaubenssätze über dich in Bezug auf Geld aus der folgenden Sammlung aussuchst!

Neue Glaubenssätze über dich und Geld

- Ich bin ein Geldmagnet.
- Ich darf gut verdienen.
- Genug Geld zu haben, macht mich ausgeglichen und zufrieden.
- Ich ziehe Geld mit Leichtigkeit und regelmäßig in mein Leben.
- Ich habe immer genug Geld zur Verfügung.
- Ich habe es verdient, mehr als genug Geld zu haben.
- Durch mein Kaufen stärke ich unsere Wirtschaft.
- Finanzielle Gesundheit ist mir wichtig.
- Mit viel Geld kann ich großzügig sein und andere beschenken.
- Reiche haben etwas richtig gemacht.
- Ich wirtschafte genau richtig.
- Ich zahle meine Rechnungen immer pünktlich und mit einem dankbaren Gefühl.

- Geld macht mich sorgenfrei und ruhig.
- Mit mehr Geld kann ich viel mehr Gutes tun.
- Es kommt laufend Geld auf mein Konto/meine Konten.
- Geld hilft mir, mein Leben gut zu gestalten.
- Ich investiere in das Richtige.
- Ich kaufe Dinge, die ihren Preis wert sind.
- Meine Freunde werden sich für mich freuen, wenn ich finanziell gesund bin.
- Meine Familie gönnt mir finanzielle Freiheit von ganzem Herzen.
- Geld ist etwas Gutes, das uns das Leben erleichtert.
- Geld ist das bislang bewährteste Tauschsystem der Menschheit.
- Geld schenkt mir Freiheit.
- Finanzielle Freiheit ermöglicht es mir, das Richtige zu tun.
- Ich werde auch mit viel Geld ein guter Mensch sein.
- Es ist möglich, viel Geld auf dem Konto zu haben und gleichzeitig etwas Gutes zu tun – nämlich genau mit diesem Geld.
- *Wenn du selbstständig bist:* Ich suche mir meine Kunden aus und setze freundlich, aber klar meine Grenzen.
- *Wenn du selbstständig bist:* Ich arbeite nur mit Menschen zusammen, die meinen Preis nicht drücken wollen, sondern mir Wertschätzung entgegenbringen.
- *Wenn du selbstständig bist:* Ich nehme nur Aufträge an, auf die ich Lust habe.
- *Wenn du angestellt bist:* Ich verhandle mein Gehalt mit Selbstsicherheit neu.
- *Wenn du angestellt bist:* Ich finde einen Job, für den ich so entlohnt werde, wie es sich für mich richtig anfühlt.

Es mag sein, dass sich, nachdem du diese Übungen einmal gemacht hast, tatsächlich schon vieles auf schier magische Weise verändert. Es kann aber auch vorkommen, dass sich nichts oder nur wenig bei dir rund ums Thema »Geld« tut. In diesem Fall wirf nicht gleich die Flinte ins Korn, sondern bleib dran! Alles im Leben ist ein Prozess, ein Verändern, ein Wachsen (siehe dazu die Übungen im vorhergehenden Kapitel). Vielleicht möchtest du die eine oder andere Übung ab sofort und für die kommenden drei Monate jeden Sonntag machen. Oder – weil du den Antrieb spürst, dass sich da jetzt endlich etwas ändern soll – jeden Tag für die nächsten sieben oder 14 Tage. Durchhaltevermögen wird auf jeden Fall der Schlüssel zum nachhaltigen Erfolg sein.

Deine Über-Nacht-Veränderung beginnt jetzt!

Wenn du folgende Übung unmittelbar vorm Zubettgehen machst, kann sie gut nachwirken, während du schläfst:

Erstelle eine Liste darüber, welche Auswirkungen dein Ziel, mehr Geld zu generieren, in jedem einzelnen deiner Lebensbereiche haben wird. Lass dich richtig reinfallen in das Ausmalen deines Zielzustands und genieße es, in den Ausführungen deiner Vorstellungen zu schwelgen – am besten mit der Begeisterung eines Kindes, das gerade sein lang ersehntes Wunschspielzeug geschenkt bekommen hat. Und mit diesem Gefühl schläfst du dann ein.

PS: Falls du die vorangegangen Übungen noch nicht gemacht hast, trag sie dir jetzt wie fixe Termine in deinen Kalender ein und hol das demnächst nach!

Schritt 3: Unlock your Life – so erkennst du deine Möglichkeiten

Was kannst du am besten? Schreiben, Texten, Geschriebenes optimieren und korrigieren – darin lag schon immer meine Leidenschaft. Das ist es, was ich außerdem am längsten beherrsche. Deshalb habe ich mich als Erstes mit einer Textagentur selbstständig gemacht. Etwas anderes hatte ich zu diesem Zeitpunkt nicht im Sinn, etwas anderes hätte ich mir damals gar nicht zugetraut. Erst als ich wenige Monate nach meiner Unternehmensgründung mehrfach gefragt wurde, ob ich auch Trainings zum Thema »Professionelles Texten« anbiete, habe ich mich daran erinnert, dass ich schon Erfahrung als Lehrveranstaltungsleiterin vorweisen konnte. Zu der neuen Anfrage hatte ich zwar nichts Fertiges in meiner Schublade, aber es war klar, dass ich das konnte, also habe ich zugesagt. Das war der Beginn von mehreren unterschiedlichen Schulungen, Lehrgängen und Workshops, die ich danach regelmäßig gehalten habe. Nichts davon hatte ich am Anfang so geplant gehabt. Es war mir alles »passiert«. Erst später habe ich Zusätzliches und Neues in meinem Angebot gezielt forciert, weil mir mit jeder neuen Anfrage klarer wurde, wie viel mehr ich zu bieten hatte. Für die meisten aus meinem Freundeskreis war meine Entwicklung übrigens keine Überraschung. Sie hatten immer schon eine Unternehmerin in mir gesehen.

Könnte es bei dir ähnlich sein? Eventuell ist die Arbeit, mit der du aktuell dein Geld verdienst, nur ein Teil von dem, worin du fantastisch bist oder wärst – und du hast bloß an das andere noch gar nicht gedacht, weil du es einfach nicht auf dem Schirm hattest. Deine engsten Freunde oder auch Menschen, die bereits mit dir zusammengearbeitet haben, offen zu fragen, wo sie dich in fünf Jahren sehen oder was ihrer Meinung nach zu dir passen würde, könnte einen Versuch wert sein. Vielleicht wärst du überrascht, wenn du es zulässt, davon auszugehen, dass andere von außen manchmal besser erkennen können, wo du stehst und wohin deine Reise gehen sollte.

Finde deinen Gamechanger!

Wenn für dich klar ist, dass das, was du beruflich machst, genau das Richtige für dich ist, du aber zu wenig Geld damit generierst, dann ist die Sachlage freilich eine andere. Du siehst schon, was ich meine: Möglicherweise musst du (fürs Erste oder überhaupt) »nur« deine Preise anheben oder morgen um eine Gehaltverhandlung bitten, um über Nacht mehr Geld zu bekommen. Bei mir war es jedenfalls so: Ich hatte den idealen Job für mich selbst erfunden, stellte indessen eines Tages fest, wie wenig die Zahlen auf meinem Konto zum Feedback meiner Kundschaft und zu meinem Erfolg im Außen passten und dass *mehr* aufgrund des damaligen Pensums nicht gehen würde. Es konnte also nicht der Schlüssel sein, noch mehr zu arbeiten. Und in diesem Moment wurde mir klar:

Ich verkaufe mich unter Wert.
Meine Honorarsätze sind absurd niedrig
für das, was ich leiste und vorweisen kann.

Das war *mein* Gamechanger über Nacht. Am nächsten Tag habe ich die Kosten für meine unterschiedlichen Dienstleistungen zum allerersten Mal neu berechnet und wesentlich höher festgelegt. Und ich sage dir: Das war wie eine Offenbarung! Es hat sich so stimmig, so richtig, so überfällig angefühlt – und nebenbei war ich wie von einer schweren Last befreit und bin als Unternehmerin sozusagen drei Zentimeter gewachsen. (Für die noch größere Veränderung Jahre später habe ich mir übrigens mehrere Coachings gegönnt, um verschiedene Zugänge aufgrund unterschiedlicher Perspektiven darauf einholen zu können. Denn in Bezug auf sich selbst und die eigene Situation – das kennen wir alle – hat man oftmals einen blinden Fleck. Da brauchte auch ich Unterstützung, um den Status quo meines damaligen Marktwerts richtig einzuordnen. *Danke, Alexandra! Danke, Sylvia! Danke, Rainer!*)

Vielleicht sehen die Dinge bei dir gänzlich anders aus, weil du dich beruflich verändern möchtest und das Geld nur der Hygienefaktor ist, aber nicht die alleinige Hauptrolle für deine Unzufriedenheit spielt. Was immer du ändern kannst, um künftig mehr Geld einzunehmen, wirst du schon bald herausgefunden haben, wenn du dich eingehend mit deiner Ausgangsposition und deinen Möglichkeiten auseinandersetzt. Und damit dir das leicht von der Hand geht, werde ich dir auf den folgenden Seiten einiges über das Urvertrauen, das Manifestieren und deine Verwandlung in eine echte Chancenerkennerin erzählen. Wir starten mit der Manifestation.

Zauberwort »Manifestation«

»Er kommt nach München!« Ich war 26 Jahre alt, als ich erfuhr, dass Phil Collins, dessen Musik mich seit meinem elften Lebensjahr begleitet, ein Konzert geben würde. Mein Herz hat Freudensprünge gemacht – bis zu dem Moment, in dem ich mir dachte: »Verdammt! Ich habe ja gar niemanden, der mit mir hingehen würde«, denn niemand in meinem Freundeskreis hörte Phil Collins. Ich war zu dieser

Zeit zufriedener Single und hatte keine Idee, wem ich zumuten hätte können, mir zuliebe von Salzburg nach München zu fahren, um sich dieses Konzert anzuhören. Nachdem ich mich selbst beruhigt und meinem inneren Tyrannen mitgeteilt hatte, er solle jetzt mal die Klappe halten, habe ich zwei Tickets gekauft. Ich hatte keine Ahnung, wer mich in etwa einem Jahr zu diesem Konzert begleiten würde, aber ich vertraute darauf, dass sich jemand finden würde. Das fühlte ich durch und durch – ich konnte mich schon johlend, springend, singend und mit Tränen in den Augen im Stadion sehen und spüren, wie großartig sich das anfühlen würde. Also war ich überzeugt davon. Etwa zwei Monate vor dem Konzert lernte ich in Wien einen Mann kennen, wir verliebten uns ineinander und wurden schnell zu einem Paar. Und rate mal: Genau! Es stellte sich heraus, dass er ein riesiger Phil-Collins-Fan war und mich liebend gern zu dessen Konzert begleitet hat.

Warum erzähle ich dir das und was hat es mit deiner Transformation zu einer Frau zu tun, die finanziell bekommt, was sie verdient hat? Ganz einfach: Diese Geschichte zeigt bilderbuchmäßig, wie wenig es beim Manifestieren darum geht, selbst schon eine Idee davon zu haben, *wie* das klappen soll, was man sich wünscht. Es geht vielmehr darum, darauf zu vertrauen, *dass* es klappen wird – und den Rest dann dem Leben, dem Universum, der Glücksgöttin Fortuna oder wie du es sonst nennen magst, zu überlassen. Die Sache mit dem Phil-Collins-Konzert ist nur *ein* Beispiel von vielen aus meinem Leben. Wenn man erst mal erkannt hat, dass man in zahlreichen Belangen seines eigenen Glücks Schmiedin ist, ergibt alles plötzlich einen neuen Sinn.

Alles, was du bist und besitzt, hast du irgendwann erdacht, bevor du es hattest.

Denk das ruhig durch: Den Job, den du jetzt hast, hast du dir irgendwann einmal vorgestellt, als du dich für ihn beworben oder ihn für dich erschaffen hast, solltest du selbstständig sein. Die Wohnung oder das Haus, in der oder dem du wohnst, hast du zuerst gedanklich eingerichtet, bevor du es tatsächlich möbliert hast. Deine Partnerschaft hast du dir spätestens in der Anfangszeit eures Kennenlernens vor deinem inneren Auge ausgemalt, bevor sie zu dem geworden ist, was du heute lebst. Und solltest du Single sein, so hast du dir streng genommen auch diesen Zustand selbst erdacht. Die Sache ist die: Wenn wir unsere Realität ohnehin (mit)bestimmen, dann können wir sie doch gleich in einer Weise erschaffen, die uns gefällt, oder? Ich habe mir mit der Methode des Visualisierens, Wünschens und Loslassens vor Jahren meinen damaligen Traumjob als Angestellte in mein Leben geholt, die für uns perfekte Wohnung, in der wir seit drei Jahren leben, das ideale Auto für mich und den genau richtigen Mann an meiner Seite – von den zig freien Parkplätzen ganz zu schweigen, die ich mir herbeigewünscht hatte. Das Zauberwort heißt »manifestieren«: Du steuerst mit deinen Gedanken bewusst deine Realität, um deine Träume wahrwerden zu lassen und deine Ziele zu erreichen. Und obwohl es ein Zauberwort ist, ist es keine Zauberei, sondern eine Konzentration darauf, was du in deinem Leben haben willst.

Du hast inzwischen ausprobiert, geübt und erarbeitet, dich selbst anders – liebevoller, nachsichtiger und wertschätzender – zu betrachten, um deine Selbstzweifel in einen gesunden Selbstwert zu verwandeln. Du hast weiters daran gearbeitet, Geld neu und positiv zu bewerten. Jetzt geht es darum, Möglichkeiten zu entdecken, um deinen Erfolg schließlich nachhaltig manifestieren zu können. Das ist es, was wir in den kommenden Kapiteln machen werden, wobei wir damit beginnen, deine Potenziale zu erkennen.

Dazu fällt mir ein Zitat der US-amerikanischen Schauspielerin und Comedian Mindy Kaling ein, die ich äußerst sympathisch finde: »Wenn du keinen klaren Weg siehst, um zu bekommen, was du willst, dann musst du ihn erschaffen«, hat sie mal gesagt. Genau darum könnte es in deinem Leben demnächst gehen: dich selbst neu zu erfinden, um den für dich passenden Weg zu kreieren. Ein weltweit bekannter skandinavischer Möbelhersteller mit blau-gelbem Logo und sympathischen Werbespots hat den Slogan »Entdecke die Möglichkeiten!« Nimm diesen Rat an, aber nicht bloß in Bezug auf deine Einrichtung! Versuch das Ganze spielerisch anzugehen und nicht so, als ginge es um alles oder nichts. Starte einfach mal ein gedankliches Experiment – am besten gleich mit der nächsten Übung.

Was könnten bislang unbeachtete Möglichkeiten sein?

Inzwischen bist du ja schon Profi, also weißt du, was zu tun ist: Setz dich mit jeder der nachfolgenden Fragen intensiv auseinander, lass dich richtig auf das jeweilige Thema ein und beantworte alles ausführlich und schriftlich!

- Was war dein Lieblingsspiel oder dein Lieblingsspielzeug, als du ein Kind warst?
- Welche Beschäftigung erfüllt dich jetzt im Erwachsenenalter? Worin kannst du so tief versinken, dass du Zeit und Raum um dich vergisst?
- Worüber könntest du ohne Punkt und Komma reden, bei welchem Thema hängen andere buchstäblich an deinen Lippen?

- Was übst du gern aus, weil du das Gefühl hast, deinem Innersten damit Ausdruck zu verleihen, also dich damit selbst zu verwirklichen?
- Was kannst du so richtig gut? Wofür bekommst du die meisten Komplimente?
- Was würdest du beruflich machen, wenn du wüsstest, dass es erfolgsgekrönt sein wird und du damit unter keinen Umständen scheitern kannst?
- Was ist dein bevorzugtes Film- und Seriengenre und/oder deine Lieblingsabteilung in der Buchhandlung?
- Was hast du in deinem Leben schon bewältigt oder geschafft, woran andere zu knabbern haben? Wobei könntest du anderen unterstützend zur Seite stehen?
- Was ist es, wofür du gern bekannt wärst und wofür man sich später an dich erinnern soll?
- Welcher Arbeit würdest du nachgehen, wenn Geld keine Rolle spielen würde, weil du reichlich davon hast?

Du brauchst mit den Antworten auf diese Fragen nichts unmittelbar zu tun. Lass sie einfach nachwirken und nachhallen und lies inzwischen weiter!

Was du freiwillig und ohne Bezahlung gern tust und wofür du in deinem näheren Umfeld bekannt bist, verrät dir so einiges über deine Talente.

Chancen-Radar – wie du Veränderung lebst, vor der sich andere fürchten

Veränderungen machen den meisten Menschen Angst – sogar die positiven. Denken wir nur daran, dass Liebende kurz vor der Eheschließung vielfach kalte Füße bekommen, wie angsteinflößend es für werdende Eltern ist, wenn sie zum ersten Mal ein Kind erwarten, oder mit wie vielen Befürchtungen der Umzug in eine fremde Stadt oder das Antreten eines neuen Jobs verbunden ist, obwohl sich die Betreffenden all das in vielen Fällen selbst ausgesucht haben!

Wenn du dich also dazu entschlossen hast, in deinem (Berufs-)Leben etwas zu ändern, um es dem Geld leichter zu machen, zu dir zu kommen, und weil du erkannt hast, dass du viel mehr kannst und bist und verdienst, als du dir bislang zugetraut und zugestanden hast, dann stell dich darauf ein, dass dir das einiges abverlangen könnte. Denn wir sind grundsätzlich auf Bequemlichkeit trainiert und haben deshalb etliche Ausreden parat, warum etwas nicht möglich ist. Darum kommen so viele erst gar nicht in die Gänge – weil sich das bekannte Leiden oft sicherer als das potenzielle Glück anfühlt, das uns bislang unbekannt ist. Außerdem birgt eine größere Veränderung die Gefahr, dass sich Menschen aus unserem nahen Umfeld nicht unbedingt als Cheerleaderinnen und Anfeuerer erweisen könnten, sondern uns die geplante Veränderung ausreden wollen. Die meisten haben eine gute Absicht damit, wollen uns schützen: vor Enttäuschungen, vor Fehlschlägen, vorm Versagen. Einige haben – bewusst oder unbewusst – einfach Angst, dass du ihrer Mitte entwachsen und sie überholen oder verlassen könntest. Und manche fühlen sich von deiner Veränderung unter Druck gesetzt, weil du ihnen damit den Spiegel vorhältst und ihnen zeigst, dass man seinen Hintern hochkriegen muss, um etwas zu erreichen. Womit wir wieder bei der Bequemlichkeit (und der viel zitierten Komfortzone) wären …

»Ich habe gelernt, dass Erfolg keine Frage des Geschlechts ist. Es geht darum, sich selbst zu vertrauen, mutig zu sein und sich nicht von Stereotypen einschränken zu lassen.«

Das hat die ehemalige deutsche Bundeskanzlerin Angela Merkel von sich erzählt. Sie mag einem sympathisch oder unsympathisch sein, man mag ihre Politik gut oder schlecht finden, aber wir sollten dieser Frau wohl alle Respekt zollen, denn leicht hat man es ihr sicher nicht gemacht, dieses Amt zu bekleiden und auszufüllen. Und wir dürfen von ihr lernen und ihr vertrauen, wenn sie uns sagt, dass Erfolg keine Frage des Geschlechts ist, sondern eine Frage von Selbstvertrauen und Mut.

Damit du den vor dir liegenden Weg mit einer gewissen förderlichen Leichtigkeit beschreiten kannst, hilft es dir möglicherweise, wenn du darauf achtest, das Wörtchen »muss« nicht überstrapaziert häufig zu verwenden. Einige Motivationscoaches und Kommunikationstrainerinnen wollen es gänzlich aus unserem Wortschatz streichen und am besten gleich aus dem Wörterbuch verbannen. Ich halte das für übertrieben. Doch es gibt Menschen, bei denen löst es aufgrund ihrer Konditionierung und Erfahrungswerte etwas Negatives aus: Es macht ihnen Druck. Da wir alle das jeweilige Ergebnis unserer bisherigen Erfahrungen sind, ist es durchaus sinnvoll, für dich zu überprüfen, ob es dir hilft, wenn du auf das »muss« in deinen Gedanken und Aussagen verzichtest. Im Kleinen tu ich das ebenfalls. So hab ich mir angewöhnt, zu Beginn eines Monats nicht mehr zu denken, dass ich jetzt *auch noch* die Buchhaltung machen und alle Rechnungen fein säuberlich ablegen und ordnen »muss«. Stattdessen formuliere ich das folgendermaßen: »Ich mache jetzt noch die Buchhaltung«. Für mich passt das besser, als zu denken oder zu sagen: »*Ich darf* jetzt die Buchhaltung machen«. Das wäre vor allem früher nicht stimmig für mich gewesen, das hätte ich mir selbst nicht abgenommen, weil ich oft schlichtweg keine Lust darauf hatte. Das aktive »mache« im Präsens hingegen gefällt mir. Es fühlt sich selbstbestimmt und freiwillig an. Und inzwischen liebe ich es übrigens, die Buchhaltung zu machen – ich freu mich richtig darauf, weil es mal etwas ganz anderes ist und ich mich wie nebenbei mit Geld beschäftige und ihm damit gebührlich Aufmerksamkeit schenke.

Ebenso wirkt das *»ich werde«* kraftvoll auf mich: »Ich werde jetzt alle anstehenden E-Mails beantworten und dann meinen Schreibtisch aufräumen« ist deshalb ebenfalls passend in meinem Kopf. Das »darf« kommt mir für mich zu unterwürfig vor. Damit kann ich nur in wenigen Kontexten etwas anfangen. Du verstehst schon: Jeder Mensch reflektiert auf andere Wörter, also muss das, was für mich okay ist, für dich noch lange nicht in Ordnung sein.

Ich rate dir, bewusst mit deinen Formulierungen umzugehen und herauszufinden, welche was in dir auslösen. Du wirst jedenfalls sehen, dass du plötzlich viel mehr Möglichkeiten in deinem Leben entdecken wirst, wenn du deinen Fokus änderst, Veränderung nicht wie die meisten als bedrohlich einstufst und dein Chancen-Radar ständig auf Empfang stellst.

Eine Anleitung für die Übergangszeit

Du weißt nun schon, dass wir im Außen das erleben, was in unserem Inneren passiert. Wir stehen uns in dieser Sache allerdings häufig selbst im Weg, weil wir uns gedanklich zu intensiv mit dem beschäftigen, was wir *nicht* wollen, anstatt mit dem, was wir *wollen.* Darum ruf dir gerade in der Anfangszeit, in der du das neue Denken erst verinnerlichen musst (hier ist ein solches »muss« – du weißt schon) immer wieder in Erinnerung, dich zu fragen, wohin du möchtest, was du erreichen willst und was du dir wünschst. Warum ist das unumstößlich wichtig, damit deine Vision real wird? Weil dein Gehirn ein klares und eindeutiges Bild von dem benötigt, was du haben möchtest, damit es weiß, worauf es fokussieren soll. Und weil, wie schon gesagt, das entsprechende Gefühl dazu wichtiger ist als der Gedanke daran, ist das Vorstellen, das Visualisieren so essenziell. Das Gefühl ist dem der Vorfreude auf ein bestimmtes Ereignis ähnlich. Vielleicht hilft dir das, das richtige abzurufen. Anders gesagt: Deine Hauptaufgabe im Sinne deiner Möglichkeiten ist es, wenn du erst herausgefunden hast, was du möchtest, deine Wunschsituation zu manifestieren. Und bis die eingetreten ist, übst du dich einfach darin, dein Leben, wie es derzeit ist, anders zu bewerten, damit du dich immer besser und schließlich gut mit allem fühlst. Warum ist das nochmal wichtig? Weil es um die guten Gefühle geht, die gute Ereignisse fördern und anziehen. Dabei unterstützt etwa die Methode des Reframings aus dem Neurolinguistischen Programmieren, die mir vor über 20 Jahren mein Ausbildner Rudolf Kronreif beigebracht hat. Es geht dabei darum, etwas in einen neuen Rahmen setzen und ihm damit eine neue Bedeutung zu geben. Was ich ebenfalls von ihm erstmals gehört habe und zunächst nicht glauben und annehmen konnte, war:

Jeder handelt immer aus seiner besten Absicht heraus.

Davon auszugehen, hilft auch beim Thema »Selbstverantwortung«: Nicht jemand im Außen ist verantwortlich dafür, wie wir uns fühlen, denn unsere Gefühle lassen wir in uns entstehen (deshalb heißen sie ja »unsere« Gefühle). Damit haben wir selbst die Macht über unser inneres Erleben einer Situation. Das ist etwas Gutes. Lass das mal sickern!

Wir wollen übrigens meistens zu viel auf einmal, wenn wir eine Veränderung anstreben, und sind deshalb nicht gerade mit Geduld gesegnet. Die wäre aber genauso notwendig wie Durchhaltevermögen, Zuversicht und Dankbarkeit – aus meiner Sicht die wichtigsten Zutaten für langfristigen Erfolg. Wenn es also ein bisschen länger dauert, als du dir das aussuchen würdest, achte darauf, nicht ins alte Verhaltens- und Denkmuster zurückzufallen! Was dir auf deinem Weg wunderbare Unterstützung bieten würde, wäre, dich mit Frauen zu umgeben, die mit dir an einem Strang ziehen, die das gleiche Ziel verfolgen und dir deshalb nicht das Gefühl vermitteln, du wärst die kleine Raupe Nimmersatt, weil du mehr vom Leben willst, als es das Patriarchat für dich vorgesehen hatte. Dich mit Gleichgesinnten austauschen zu können, unterstützt beim Durchhalten, wenn nicht alles sofort so am Silbertablett serviert werden sollte, wie du es bestellt hast. Glaub mir, ich weiß aus eigener Erfahrung: Zweifel, hinderliche Überzeugungen, Bequemlichkeit und Ungeduld sind die Hauptprobleme beim Umsetzen und Verändern. Die Formel ist so simpel wie schwer umzusetzen: Das Vertrauen muss größer sein als deine inneren Saboteure, die ich zum »inneren Tyrannen« zusammenfasse.

Ein weiterer guter Tipp, der dir hilft, die Geduld zu nähren: Mach dir selbst keinen Zeitdruck! Das ruft nur Widerstand in dir auf den Plan. Wenn du merkst, dass du Druck empfindest, steuere gegen, indem du dir beantwortest, was jetzt gerade gut in deinem Leben ist. Aus diesem Gefühl der Dankbarkeit kann dann ein Gefühl der Fülle entstehen, das die Ängste und Sorgen verdrängt und somit ein Wegweiser für dein Gehirn ist, in welche Richtung es für dich künftig soll. Mach dir außerdem klar: Noch mehr zu tun wird dir nicht die gewünschten Ergebnisse bringen, sondern du läufst damit Gefahr, auszubrennen. Du brauchst bloß *das*

Richtige zu tun. Darum geht's. *Mehr* ergibt nicht immer *mehr* und du darfst lernen, eine neue Erwartungshaltung einzunehmen – nämlich dass du *mehr* erreichst, wenn du *weniger* tust.

Wir sind womöglich nicht immer die alleinigen Drehbuchautorinnen für unser Leben. Aber wir sind immer als Regisseurinnen am Zug, das Beste aus jeder Szene herauszuholen.

Wenn du viel von allem in dein Leben ziehen willst, dir also eine Fülle von Geld und Möglichkeiten wünschst, solltest du dir klarmachen, dass das *Überfluss* bedeutet und somit mehr, als du benötigen würdest. Das ist nichts Verwerfliches, doch damit das gelingen kann, sind zwei Voraussetzungen notwendig: Deine Gedanken sollten nicht länger in Richtung »Mir ist alles zu viel!« gehen – auch wenn es bei ihnen um andere Bereiche geht. Konkret meine ich: Solange du dir ständig denkst »Ich hab viel zu viel zu tun« oder »Ich hab zu viel Arbeit«, ist das kontraproduktiv für den Wunsch »Ich möchte mehr haben«. Denn es ist erschwerend für jemanden, dem alles zu viel ist, auf anderen Ebenen mehr als nötig zu empfangen. Und du darfst lernen, dir Luxus in allen Varianten – in Form von Zeit, Komplimenten, Erfolgen und materiellen Dingen – zu gönnen. Lerne, anzunehmen, wenn du etwas bekommst, und zwar selbst dann, wenn du scheinbar nichts dafür getan hast und dein altes Ich der Ansicht gewesen wäre, deshalb hättest du es nicht verdient, weil man immer zuerst etwas leisten muss, um etwas zu erhalten (»Erst die Arbeit, dann das Vergnügen!«).

Vorhin habe ich die Gefahr des Ausbrennens angesprochen, die gegeben ist, wenn man unter Druck und ohne Leichtigkeit zu viel tut. In diesem Zusammenhang ist in den vergangenen Jahren vielerorts von der richtigen Work-Life-Balance die Rede. Dazu habe ich noch einen Denkanstoß für dich.

Der gar nicht mehr so neue Trendbegriff »Work-Life-Balance« ist aus meiner Sicht nicht zu Ende gedacht und lenkt unser Mindset in eine kontraproduktive Richtung, wenn wir die Macht und Kraft der Sprache bedenken.

Die Bezeichnung »Work-Life-Balance« vermittelt gleich zwei Fehlgedanken:

1. Arbeit passiert abseits des (richtigen) Lebens.
2. Arbeit ist etwas nicht Lebenswertes.

Zu 1. möchte ich an Folgendes erinnern: Arbeit macht einen oftmals großen Teil unseres Lebens aus. Sie findet nicht getrennt vom Leben statt. Und wie man einen Körperteil nicht für sich allein und ohne Bezug auf den restlichen Organismus eines Lebewesens behandeln sollte, ist es auch mit dem Arbeiten und dem restlichen Leben.

Und zu 2.: Arbeit sollte nichts Unangenehmes, Belastendes sein. Leider können viele Menschen diesbezüglich gar nicht aus, aber *wenn* es möglich ist, solltest du etwas für dich finden oder als Unternehmerin selbst kreieren, das dich erfüllt, sich sinnstiftend anfühlt, womit du dich identifizieren und mit dem du dich bestenfalls verwirklichen kannst. Und bis zu diesem Zeitpunkt hilft es, sich bei einer nicht erfüllenden Arbeit auf das zu konzentrieren, was gut daran ist – auch wenn das einiges an Überwindung und Übung bedeutet.

Und erst wenn das berücksichtigt wurde, kommt die eigentliche »Balance« ins Spiel, denn egal, wie stark wir das Motto »Ich tue etwas, das ich liebe und darum muss ich nie mehr arbeiten« leben – wir dürfen trotzdem nicht auf die Ruhephasen vergessen. Körper, Geist und Psyche müssen sich erholen können, damit wir im Gleichgewicht sind und überhaupt dauerhaft viel leisten können mit unserem Tun.

Die nächste transformierende Übung unterstützt dich dabei, deine Möglichkeiten zu erkennen, damit du überhaupt weißt, welche Zielvisionen du visualisieren, manifestieren und in dein Leben holen möchtest.

»Think big!« – Zeit, in Bezug auf deine Zukunft out of the box zu denken

Lies die folgenden Fragen und Aufgaben in Ruhe durch und sinniere über sie, bevor du sie beantwortest bzw. schriftlich durcharbeitest! Öffne dabei deinen Geist und dein Herz und lass dich auf jedes dieser Gedankenexperimente wirklich ein. Wenn es dir Angst macht oder du es lächerlich findest, sagt das etwas über deine Sicht aufs Leben aus, aber dann geh diese Übung wie ein Spiel an. Versuch es einfach – was hast du zu verlieren?

Nimm dir bitte einen Block oder ein paar leere Blätter Papier zur Hand!

- Wenn alles möglich wäre, weil dir die gute Fee all deine Wünsche erfüllen möchte – wie würdest du dann dein restliches Leben ab morgen gestalten? Was würdest du dir von ihr wünschen?
- Welche 13 Aktionen, Unternehmungen und Erlebnisse würdest du gern zunächst auf deiner Bucketlist notieren und nacheinander in die Tat umsetzen, und zwar völlig unabhängig davon, ob das berufliche oder private Ideen sind?
- Wenn du furchtlos wärst und darauf vertrauen könntest, dass kein Fehler ein echter Rückschlag wäre, dass Scheitern etwas Positives ist und es nichts gibt, womit du dich lächerlich machen wür-

dest – welche Folgen hätte das für dein künftiges Leben? Was würdest du als Nächstes angehen?

- Überleg dir sieben Parameter, die sich in deinem Leben sofort ändern würden, wenn du wüsstest, dass du mehr als genug Geld auf dem Konto hast!
- Wenn du dir gestattest, so richtig groß zu denken – in welcher beruflichen Position siehst du dich dann? Welchem Job in welchem Arbeitsverhältnis würdest du nachgehen?
- Wenn es keine negativen Folgen haben könnte und es dir komplett egal wäre, was andere Menschen von dir denken – welche finanziellen Entscheidungen würdest du treffen, worin würdest du investieren und was würdest du (dir oder anderen) kaufen?
- Stell dir vor, du bist bereits im hohen Alter, erfreust dich noch bester geistiger und körperlicher Gesundheit und erzählst jungen Menschen (vielleicht deinen Enkelkindern, vielleicht völlig fremden Kindern) von deinem Leben: Du schilderst ihnen, wann und warum eine große Wende kam, welche Erkenntnisse du durch sie hattest und in welche anderen Bahnen du dein weiteres Leben danach geleitet hast. Schreib auf, wie sich diese Schilderungen anhören würde!

Deine Über-Nacht-Veränderung beginnt jetzt!

Nun geht's ums Aufschreiben, Durchdenken und Verinnerlichen: Konzentrier dich auf all das, was du schon in deinem Leben erreicht hast, schreib es dir direkt vor dem Schlafengehen auf, denk bewusst daran, worauf du im Hier und Jetzt stolz bist und schlaf mit einem Gefühl der Dankbarkeit und Zufriedenheit ein!

Schritt 4: No Limits und kein Platz für Bescheidenheit – so ermittelst du deinen Businesswert

Magdalena war glücklich. Sie hatte endlich den Mut aufgebracht, ihren alten Job hinter sich zu lassen und die Selbstständigkeit zu wagen. Nach einer neuen Ausbildung zur Ernährungsberaterin konnte sie nun genau das tun, was sie tun wollte: anderen Frauen dabei helfen, sich gesünder zu ernähren, um eine Krankheit schachmatt zu setzen oder ihr Wohlfühlgewicht zu erreichen. So happy sie mit der Entscheidung selbst war, so unglücklich war sie jedoch mit dem finanziellen Output, den ihr ihre neue Aufgabe einbrachte. Sie arbeitete halbtags, um die Kinder nach der Schule versorgen zu können und ihr Mann verdiente genug, weshalb sie von außen keinen Druck hatte. Es fühlte sich dennoch unbefriedigend für sie an, so viel weniger als vorher im Angestelltenverhältnis zu verdienen, weshalb sie das ändern wollte. Zu diesem Zeitpunkt hatte sie bereits 14 Klientinnen, die mehr oder weniger regelmäßig (im Durchschnitt einmal im Monat) zu ihr kamen. Recht viel mehr als ein, zwei weitere konnte sie sich momentan aber gar nicht vorstellen zu begleiten, weil sie auch Vor- und Nachbereitungen zu erledigen hatte – mal abgesehen von der Buchhaltung und all den anderen To-dos, die anfielen. Als ich sie fragte, wie viel eine Einheit bei ihr kostete, meinte sie: »45 Euro.« Da war ich mal baff. Denn überschlagsmäßig berechnet ergab dieser Honorarsatz nur gut 600 Euro monatlich, von denen rund die Hälfte ans Finanzamt und die Sozialversicherung abzugeben waren. Ich wollte wissen, wie sie auf diese Summe gekommen sei. Sie antwortete: »Na ja, ich hab mich umgesehen, was andere so verlangen, und das ist ja viel mehr, also das preislich Unterste, das ich gefunden hab, lag bei 90 Euro. Das trau ich mich nicht zu verlangen, weil ich erst am Anfang stehe und noch nicht so viel Erfahrung habe. Darum dachte ich, die Hälfte wäre passend. Und dass ich so günstig bin, hat mir vielleicht erst die vielen Leute gebracht. Wenn ich das Doppelte verlangen würde, kämen wahrscheinlich wesentlich weniger in die Beratung.« Ich erklärte ihr meine Perspektive dazu: »Wenn Sie 90 Euro pro Sitzung erhalten würden, hätten Sie mit sieben pro Monat gleich viel eingenommen wie mit 14. Und sieben zu finden, die 90 Euro bezahlen, ist genauso bewältigbar wie 14, die die Hälfte zahlen wollen.« Sie sah mich groß an und begann zu nicken. Wir mussten zunächst an ihrem Selbstwertgefühl arbeiten und ihre Selbstzweifel ausmerzen, bis es ihr innerlich möglich war, ihren Honorarsatz zu überdenken und gehörig anzuheben.

Dass dieses extreme Price Dumping für ihre Mitbewerberinnen ebenfalls nicht gerade förderlich war, hat sie übrigens schneller überzeugt. Das soziale Denken war bei ihr wie so oft unter Frauen ausgeprägter, als auf sich selbst zu achten. Es blieb nicht nur beim Erhöhen ihrer Preise. Wir fanden zudem weitere Einnahmequellen – ganz im Sinne von »Entdecke die Möglichkeiten!« Als ich ihr vorschlug, einen Kurs für mehrere Personen anzubieten, weil sie dann in der gleichen Zeit eben nicht eine *Frau, sondern beispielsweise acht bis zwölf Frauen auf ihrem Weg zu einer gesünderen Ernährungsweise begleiten könnte, winkte sie zunächst ab. Sie hatte grobe Schwierigkeiten damit, vor mehreren Menschen zu reden. Ich konnte sie davon überzeugen, dass auch das lern- und trainierbar ist, und schon nach wenigen Einheiten meines Präsentationscoachings war sie bereit dafür, es auszuprobieren. Zusätzlich hat ihr übrigens geholfen, sich eine Stilberatung in ihrer Nähe zu buchen, weil sie sich mit ihrer Kleidung und ihrer Frisur nicht wohl genug gefühlt hat, um im Mittelpunkt zu stehen. Ihr Ma-*

keover konnte sich sehen lassen und war ein unterstützender Schritt zu einem höheren Selbst- und Marktwert. Mein Letztstand: Es ist ihr gelungen, eine Kooperation mit einem Fitnessstudio einzugehen, durch die sie nicht mal die betreffenden Teilnehmerinnen für ihren Kurs selbst suchen und finden musste, weil die praktisch schon im Haus waren.

Es ist Fakt, dass viele Frauen sich schwerer als Männer damit tun, den eigenen Wert für die Geschäftswelt und Wirtschaft zu erkennen, zu beziffern und nach außen hin zu vermarkten. Wir haben weiter vorn bereits eruiert, woher das kommt. Der Selbstwert bzw. sein Mangel drückt sich auch im Geschäftsleben aus: Er zeigt sich im Honorar bzw. Gehalt.

Du bekommst nicht, was du tatsächlich verdienst, sondern den Wert, den du überzeugend nach außen vermittelst.

Manche Frauen würden sich am liebsten vor dem Verkaufsprozess drücken – und das betrifft Selbstständige wie Angestellte gleichermaßen, denn um den eigenen Wert auf dem Arbeitsmarkt zu steigern, ist es unumgänglich, sich mit seinem Können zu »verkaufen«. Die meisten fühlen sich mit dem Verkaufen an sich unwohl – vor allem, wenn es darum geht, die eigene Leistung anzupreisen (bei der von anderen klappt das meistens gleich viel besser). Und wenn sie zudem nicht von sich selbst überzeugt sind, kann es gar nicht anders kommen, als dass sie sich vielfach unter Wert verkaufen. Deshalb bekommen sie schließlich wesentlich weniger, als sie verdient hätten.

Die gute Nachricht lautet allerdings: Wer du im Berufsleben zu sein glaubst, ist auch nur ein Glaubenssatz, an den du dich gewöhnt hast! Und wie es sich mit alten Überzeugungen und Gewohnheiten verhält, weißt du inzwischen. Darum kannst du jederzeit ein neues Bild von dir kreieren – auf Basis deines kraftvollen Selbstwerts, mit dem du dich weiter vorn hoffentlich bereits ausgiebig beschäftigt hast.

Vom Selbstwert zum adäquaten Marktwert

Dein Selbstwert ist einer der Hauptfaktoren, die deinen Marktwert bestimmen. Darum haben wir genau da angesetzt.

Alles hat einen Preis: Wenn du bekommen willst, was du verdienst, wirst du etwas dafür tun müssen!

Das, was du zu tun hast, um deinen Wunschpreis oder dein Traumgehalt zu realisieren, wirft dich wiederum auf dich selbst zurück (was großartig ist, weil es bedeutet, dass du damit nicht von anderen abhängst), denn unterm Strich bist du die Einzige, die darüber entscheiden kann, wie viel du verdienst. Schließlich weiß niemand so genau wie du, wie kompetent du bist, wie umfangreich dein Wissen ist und welche konkreten Erfahrungswerte du für deinen Job oder dein Business mitbringst. Was du über deinen Marktwert denkst und wie du ihn definierst, wird ihn de facto bestimmen, also das ergeben, was andere bereit sind, für deine Arbeit oder Dienstleistung zu bezahlen – ob es sich nun um Arbeitgeber oder eigene Kundschaft handelt. Und je stärker du von dir und deinen Fähigkeiten überzeugt bist, desto kompetenter werden dich andere wahrnehmen.

Was dich zusätzlich dazu befähigt, deinen Wert zu vermitteln, ist immer dann, wenn sich etwas für dich nicht stimmig anfühlt, »Nein!« zu sagen.

Ein »Nein« zu anderen
ist ein »Ja« zu dir!

Dieser Spruch mag abgedroschen klingen, weil er inflationär oft verwendet wird – seine Essenz ist dennoch wahr: Es geht nicht darum, zur Egoistin zu werden und aus Prinzip möglichst viel abzulehnen, sondern darum, Grenzen zu setzen. Das beginnt in der Zusammenarbeit mit anderen, wenn man dir wesentlich mehr aufhalsen möchte, als vereinbart war; es geht weiter, was Kontaktaufnahmen abseits der Arbeitszeiten betrifft (an Wochenenden, an Feiertagen, im Urlaub oder auch, wenn du beispielsweise nach 19.00 Uhr nicht mehr erreichbar sein möchtest, um dich anderen Dingen widmen zu können); und es endet bei einem »Nein«, wenn man deinen Preis nicht zahlen oder dir deinen Gehaltswunsch nicht gewähren will.

Solltest du angestellt sein und dir denken: »Klar, Selbstständige haben es da sicher leichter, weil der nächste Auftrag schon um die Ecke wartet, aber ich kann nicht einfach meinen Job schmeißen«, dann lass dir sagen: Zahlreiche Freiberuflerinnen, Klein- und Einzelunternehmerinnen trauen sich einen Auftrag nicht abzulehnen, obwohl er schlecht bezahlt wird, weil sie nach dem Motto vorgehen »Besser der Spatz in der Hand als die Taube auf dem Dach« – übersetzt in die Businesswelt: »Lieber schlecht bezahlt als ganz ohne Auftrag«, da sie eben *nicht* wissen, wann die nächste Kundschaft anklopfen wird. Und solltest du selbstständig sein und dir denken: »Na klar, als Angestellte kann man leicht weiterziehen und sich anderswo eine besser bezahlte Stelle suchen, doch ich bin vom Good Will meiner Auftraggeber abhängig«, so sei dir versichert: Die gut bezahlten Jobs wachsen nicht gerade auf den Bäumen und manchmal ist es nötig, trotz Unterbezahlung noch länger in einer Firma zu bleiben, bis man etwas Neues gefunden hat. Bei aufrechter Anstellung findet sich leichter etwas, weil Existenzsorgen keine hilfreichen Ratgeber sind, man die leider schnell ausstrahlt und dann weniger selbstsicher und mit geringerem Marktwert ausgestattet auf mögliche neue Arbeitgeber wirkt. Trotzdem ist es wichtig, das eigene Ziel im Auge zu behalten und auf Dauer nicht unter seinem Wunschpreis zu haben zu sein. Ich weiß, viele scheuen sich davor, einen Auftrag abzulehnen oder einen Job zu kündigen, weil sie Angst vor dem potenziellen daraus resultierenden Konflikt haben. Doch im Berufsleben gehört es dazu, unterschiedlicher Ansichten zu sein und verschiedene Interessen zu verfolgen. Es geht lediglich darum, sie auf sachlicher Ebene zu diskutieren. Und wenn man seinen Wert kennt und ausdrückt, hebt das das eigene Ansehen. Kurzum: Wenn man nicht zu einer Einigung findet, ist das eben so. Die Alternative – sich immer unter Wert zu verkaufen und im Preis drücken zu lassen – ist wesentlich schlimmer. Das frustriert nicht nur auf lange Sicht, sondern vermittelt sich durchs eigene Verhalten und spricht sich irgendwann herum – á la »Die kann man gut im Preis drücken, die benötigt offenbar jeden Auftrag/diese Stelle wie einen Bissen Brot, also brauchst du nicht gleich auf ihre Forderungen einzusteigen«. Verbreitet sich dieses Bild von dir erst mal, wird es ungleich schwieriger, aus dieser Schublade wieder herauszukommen.

Darum werden dir die folgenden Übungen dabei helfen, dir des Werts deiner Arbeit bewusster zu werden und ihn richtig einordnen zu können, damit du ihn aus voller Überzeugung vertreten und einfordern kannst.

Was ist deine Arbeit wert?

Reflektiere jede dieser Fragen in einem Moment der Ruhe ausführlich und beantworte sie wieder schriftlich!

- Was ist dir deine Lebenszeit wert, die du aufwendest, um deine Arbeit zu verrichten oder deine Dienstleistung zu erbringen, dich darauf vorzubereiten und sie danach nachzubereiten?
- Was ist es dir wert, das Wissen weiterzugeben oder einzusetzen, das du über die Jahre erworben und großteils wahrscheinlich auch gegen Geld vermittelt bekommen hast und ohne das du deine Arbeit gar nicht richtig machen oder deine Dienstleistung nicht anbieten könntest?
- Wie viel würdest du jemandem bezahlen, der die gleiche Arbeit oder Dienstleistung wie du anbietet, wenn du genau das brauchen würdest, was du für deine Arbeitgeber oder deine Kundschaft bzw. deine Klientinnen und Klienten machst?
- Was haben die Menschen, die dich bezahlen, von dem, was du für sie tust? Was ändert sich dadurch für sie in ihrem Leben oder Alltag, was wird besser, was erhalten sie, welches Problem löst du für sie oder welche Möglichkeiten eröffnest du ihnen damit? (Achte bei deiner Antwort darauf, dass du nicht klassisch Zeit gegen Geld aufwiegst, sondern das Erlebnis oder das Ergebnis berücksichtigst! Die Auswirkung auf die Person, für die du das tust, wofür sie dich bezahlt, das Gefühl, das du damit in ihr auslöst, kann wesentlich mehr wert sein als nur (d)eine Arbeitsstunde.)

Solltest du zu jenen Frauen gehören, denen es nicht gefällt, dass solche Werte, wie du sie gerade in der vorangegangenen Übung eingeschätzt hast, in Geld aufgewogen werden, weil du mit deiner Transformation deinen Money-Focus betreffend noch nicht fertig bist, so denk Folgendes mal durch: Geld ist (zumindest momentan) das praktischste aller Tauschmittel. Wenn genügend Menschen etwas nicht mehr kaufen, wird das Angebot geändert. Umgekehrt genauso, wenn die Nachfrage steigt. Warum also solltest du nicht auch deine Fähigkeiten, Dienste, dein Wissen und Können gegen Geld tauschen, damit du dieses Geld wiederum in Lebensmittel, ins Wohnen, in Kleidung und all die Dinge, die du zum täglichen Leben brauchst oder dir wünschst, investieren kannst? Aus diesem Blickwinkel betrachtet ist Geld für dich hoffentlich nicht (länger) versklavend oder sonst wie negativ. Wenn doch, geh am besten zurück zu Schritt 2 und arbeite dieses Kapitel erneut durch! Ich weiß, dass das neben dem Thema mit dem Selbstwert für manche Frauen besonders herausfordernd zu lösen und zu verändern ist und darum unter Umständen mehrere Anläufe benötigt. (Du wärst damit alles andere als die Ausnahme.)

Erinnerst du dich an die Sicht auf Geld meiner Freundin, von der ich dir weiter vorn erzählt habe? Jene, die Geld lange Zeit schwer abgewertet und abgelehnt hat, weil ihr das Geldsystem an sich völlig zuwider war? Zwei Überlegungen könnten jedenfalls in der Sekunde hilfreich sein, falls du das an diesem Punkt nach wie vor ähnlich wie sie empfinden solltest. Hier die Übung dazu:

Wie würde ein Mann darüber denken? Und was ist deine Dienstleistung deinem Gegenüber wert?

Zur ersten Frage, die du jetzt oder später – wann immer dich Zweifel beschleichen, ob du denn für deine Arbeit Geld verlangen darfst – in Ruhe und ausführlich für dich selbst beantworten solltest, möchte ich dir mitgeben: Wir dürfen hier durchaus von den Männern lernen, denn das schätzen sie sehr viel realistischer und damit gesünder ein, als viele Frauen das tun. Ein »durchschnittlicher Mann« fände die im Vorfeld offenbarten Überlegungen schlichtweg absurd, ja, sie kämen ihm so gar nicht und niemals und wirklich unter keinen (zumindest gewöhnlichen) Umständen in den Sinn. Und ein spirituell offener oder sogar spirituell lebender Mann würde so auch nicht denken, weil ihm der Ausgleich, den es bei allem geben muss, wenn die Welt in Balance bleiben soll, derart verständlich wäre, dass er höchstens in Ausnahmefällen (wenn es beispielsweise darum ginge, einer Person zu helfen, die Hilfe benötigt, sie sich aber aufgrund ihrer vertrackten Situation aus irgendwelchen Gründen momentan nicht leisten kann) seine Unterstützung ohne (zeitnahe) Bezahlung anbieten würde. Doch never ever würde er das als grundsätzliche Überlegung für sein täglich Schaffen mit sich herumschleppen. Denk es bitte gern selbst von A bis Z durch, indem du gedanklich alle Männer abklapperst, die du besser kennst; indem du dir all jene in Erinnerung rufst, bei denen du bereits für eine Dienstleistung bezahlt hast.

Nun zur zweiten Überlegung: Was würde deine Dienstleistung wohl der Person, die sie in Anspruch nehmen möchte, in Euro-Scheinen wert sein? Wie viel ist es diesem Gegenüber, das beispielsweise durch deine gekonnten Kniffe und Griffe als Physiotherapeutin, nach und nach wieder schmerzfrei wird, wert?

Kleine Fische – große Wellen: Wie du als Goldfisch hervorstichst

Kommen wir zu einem für dich vielleicht völlig neuen Gedanken, der essenziell sein könnte:

Du solltest mit anderen über Geld reden!

Mir ist sonnenklar, dass das als unpassend oder gar als Fauxpas gilt, weil es für viele ein Tabu ist, sich in die eigenen Geldscheinkarten schauen zu lassen. Und im Angestelltenbereich unterschreiben zahlreiche Frauen sogar eine Verschwiegenheitsklausel.

Deshalb: Versuch es einfach! Mach Geld in deinem Umfeld zu einem gesellschaftsfähigen Gesprächsthema! Warum rate ich dir dazu? Wenn wir nicht über Geld reden, fehlen gerade uns Frauen, die wir nach wie vor seltener in den Chefetagen sitzen, wo die Gehälter diskutiert werden oder offenliegen, Referenzwerte: Ohne das Wissen, wie viel ein Kollege in der gleichen Position und mit einer ähnlichen Qualifikation bezahlt bekommt, haben Frauen keine Orientierungspunkte, keine Vergleichswerte, von denen ausgehend sie einschätzen können, was realistisch möglich ist und was nicht. Genau diese Zahlen braucht man allerdings, wenn man ins nächste Gehaltsverhandlungsgespräch geht, weil sie die Basis für die eigenen Forderungen bilden. Männer haben oftmals dadurch, dass im Management und der Geschäftsführung vielerorts andere Männer anzutreffen sind, den Heimvorteil: Sie haben dadurch häufiger und einfacher die Gelegenheit, diese Zahlen für sich herauszufinden. Da müssen Frauen unter Umständen kreativer werden, um die bahnbrechenden Informationen über Gehälter in Erfahrung zu bringen, doch du findest sicher einen gangbaren Weg. Versuch die Sache spielerisch anzugehen, um eine gewisse Leichtigkeit dabei auszustrahlen. Vergiss nicht: Verkrampft gelingen Vorhaben eher selten.

Erfolg entsteht aus einer Sogwirkung, nicht aus Druck.

Auch um im Falle einer Selbstständigkeit die eigenen Preise festlegen zu können, ist es hilfreich, zu wissen, was andere in dieser Branche verdienen – womit wir bei der Konkurrenzanalyse wären. Ich sag's dir ganz ehrlich: Dieses Thema ist nicht gerade mein favorisiertes, weil es eine Gratwanderung ist. Viele selbstständige Frauen recherchieren etwa im Internet, welchen Honorarsatz ihre Mitbewerberinnen und Mitbewerber haben und sind dann sofort wieder im Selbstzweifel gefangen, weil sie sich einbilden, dass die eine erheblich mehr Erfahrung vorzuweisen hat und der andere bessere Ausbildungen. Das Gleiche gilt für Angestellte, wenn sie erfahren, was der Vorgänger verdient hat oder was jemand in einer ähnlichen Funktion in einer anderen Firma an Gehalt bezieht: Wenn das mehr ist, glauben die meisten Frauen, es sei berechtigt, weil die oder der andere sicher viel mehr zu bieten hat als sie selbst. Das ist natürlich wenig förderlich. Es geht hier darum, möglichst neutral und wertfrei zu ergründen, was andere »verlangen«, weil das eine Tendenz dafür zeigt, was Menschen dafür bereit sind auszugeben. Du solltest aber nicht in den kompletten Vergleich auf allen Ebenen abstürzen, denn:

Die Ursache aller Unzufriedenheit liegt im Vergleich.

Und das Gras wirkt bei der Nachbarin recht schnell grüner als in deinem eigenen Garten. Du weißt schon, was ich meine. In Erfahrung zu bringen, was andere für eine ähnliche Dienstleistung oder Arbeit wie die deine bezahlt bekommen, soll dir außerdem lediglich eine Orientierung bieten. Weil jeder Mensch anders ist und allein durch seine persönliche Lebenserfahrung nie exakt dasselbe zu geben haben wird wie ein anderer, und weil wir ja inzwischen wissen, dass der Marktwert außerdem vom eigenen Selbstwert abhängt, soll dich das nicht dazu verleiten, jemand anderen zu kopieren. Weder in dessen Preispolitik noch in dessen Auftreten. Es geht schließlich darum, *dich* zu zeigen und *deine* Leistung zu verkaufen.

Die nächste Übung sollte dir dabei helfen, mit der Konkurrenzanalyse nicht in die falsche Richtung abzubiegen.

So gehst du bei der Konkurrenz- und Marktanalyse vor

Wenn du selbstständig bist (und das bleiben möchtest):

Recherchiere über eine der gängigen Suchmaschinen mindestens fünf Personen, die eine ähnliche Dienstleistung wie du anbieten! Such dir dabei bewusst Frauen *und* Männer und welche aus unterschiedlichen Ländern, damit du ein möglichst breites Feld abdeckst. Fokussiere auf die Art der Dienstleistung (um herauszufinden, ob sie mit deiner vergleichbar ist) und auf die Preise – nicht auf den Werdegang oder jeden einzelnen Aspekt in Ausbildung und Berufserfahrung. Am besten notierst du dir alle Honorarsätze, die du auf den Webseiten angegeben findest, und erfragst die nicht vorhandenen dann per E-Mail, telefonisch oder im Rahmen von Netzwerkveranstaltungen, wo man rasch ins Gespräch kommt.

✦ Keine Sorge: Wer einen ausgeprägten Selbstwert und einen guten Marktwert hat, wird dich nicht als Gefahr empfinden! Du brauchst dir also nicht zu überlegen, ob man dir gern Auskunft erteilen wird, weil du eine Konkurrentin bist. (Und falls doch: Dann hast du es wenigstens versucht.) Ich mag allein deshalb in Wahrheit den Begriff der »Mitbewerber« lieber, weil er weniger negativ konnotiert ist. Aus meiner Sicht gibt es ohnehin für jeden genügend potenzielle Kundschaft, weil Menschen nun mal von Menschen kaufen und nicht jeder auf die gleiche Anbieterin oder den gleichen Anbieter reflektiert. ✦

Wenn du angestellt bist (und das bleiben möchtest):

Recherchiere als Erstes die Kollektivverträge in deinem Land und deinem jeweiligen Beruf und sieh dir die dazugehörigen Gehaltstabellen an! Lass dich von den Zahlen aber nicht gleich entmutigen, denn nach denen sind die Gehälter immer recht weit unten angesetzt. Das ist lediglich das Minimum, damit du eine Ausgangslage hast. Zu berücksichtigen sind nicht nur deine Basisausbildung und etwaige Fortbildungen, sondern auch deine bisherigen Berufsjahre. Als Nächstes eruierst du, welches Gehalt andere in einer ähnlichen Position und Funktion in anderen Firmen beziehen und notierst dir diese Ziffer neben der des Kollektivvertrags.

✦ Vielleicht musst du für diesen Vorgang kreativ werden, dein Netzwerk ankurbeln, bei Kolleginnen oder einer Karriereberatungsstelle nachfragen oder was auch immer. Ich bin überzeugt davon, dass du einen Weg finden wirst, um das herauszufinden, was dir schließlich als Grundlage für deine Gehaltsverhandlung dienen wird. ✦

Ausgehend von diesen Basiswerten kannst du dir in einem nächsten Schritt nun vielleicht erstmals schwarz auf weiß notieren, wie viel du selbst auf dem Wirtschaftsmarkt mit deiner Erfahrung, Ausbildung, deiner Expertise, deiner Persönlichkeit und deinen Soft Skills wert bist.

Wie du eine konkrete Zahl eruierst, die deinen Marktwert widerspiegelt

Wenn du selbstständig bist oder dich selbstständig machen möchtest:

- Die gängigste Herangehensweise ist die Berechnung eines Stundensatzes als Basis. Damit können die meisten etwas anfangen, denn das kennen wir von der Rechnung aus der Kfz-Werkstatt genauso wie von jener der Installateurfirma, wenn die Waschmaschine repariert werden musste: Sie führen neben den Materialkosten die Handwerksstunden an.
- Beim Stundensatz muss berücksichtigt werden, wie viele Stunden du am Tag, in der Woche, in einem Monat oder einem vollen Jahr maximal arbeiten und damit verkaufen kannst. Davon musst du einiges an Zeit abziehen: für Urlaub, mögliche Ausfälle durch Erkrankung, die Aufwände für die Akquise, die Marketingarbeit wie jene für Social Media, die Buchhaltung, die Beantwortung von Anfragen etc. Das kann gut und gerne mehr als die Hälfte deiner Arbeitszeit ausmachen, weshalb du nicht zu niedrig ansetzen solltest.

✦ Außerdem kannst du am besten gleich berechnen, wie hoch deine laufenden Fixkosten für dein Geschäft sind und was du dir selbst an Gehalt auszahlen möchtest (die Privatentnahmen). Und vergiss nicht die Steuern! Weiters ist es vorausschauend, Rücklagen für unvorhergesehene Situationen mit zu berechnen. ✦

- ✦ So kommst du auf eine Summe – auf deinen Mindestumsatz. Wenn du diesen Mindestumsatz durch die höchstens leistbaren Arbeitsstunden teilst, erhältst du einen Stundensatz. Das ist das absolute Minimum. Du sollst ja gut davon leben können. Aber nicht nur das: Dein Honorar ist zudem die Wertschätzung für deine Arbeit und die Bestätigung für deine Leistung. Deshalb musst du dich auch innerlich wohl damit fühlen.

Weitere Parameter für die Berechnung:

- ✦ Wenn du aus einem Angestelltenverhältnis kommst, ist es wichtig, zu berücksichtigen, dass das Bruttogehalt für Selbstständige nicht dem der Angestellten entsprechen kann, weil du zum Nettolohn noch Einkommenssteuer, Sozial- und Krankenversicherung abdecken wirst müssen. Das heißt: Wenn du 2.000 Euro netto verdienen, also Gewinn erzielen willst (diesen Wert nennen viele zu Beginn), dann müssen zwischen 3.500 und 4.000 Euro hereinkommen, also Umsatz gemacht werden. Das bedeutet einen Stundensatz von mindestens 50 Euro brutto, wenn du klassisch 40 Stunden pro Woche arbeitend verbringen möchtest. Und berechne ein, dass es für Freiberuflerinnen kein Urlaubs- und Krankengeld gibt!

- ✦ Du kannst die Berechnung alternativ umgekehrt angehen: vom Stundensatz zum Jahresgewinn oder von den jährlichen Einnahmen zum Stundensatz.

✦ Aber bedenke eines: Damit verkaufst du lediglich Zeit gegen Geld! Es geht allerdings um viel mehr: um das Ergebnis für deine Kundschaft und/oder das Erlebnis auf dem Weg dorthin, um das Gefühl, das du auslöst, das Problem, das du löst oder die Möglichkeiten, die du schaffst – und auf der anderen Seite natürlich um deine Erfahrungen, Referenzen, dein Wissen und Können. Sprich: Die Qualität deiner Arbeit und deine Expertise dürfen und sollen sich in deinen Preisen widerspiegeln. Wer einen Premiumwagen kauft, legt wesentlich mehr Geld dafür hin als für einen Mittelklassewagen, weil er davon ausgeht, dass er andere Qualitätsstandards bieten wird. Geh all das für dich durch, wenn du dich an deine Preisgestaltung setzt. Und lege dabei ruhig gleich fest, wie du deine Preise mit wachsendem Erfahrungsgewinn in Zukunft steigern möchtest. ✦

Beantworte zusätzlich die folgenden Fragen:

- ✦ Welche Grundausbildungen hast du gemacht? Welche zusätzlichen Fort- und Weiterbildungen, die dich qualifizieren? Wie viele Jahre warst du in Ausbildung, wie viele bist du grundsätzlich schon im Arbeitsleben und wie lange in deinem aktuellen Bereich? Was bietest du Besonderes an, das dich von anderen Anbieterinnen und Anbietern abhebt? Was bekommen deine Kundinnen und Kunden von dir, das sie besonders zufrieden macht? Welche Erfolge hast du schon gefeiert, welche Firmen haben bislang auf dich vertraut, welche Referenzen kannst du vorweisen? Wie groß ist das Konkurrenzangebot am Markt? Wo befindet sich dein Firmensitz? Wie hoch sind die Lebenserhaltungskosten in deiner Region?

- Was dich als Selbstständige zusätzlich in deinem Ansehen und deiner Außenwirkung hebt, sind einerseits eigene Publikationen (Gastbeiträge, Artikel, ein Buch) zu deinem Thema und andererseits Presseberichte über dich bzw. Interviews mit dir, also eine gewisse Medienpräsenz. Beides zeigt deine Expertise, unterscheidet dich vermutlich von der Konkurrenz und macht dich sichtbarer. Weiters gibt es Preise und Auszeichnungen, die ebenfalls als marktwertsteigernd einzuordnen sind.
- Wenn dir trotz der Arbeit an deinem Selbstwert die berechnete Summe zu hoch erscheint, vergiss nicht, dass ein niedriger Preis nach außen so aussehen könnte, als wäre deine Leistung minderwertig. Das wär dann ein gewaltiges Eigentor!
- Einen zusätzlichen Tipp hab ich an dieser Stelle noch für dich: Wenn ich merke, dass mich jemand buchen oder mit mir zusammenarbeiten will, aber tatsächlich nicht genug zahlen kann, geh ich nicht im Preis runter und gewähre Rabatt, sondern kalkuliere ein kleineres Paket, ein Light-Angebot, das für mein Gegenüber leistbar ist.

Wenn du angestellt bist und bleiben möchtest:

Im Angestelltenverhältnis ist die Festlegung eines adäquaten Gehalts nicht ganz so komplex wie bei Unternehmerinnen. Begib dich also einfach mal in den Recherchemodus, indem du *Google* befragst, was deine Branche, dein Tätigkeitsfeld und deine Funktion betrifft. Im Internet finden sich etliche Gehaltstabellen mit Einstiegs- und Durchschnittsgehältern in verschiedenen Branchen und regionalen Gebieten und auch Gehaltsrechner, die du ausprobieren kannst. Angesichts der vielen Faktoren sind Durchschnittslöhne nur ein grober Indikator. Wende dich deshalb am besten an Beratungsstellen, um Genaueres in Erfahrung zu bringen. (In Österreich ist dafür die *Arbeiterkammer (AK)* zuständig, in Deutschland gibt es vielerorts *Arbeitskammern*, *Arbeitnehmerkammern* und die *ArbeitnehmerHilfe*.) Und bedenke, dass diese Zahlen bloß die Basis bilden, weil es dann noch darum geht, welche Ausbildungen, Fort- und Weiterbildungen du absolviert hast, wie viele Jahre an Berufserfahrung du bereits vorweisen kannst, welche Zusatzqualifikationen du zu bieten hast und welche Hard und Soft Skills du mitbringst, also was eine Firma als Gesamtpaket erhält, wenn sie dich an Bord holt.

Ich selbst war bei Coachin Sylvia Stangl, die mich die Summe und Zeit, die mich jede meiner Ausbildungen gekostet hat, ausrechnen und einschätzen hat lassen (mein Studium über viereinhalb Jahre kam etwa auf 32.000 Euro, meine NLP-Ausbildung auf gut 5.000 Euro und zwei Jahre, meine Marketingausbildung auf 2.000 Euro und drei Monate, meine Mentaltrainerinnenausbildung auf 2.500 Euro und neun Monate, meine Moderationsausbildung auf 3.000 Euro und zwei Jahre etc.), welche meiner besonderen Qualifikationen in Summe wie viel wert sind (sieben Bücher und davon fünf auf Bestsellerlisten und eines zweimal auf Platz 1 und dreimal auf Platz 2 einer solchen Bestsellerliste; meine regelmäßige Medienpräsenz; meine eigene Kolumne in einem Lifestylemagazin; die Fünf-Sterne-Bewertungen meiner bisherigen Kundinnen und Kunden auf *ProvenExpert* usw.), und meine Berufserfahrung inklusive besonderer Fähigkeiten (15 Jahre trimedialer Journalismus, gefolgt von meiner Zeit als Reisejournalistin, meine langjährige Erfahrung als Trainerin und die im Verlagswesen etc.). Die Summe wies sie mich an, durch 27 zu dividieren (das war damals die Anzahl an Jahren seit meinem Schulabschluss mit der Matura bzw. dem Abitur), also durch 336 Monate, und das ergab eine Zahl, die meinem monatlichen Mindesteinkommen entsprach. Die einzelnen Beträge meiner Investitionen oder des Werts, den eine Auszeichnung auf dem Markt hat, waren gar nicht so einfach zu eruieren und festzulegen und meine Berechnung ergab unterm Strich lediglich eine Schätzung. Aber diese Auseinandersetzung hat einen spannenden Prozess in mir ausgelöst, eine neuerliche Bewusstmachung, was mich und meinen Wert auf dem Wirtschaftsmarkt betrifft.

Was ich damit sagen will: Letztlich ist ein Marktwert auch etwas Subjektives, von dem vor allem du selbst überzeugt sein musst, damit du ihn selbstbewusst ausstrahlen und ihn sich in deinem Honorar bzw. Gehalt widerspiegeln lassen kannst. Und ob bei einem Stundensatz, einem Tagessatz, einem Pauschalpreis für einen bestimmten Auftrag oder einem Jahreseinkommen – es geht darum, dass du dich mit dem betreffenden Wert bzw. der betreffenden Summe (egal, wie du ihn bzw. sie berechnest) identifizieren kannst, dass du dich wohl damit fühlst und gut im Außen präsentieren kannst.

Queen's Code: Wie Wertschätzung deinen Marktwert steigert

Es ist übrigens für deine Entwicklung rund um deinen Selbstwert, deinen Marktwert und die Wertschätzung, die du sowohl durch Anerkennung als auch in Form von angemessenen Honoraren bzw. adäquater Entlohnung entgegengebracht bekommen möchtest, wichtig, dass du dir umgekehrt nicht bei anderen Frauen denkst – oder es sogar aussprichst: »Puh, das ist ja teuer!« oder »Wie viel verlangt denn *die*? Das ist ja unverschämt!« Stattdessen solltest du dir angewöhnen, Gedanken wie die folgenden zuzulassen: »Recht hat sie! Die hat irgendetwas gut und richtig gemacht«, und sie dir eher als Vorbild zu nehmen, als sie als eine Projektionsfläche für Neid zu (be)nutzen. Solltest du auf eine andere Frau stoßen, die für ihre Leistung viel Geld verlangt (was ja nebenbei bemerkt noch nicht bedeutet, dass sie es tatsächlich so bekommt), lass dich nicht vom Neid zerfressen, sondern gönn es ihr von Herzen!

Wenn es darum geht, dein Geld in das Angebot einer anderen Frau zu investieren, dann sieh dir sowohl sie als auch ihre Dienstleistungen gut an, aber wenn es dir nicht zusagt, unterscheide, ob es einfach nichts für dich Passendes ist oder ob du neidisch auf sie bist, weil sie so viel Geld für ihre Dienstleistung »haben will«, »nimmt«, »verlangt« (da haben wir sie wieder, die Verben, die so unmäßig und unverschämt klingen). Solltest du nämlich bemerken, dass du relativ schnell im Werten, im Bewerten oder vielleicht sogar im Be- und Verurteilen bist, empfehle ich dir, aktiv gegenzusteuern. Was mir beispielsweise immer wieder auffällt: Wenn sich eine Frau besonders gut, kompetent und professionell präsentieren kann, wird sie von vielen darauf reduziert:

»Ja, du kannst dich einfach so gut verkaufen!«
Was wie ein Kompliment klingt,
kann recht kränkend sein.

Möglicherweise kommt es so an, als würde das Gegenüber eigentlich meinen: »Du kannst ja so tun, als wär wesentlich mehr dahinter, als eigentlich da ist«, als könnte oder wüsste eine Frau, die ein gutes Auftreten hat, in Wahrheit gar nicht so viel, wie man glaubt. Um herauszufinden, ob das, was jemand von sich, seinem Können und seinem Wissen behauptet, lediglich Dampfplauderei und Schaumschlägerei ist, muss man allerdings schon bereit sein, ein wenig in die Tiefe zu gehen und beim Betrachten desjenigen außerdem ehrlich mit sich selbst sein: »Ist diese Frau vielleicht jemand, der mir nicht sympathisch ist und mit dem ich deshalb nicht näher zu tun haben möchte? Oder hat sie mehr Erfolg als ich und darum lehne ich sie ab und werte sie vor mir selbst oder anderen ab?«

In meinem eigenen Wertesystem darf nicht viel für sein Angebot verlangen, wer nicht viel zu bieten hat. Für heiße Luft und Inszenierung allein möchte ich jedenfalls nicht bezahlen, weshalb ich sie umgekehrt nicht anbieten würde. Was meine ich damit? Ich bin beispielsweise vor ungefähr zwei Jahren mal auf Social Media über eine Werbeanzeige zu einem Webinar einer jungen, finanziell überaus erfolgreichen Frau gestolpert, die quasi vorgetäuscht hat, Geschäftspartner für ihr Business zu suchen. Irgendetwas hatte sie mit ihrer Anzeige richtig gemacht: Ich wurde neugierig und habe mich durch das übliche Prozedere geklickt und schließlich für ein angebliches Live-Webinar angemeldet, das sich dann als Aufzeichnung entpuppt hat, weshalb ich mir schon ein wenig hinters Licht geführt vorkam. Gut, trotzdem bin ich drangeblieben, denn jetzt wollte ich es wissen. Abgesehen davon, dass sie mir meinem Empfinden nach meine Zeit gestohlen hat (was ich nicht als besonders wertschätzend empfinde), hat sie mich (und sicher zahlreiche andere Interessierte) unter der Vortäuschung falscher Tatsachen in diese Werbeveranstaltung gelockt: Einerseits hat sie etwas, das man in zehn Minuten hätte erklären können, auf über eine Stunde aufgeblasen, indem sie sich zigmal wiederholt und alles extrem langsam gesprochen hat. Deshalb habe ich irgendwann nur mehr mit einem Ohr hingehört und nebenbei meine Buchhaltung erledigt. Als endlich von der betreffenden Kooperation die Rede war, kam sie annähernd auf den Punkt: Um sich nach dieser angeblichen geschäftliche Zusammenarbeit zu erkundigen, musste man sich für ein Telefonat eintragen, in dem diese besprochen hätte werden sollen. Aus irgendeinem Grund habe ich mir tatsächlich ein paar Tage später sogar Zeit für dieses Gespräch mit einer ihrer Mitarbeiterinnen genommen. Was kam dabei heraus? Es ging um keine Kooperation, sondern sie wollte ihr Coaching verkaufen. Kostenpunkt: 6.000 Euro netto für eine Stunde. An dieser Stelle war ich endgültig weg. Nicht, weil ich diese Summe grundsätzlich nicht bereit wäre, für ein Coaching zu bezahlen. Ein Coaching ist immer eine Investition in mich selbst, weshalb ich mir das wert wäre. Doch nicht für nur eine Stunde und nicht bei dieser Anbieterin. Warum nicht? Sie war für mich einfach nicht die Richtige. Ja, sie hatte es laut ihrer eigenen Angaben und Fotos in ihrer *PowerPoint*-Präsentation, auf denen man sie ständig mit der typischsten aller Designerhandtaschen vor der momentan beliebtesten Skyline der Welt gesehen hat, in einem erstaunlich jungen Alter zu immens viel Geld gebracht. Aber sie hatte es mit ihrer Onlinemarketingstrategie nach meinem Empfinden übertrieben und potenzielle Kooperationspartnerinnen getäuscht. Und, ich gebe es zu: Wenn jemand wie eine wandelnde Litfaßsäule aussieht und als unbezahlter Werbeträger für die üblichen Premiummarken herumläuft, ist mir das in den allermeisten Fällen suspekt. Diese Art der Inszenierung wirkt für mich oft nach Show und macht mich skeptisch, denn sie vermittelt den Eindruck, dass es ihr weder um ein besonderes Projekt noch um echten Wohlstand im Innen und Außen geht, sondern vorrangig um das Präsentieren des (angeblich) erworbenen Reichtums. Und das ist mir zu platt, zu oberflächlich – und zu wenig greifbar. Sie war zwar laut und präsent und holt deshalb bestimmt viele Menschen ab, doch für mich hat es nicht gepasst.

Ich hab's weiter vorn schon mal gesagt, doch zur Sicherheit noch einmal, damit du das wirklich nicht überlesen kannst: Wenn du nicht extrovertiert bist, sondern eher leise, zurückhaltend und introvertiert, so ist das kein Hinderungsgrund, mehr Umsatz zu generieren oder ein höheres Gehalt zu erwirtschaften! Nicht alle Leute reflektieren auf die, die kein Problem mit dem Rampenlicht haben. Es gibt etliche, die sich mit zurückhaltenden Menschen wohlerfühlen. Du darfst diese potenzielle und beliebte Ausrede darum gleich wieder streichen und dir stattdessen einen für dich stimmigen Weg überlegen, um sichtbar zu werden, deine Kompetenz und deinen Wert zu zeigen und künftig nicht mehr übersehen zu werden. Du solltest nur eben die, die kein Problem mit dem Spotlight haben, nicht als »Rampensäue« abwerten und verurteilen, denn nur, weil jemand kommunikativ und extrovertiert ist, bedeutet das nicht, dass er wenig kompetent wäre und nur aufbläst, was gar nicht da ist. So verurteilt zu werden haben die genauso wenig verdient, wie andere es nicht verdient haben, als »Mauerblümchen« abgetan und nicht ernst genommen zu werden.

Deine Über-Nacht-Veränderung beginnt jetzt!

Geh in einer ruhigen Minute vor dem Zubettgehen in dich und finde heraus, welche Summe du (monatlich oder im Jahr – womit auch immer du mehr anfangen kannst) verdienen möchtest.

Schreib diese Zahl auf einen kleinen Zettel und leg sie dir unter das Kopfkissen! Visualisiere sie während des Einschlafens und manifestiere sie, indem du dir vorstellst, wie es sich anfühlen wird, diesen Betrag monatlich oder jährlich auf dein Konto eingehen zu sehen. (Deshalb finde ich die Variante mit der monatlichen Summe übrigens besser, weil man die Jahreseinnahmen nicht auf einmal auf dem Konto sieht.) Geh dabei allumfassend ins Gefühl und erlaub dir, es so richtig auszukosten!

Wenn du zwischen zwei oder drei Zahlen schwankst und offen für etwas Unkonventionelles bist, kannst du ein Experiment wagen: Schreib jede auf einen DIN-A4-Zettel, misch sie verdeckt durch, leg alle in einem Abstand von etwa einem halben Meter auf den Fußboden und stell dich nacheinander auf jeden der Zettel, um auf ihm stehend die Augen zu schließen und in dich hineinzuspüren, auf welchem du dich am wohlsten fühlst. Wenn du deinen Favoriten umdrehst, weißt du möglicherweise plötzlich, welche Summe du am stimmigsten findest. Das ist ein ähnlicher Trick wie das Werfen einer Münze, wenn man sich nicht zwischen zwei Dingen entscheiden kann: Die Münze fällt zu Boden – bist du mit der Seite, die nach oben sichtbar ist und somit anzeigt, welche Entscheidung du treffen solltest, nicht zufrieden, so weißt du schlagartig, was du eigentlich möchtest und dir nur noch nicht eingestehen konntest.

Schritt 5: So viel bist du wert – hol dir, was dir zusteht!

Ich war 23 Jahre alt, hatte gerade mein Studium abgeschlossen und war im Rahmen einer dreiwöchigen Sommerakademie für Film und Fernsehen fern der Heimat, als ich plötzlich den Drang hatte, mir meine damals extrem langen Haare schneiden zu lassen. Du kennst das vielleicht: Um die Veränderung im Inneren durch einen neuen Lebensabschnitt auch im Äußeren zu zeigen, lassen Frauen gern Haare fallen oder ändern die Farbe. Um Geld zu sparen (verdient habe ich damals ja noch nichts, also dachte ich haushalten zu müssen), bin ich in einen dieser Billig-Friseurläden gegangen, für die man im Vorfeld keinen Termin vereinbart haben muss. Was soll ich sagen? Die Friseurin hat mir keinen modernen Stufenschnitt verpasst, wie ich ihn im Kopf gehabt hatte, sondern eher eine ganze Wendeltreppe in meine Haare geschnitten. Ich war todunglücklich damit und musste nach meiner Rückkehr zu Hause nochmals in die Korrektur dieses misslungenen Haarschnitts investieren.

Ist dir etwas Ähnliches schon mal passiert, dass du unterm Strich mehr Geld ausgegeben hast, weil du ursprünglich sparsam sein wolltest und deshalb nicht auf Qualität, sondern nur auf den Preis geachtet hast? Im Nachhinein hast du dich wahrscheinlich über dich selbst geärgert. Denk daran, wenn du Hemmungen haben solltest, dir in Gehalts- oder Preisverhandlungen das holen zu wollen, was du verdienst: Dein Gegenüber hat ein solches Ärgernis bestimmt ebenfalls erlebt und weiß, dass es oftmals nichts Gutes verheißt, wenn etwas vergleichsweise (zu) günstig angeboten wird.

Aber gehen wir Schritt für Schritt durch, was dir helfen wird, zu bekommen, was du willst und verdienst – ganz im Sinne Simone de Beauvoirs, die es so treffend auf den Punkt brachte, worum es in diesem Schritt deiner Transformation gehen wird:

»Frauen, die nichts fordern, werden beim Wort genommen – sie bekommen nichts.«

No small talk – just big wins: Kommunikation als Turbo-Booster

»Was können wir an diesem Konzept optimieren?« Eine Frage wie diese kann auf unterschiedliche Art beim betreffenden Gegenüber ankommen: etwa als ernsthafte Überlegung, um bessere Ergebnisse zu erzielen – was als Engagement bewertet werden könnte; oder als versteckte Kritik an der bisherigen Arbeit des Teams, was unter Umständen Spannungen mit sich bringen würde. Es kommt eben immer darauf an, mit wem man sich unterhält, auf welcher Ebene man selbst eine Nachricht sendet und auf welcher der andere sie interpretiert.

Wir gehen deshalb von folgender simplen Prämisse aus, die einfach klingt, es aber in sich hat: *Je besser du kommunizierst, desto erfolgreicher bist du darin, zu bekommen, was du haben möchtest.* In einer Gehalts- oder Preisverhandlungssituation, wie wir sie uns später noch ansehen werden, geht es ausschließlich ums Kommunizieren. Also wird diese simple Überlegung dir helfen, dir mal grundsätzlich zu überlegen, was es ist, das zwischenmenschliche Kommunikation so kompliziert macht: dass es nicht nur vielfältig gemeint sein kann, was jemand sagt, sondern das Gegenüber außerdem die freie Wahl hat, auf welchen Aspekt der Aussage es reagieren will. Natürlich passiert diese Reaktion häufig unbewusst – es gibt immerhin einseitige Empfangsgewohnheiten, weil jeder von uns auf unterschiedliche Anteile einer Nachricht reflektiert und unter Umständen die anderen ad hoc gar nicht wahrnimmt. Jedenfalls enthält jeder Akt der Kommunikation einen Inhalts- und einen Beziehungsaspekt. Der Inhalt bezieht sich auf die Botschaft, die Ereignisse oder die betreffenden Sachverhalte und die Beziehung zwischen zwei Menschen erfasst Zuwendung oder Ablehnung, Sympathie oder Antipathie. Es wird dich wenig überraschen, wenn ich dir sage: Der Beziehungsaspekt beeinflusst den Inhaltsaspekt! Im beruflichen Kontext wird erfahrungsgemäß die inhaltliche Ebene häufig dazu missbraucht, um die Aversion gegenüber anderen auszuleben. Auch und gerade in der Politik drängt sich mir deshalb die Vermutung auf, dass oft gar nicht über Anträge, sondern in Wahrheit über die Person, die den jeweiligen Antrag stellt (und über die Partei, die sie vertritt) abgestimmt und entschieden wird.

Was ist hilfreich für dich zu verinnerlichen? Dass jeder Mensch im Laufe seines Lebens seine eigene Landkarte von der Welt entwickelt und sich damit seine individuelle Wirklichkeit erschafft: Wenn du mit jemandem kommunizierst, geht es im Grunde darum, eure unterschiedlichen Landkarten aufeinander abzustimmen. Darum verschaffst du dir einen Vorteil, wenn du dich gleich zu Beginn einer Kontaktaufnahme bemühst, herauszufinden, wie die Landkarte deines Gegenübers aussieht. Mit wem auch immer du dich unterhältst – wir alle haben Wahrnehmungsfilter, durch die manche Informationen nicht, nur teilweise oder überhaupt falsch durchkommen. Damit diese selektive bzw. verzerrte Wahrnehmung möglichst wenig Einfluss auf euer Gespräch nimmt, kannst du mit deinen Aussagen dafür sorgen, sie bewusst klar, eindeutig und unmissverständlich zu formulieren. Möchtest du also in einem Verhandlungsgespräch mehr verlangen, als dir angeboten wurde, oder willst du umgekehrt weniger zahlen als veranschlagt, dann gib keine unsicheren Füllsätze und Floskeln wie »Über den Preis können wir notfalls noch reden« von dir, sondern bring auf den Punkt, was du dir vorstellst, indem du beispielsweise sagst: »Ich kann Ihre Interessen absolut nachvollziehen und werde Ihnen ein maßgeschneidertes Angebot mit unterschiedlichen Paketen erstellen, aus denen Sie wählen können, und dabei werde ich eine abgespeckte Variante berücksichtigen.«

Und wenn dein Gegenüber spricht, kannst du aktiv zuhören und berücksichtigen, was auf welcher Ebene transportiert wird: Auf der Sachebene einer Aussage geht es um Klarheit; auf der Selbstoffenbarungsebene um Wahrhaftigkeit; auf der Beziehungsebene um Offenheit; und auf der Appellebene um Eindeutigkeit. Aktives Zuhören bedeutet konkret, den Sinn der vernommenen Aussagen zu ermitteln und darauf einzugehen. Das funktioniert am besten, indem du den vermeintlichen Kern des Gehörten in deinen eigenen Worten zusammenfasst und mit Rückfragen versuchst, alles Weitere zu eruieren.

Wer in seiner Sprache limitiert ist, ist auch in seinen emotionalen Fähigkeiten limitiert. Also heraus mit der Sprache!

Wovor viele übrigens am meisten Angst haben, hat eine Umfrage der *Statista Deutschland* ergeben: Nicht etwa davor, einen geliebten Menschen zu verlieren, schwer zu erkranken, einen Unfall zu haben oder schlichtweg vor dem Sterben – zumindest ist das nicht das Erste, das ihnen einfällt, wenn man sie danach fragt. Nein, der Großteil der Befragten (41 Prozent) hat in dieser Umfrage geantwortet: »Vor einer

Gruppe von Menschen laut reden zu müssen.« (Und die Angst vor Krankheit und Tod rangierte weit abgeschlagen davon mit nur 19 Prozent.) So schockierend dieses Ergebnis ist – keine große Überraschung dürfte es an dieser schon recht späten Stelle dieses Buches für dich sein, dass diese Angst vorm Public Speaking, wie der Akt des Redens vor anderen inzwischen neudeutsch genannt wird, einmal mehr uns Frauen wesentlich stärker als die Vertreter des männlichen Geschlechts (be)trifft. Wir haben weiter vorn ausführlich besprochen, wie viel wir in den Augen anderer falsch machen können, um negativ wahrgenommen, bewertet oder gar zerrissen zu werden. Es kommt daher nicht von ungefähr, dass Frauen oft schon einfache Vorstellungsrunden in einer neuen Gruppe nicht mögen, ja sogar als richtiggehend unangenehm empfinden. Auch das deutet auf fehlende Selbstsicherheit und einen zu geringen Selbstwert hin. Selbst mir schlug in meiner Anfangszeit als junge TV-Redakteurin das Herz bis zum Hals, sobald ich in einem Meeting beschlossen hatte, etwas sagen zu wollen. Und das, obwohl ich schon vielfach Auftrittserfahrungen gesammelt hatte. Ich erinnere mich gut daran, dass ich mir jedes Mal dachte: »Warum zur Hölle bin ich plötzlich nervös?!« und das erst aufhörte, wenn ich meine Meinung geäußert hatte. Bis dahin leistete das Adrenalin volle Arbeit in meinem Kopf.

Wie kannst du nun aber mit deinem Lampenfieber in solchen Situationen umgehen?

Dein Muffensausen als eine völlig normale Empfindung anzuerkennen, ist die Basis dafür, diesem Ohnmachtsgefühl zu begegnen. Du siehst schon: Es geht wieder einmal ums Annehmen, damit du danach etwas ändern kannst. Ganz solltest du es ohnehin nicht loswerden, denn eine gesunde Form der Anspannung macht hellwach und schärft deine Sinne und deine Konzentration, wodurch du in einen optimalen Präsentationszustand kommst.

Überleg dir in einem ruhigen Moment, was das Schlimmste wäre, das passieren könnte, wenn du dich vor anderen Menschen äußerst oder einen richtigen Auftritt hast. Dadurch wird dir schlagartig klar werden, dass sogar der Worst Case nicht so tragisch wäre.

Ansonsten sind Übung und Vorbereitung der Schlüssel zum Erfolg: Trainiere es so oft wie möglich, vor anderen deine Meinung zu sagen oder eine Präsentation zu halten! Investiere für jede dieser Situationen ausreichend Zeit ins Vorbereiten, visualisiere schließlich deinen Auftritt und stell dir im Detail vor, wie alles gut gehen wird!

Von »sprachlos« zu »einnehmend« und »überzeugend«

Kommen wir nun zu einem konkreten Hilfsmittel, das du immer dabeihast und das gewährleistet, dass du mit deiner Meinung, deiner Befindlichkeit und deinem Anliegen gehört wirst: zu deiner Stimme.

Die Stimme ist ein unterschätzter Erfolgsfaktor.

Warum ist mein Rat, dich mit deiner Stimme auseinanderzusetzen, so ein genialer (ja, da lob ich mich von Herzen gern selbst)? Weil mit deiner Stimme zu arbeiten immer zeitgleich Arbeit an deiner Persönlichkeitsentwicklung und an deinem Selbstvertrauen, deinem Selbstbewusstsein, deiner

Selbstbehauptung, deiner Selbstsicherheit und deiner Selbstbestimmtheit bedeutet! Na, klingt das gut?

Zunächst muss ich dir allerdings auch in Bezug auf dieses Thema von den Nachteilen erzählen, mit denen wir Frauen uns konfrontiert sehen. Nicht, um dich zu verunsichern, zu entmutigen oder zu frustrieren, sondern damit du einmal mehr im Urteil mit dir selbst Milde walten lässt, solltest du bislang tatsächlich Schwierigkeiten haben, dich stimmlich zu behaupten. Damit wärst du nämlich wie so oft ganz und gar nicht allein, denn Frauen leiden viermal öfter an Stimmproblemen als Männer: Sie haben häufiger eine recht dünne, leise Stimme und wirken deshalb wie schüchterne kleine Mädchen oder können nicht kontrollieren, dass ihnen die Stimme beim Reden vor einer größeren Gruppe wegkippt. Woran liegt das? Bei diesen Frauen ist der Stimmsitz nach oben verrutscht. Sie sprechen folglich mit einer Stimme, die höher ist, als es ihrer natürlichen Stimmlage entsprechen würde. Das liegt vor allem (wieder) an der inneren Haltung, die wiederum durch die jahrelange Sozialisierung in eine bestimmte Richtung entstanden ist: Sie haben früh gelernt, sich mit ihrer Stimme kleiner zu machen. Diese Strategie hat in der Kindheit meist gut funktioniert, denn Mädchen, die den Kopf beim Sprechen zur Seite neigen und in einer hohen Stimmlage sprechen, können ihre Anliegen leichter durchsetzen, weil dadurch – gerade bei Männern – der Beschützerinstinkt ausgelöst wird. Diese Frauen haben im Kindesalter häufig »Sei nicht so laut!« oder »Mädchen schreien nicht so rum!« gehört. Deshalb haben sie es irgendwann unterlassen, ihre Meinung lautstark zu vertreten. So kommt es dann, dass sie dauerhaft von ihrer echten Stimme abweichen und sich dafür auch noch unnötig anstrengen müssen.

Die ehemalige britische Premierministerin Margaret Thatcher wusste um die Nachteile einer Klein-Mädchen-Stimme, wenn es darum geht, unter Männern ernst genommen zu werden, und hat ihre Stimmhöhe deshalb als eine der ersten Politikerinnen mittels harten Trainings um eine halbe Oktave gesenkt, um kompetent, durchsetzungsstark und souverän zu klingen. Das Vorhaben war sicher unter anderem deshalb erfolgsgekrönt, weil die tiefere Stimme ohnehin besser zu ihrer inneren Einstellung, ihrer Selbstsicherheit und ihrer Persönlichkeit passte und somit *stimmig* war.

Von einer allgemein positiven Entwicklung für die Frauenwelt kann ich dir dahingehend auch noch berichten: Die Stimmen von Frauen sind in den vergangenen Jahrzehnten im Schnitt um eine Terz gesunken – um immerhin zwei bis drei Halbtöne. Das dürfte die erste Ernte der Emanzipation sein. Eine Piepsstimme ist eben nicht vereinbar mit einer selbstbewussten Frau, die für ihre Rechte einsteht. Spannend ist, dass es Unterschiede in den einzelnen Ländern gibt: Die Stimmen von Norwegerinnen sind tiefer als etwa die von Italienerinnen. Das passt zu dem, was wir bereits in Bezug auf die Gehaltslücke gehört haben, nämlich dass Skandinavien beim Schließen des Gender-Pay-Gaps die Nase vorn hat.

Wenn du nicht genau einschätzen kannst, wie du von außen klingst und mit deiner Stimme wirkst, dann mach am besten gleich mal die folgende Übung.

Vorher-nachher-Übung zu deinem Stimmsitz

Denk an einen (egal, wie lange) zurückliegenden Urlaub, nimm dein Smartphone zur Hand und mach ein Video von dir selbst, in dem du von deinen Erlebnissen in diesem Urlaub erzählst! Zwei, drei Minuten reichen schon.

Dann siehst du dir das Video an und machst dir ein paar Notizen darüber, wie du das empfunden hast, was du gesehen und vor allem gehört hast, also wie die Stimme in diesem kurzen Video geklungen hat.

Als Nächstes findest du deine wahrhaftige Stimmlage heraus, indem du Folgendes machst: Du stellst dir entweder deinen Lieblingsduft vor – egal ob den Geruch von Rosen, Lavendel, den deines Parfums, einer Kerze, von ätherischen Ölen oder eines Gewürzes wie Rosmarin oder den deiner Leibspeise. Es geht lediglich darum, ihn gut zu verinnerlichen. Du kannst dir dein Parfum auch einfach holen und es frisch versprühen. Du atmest diesen Duft jedenfalls genussvoll, achtsam und tief ein und beginnst auf den Laut »Mmmmmm« zu tönen.

Nach einer Weile filmst du dich erneut, tönst dabei weiter und hängst dann an dieses »Mmmmmm« den folgenden Satz an: »Das duftet fantastisch!« Wiederhole »Mmmmmm, das duftet fantastisch!« ein paar Mal und stopp dann die Aufnahme.

Wenn du dich jetzt im zweiten Video siehst und hörst, dürftest du einen Tick entspannter wirken und vor allem tiefer klingen. Denn durch diese Übung findest du deine natürliche Indifferenzlage – die Stimmlage, in der du ohne Anstrengung über einen längeren Zeitraum sprechen kannst, weil sie deine wahrhaftige Stimmlage ist, für deren Einsatz du keine besondere Kraft aufwenden musst.

Weil wir Frauen es vor allem im Businesskontext schwer haben, mit dünner, leiser oder auffällig hoher Stimme ernst genommen zu werden, was aber die Voraussetzung dafür ist, dass du bekommst, wie viel du verdienst, zahlt es sich definitiv aus, dich eine Weile intensiver mit deiner Stimme zu beschäftigen. Das Tolle ist: Das Arbeiten an deinem Selbstwert aus dem ersten Schritt deiner Transformation wird dahingehend möglicherweise schon eine Veränderung gebracht haben. Und die bewusste Auseinandersetzung mit deiner Stimme wird umgekehrt einen nicht zu verachtenden Einfluss auf deinen Selbstwert nehmen. Und auch für dieses Thema gilt einmal mehr: Weil deine Art zu klingen und zu sprechen unterm Strich nichts anderes als eine Gewohnheit ist, kannst du mit Training enorm viel erreichen, wenn du alte Verhaltensmuster – also deine Stimmstrategien aus der Kindheit, die damals passend waren, jetzt hingegen hinderlich für dich sind – durch neue ersetzt. Die nächste Übung wird dich darin ein Stück weiterbringen.

Einfach umzusetzende Tipps für den Anfang

Wenn dir die Stimme auskommt, weil du aufgeregt bist oder dich gestresst fühlst, dann atme bewusst mindestens dreimal tief ein und wieder aus. Dadurch kannst du dich so richtig auf deine Stimme »setzen«, wie ich das nenne (gewohnter ausgedrückt: *herunterkommen*). Erinnere dich an die bereits besprochene Körper-Geist-Wechselwirkung! Die gilt für die Stimme genauso.

Außerdem lässt sich das wunderbar im Alltag üben, wenn es um nichts geht, indem du beispielsweise versuchst, bei einem *Zoom*-Meeting, bei der Bestellung im Restaurant oder beim Einkaufen ausnehmend selbstsicher zu sprechen, gut in den Bauch zu atmen und dich auf deinen wohlklingenden Stimmsitz zu konzentrieren. Du könntest dir dabei auch vorstellen, du wärst eine hochrangige Politikerin, Staatschefin, Vorständin eines Milliardenkonzerns oder eine Königin, damit du dich leichter und besser in die zu deiner neuen Stimme passende Rolle einfühlen kannst.

Das Thema »Stimme« füllt wenig überraschend eigene Bücher und Trainings. Für mehr Übungen zur Stimmentwicklung findest du mein mit der Sprechtrainerin Petra Falk publiziertes Buch »Gut gebrüllt und schon gewonnen« im Anhang angeführt.

Ich verspreche dir: Es wird sich im doppelten Wortsinn *bezahlt* machen, wenn du dich mit deiner Stimme auseinandersetzt. Sie ist das Rüstzeug für deinen selbstsicheren Auftritt und eine gute Ausgangsposition beim Verhandeln und Verkaufen, das du am schnellsten und einfachsten trainieren kannst. Und der Vorher-nachher-Effekt wird dich überraschen: Du wirst die Auswirkungen unmittelbar bemerken!

Money Talk goes Money Power: Wie du selbstsicher verhandelst und deine Preise rockst

Es ist viele Jahre her, da hatte ich einen Pitch für einen Großauftrag als Texterin. Ich hatte mir im Vorfeld schon zig Gedanken darüber gemacht, wie viel ich verlangen könnte, wenn das Honorar zur Sprache käme. Ein Teil von mir war so unsicher, dass ich mir gewünscht habe, der Auftraggeber würde einfach sein Budget nennen und ich könnte daraufhin entscheiden, ob mir das reicht oder nicht. Doch es kam ganz anders: Mein potenzieller Neukunde wollte wissen, wie viel ihn das kosten würde. Meine Gedanken fuhren Achterbahn durch meine Gehirnwindungen: *7.000 wäre das mindestens wert. Aber was ist, wenn ich ihm damit zu teuer bin? Dann verliere ich den Auftrag ganz. Wer weiß, was die anderen für Summen genannt haben! Besser weniger verdienen und den Pitch gewinnen.* Da platzte es aus mir heraus: »5.000 Euro!« Der Geschäftsführer nickte und meinte, er freue sich auf die Zusammenarbeit und das sicher brillante Ergebnis. Später stand ich mit einem seiner Mitarbeiter auf der Straße unten, bevor sich unsere Wege trennten, und er riet mir: »Du solltest echt selbstbewusster verhandeln. Er hätte dir das Doppelte bezahlt!« Mir sind wahrscheinlich die Gesichtszüge entgleist und ich wollte mir mit der flachen Hand auf die Stirn klatschen, so hab ich mich geärgert. Aber ich habe eine Menge aus dieser Situation gelernt – und das lass ich dich gleich wissen.

Ich habe dich mit diesem Buch bis hierher begleitet, damit du dich selbst hinterfragst, besser verstehst und nun neu beginnen kannst. Über die letzten Schritte des erfolgreichen Kommunizieren und der Erforschung deines wahrhaftigen Stimmsitzes kommen wir nun zum *Herzstück dieses Transformationsschritts: zum Verhandeln.* Egal, ob du angestellt oder selbstständig bist: Auch du wirst deine Gehalts- oder Preisvorstellungen dann und wann verhandeln müssen, um zu bekommen, was dir zusteht. Und dabei geht es vorranging gar nicht so sehr darum, in welche Worte du deine Gehalts- oder Preisforderung kleidest, sondern um deine dahinterliegende Haltung diesem Thema und dir selbst gegenüber. Denn diese Haltung strahlst du nicht nur aus, sondern mit ihr hast du außerdem deine Wunschvorstellung längst manifestiert.

Eloquenz und ein selbstsicheres Auftreten
sind das Ticket zur Zielgeraden.

Wenn du inzwischen sowohl deinen Selbstwert gestärkt als auch deinen Marktwert erkannt und ermittelt hast, wird das deine Wirkung auf andere bereits verändern: Du wirst deinen höheren Selbstwert ausstrahlen und dadurch wird niemand deine Kompetenz bzw. die Qualität deiner Arbeit infrage stellen, was (endlich!) in einen positiven Kreislauf mündet: Je mehr du mit dir und deinem Marktwert im Reinen bist, umso leichter fällt es dir, gute Gefühle zu empfinden und desto ansteckender ist das wiederum für dein Umfeld, weshalb du positive Resonanz erleben und dich erneut und nachhaltig gut fühlen wirst. Klasse, oder? Das ist nämlich schon mehr als die halbe Miete dafür, zu bekommen, was du verdienst!

Solltest du von dir denken, du wärst weder im Verhandeln deiner Gehalts- oder Preisvorstellungen noch im Verkaufen deiner Leistung besonders gut, so lass dir eines von mir sagen:

Für andere verkaufen und verhandeln Frauen super – vor allem für Männer. Nur für sich selbst nicht.

Das liegt an all den Umständen, die ich in Teil 1 und 2 dieses Buches so ausführlich beschrieben habe, damit du eben weißt, woher das ursprünglich kommt. Weil du aber bereits auf der Welle der Transformation reitest, gilt all das nicht mehr als »Ausrede«. Es ist an der Zeit, Verantwortung für deine Ausgangslage zu übernehmen und dich selbst dazu zu ermächtigen, für dich einzustehen, wie ich inzwischen mehrfach betont habe (was ich übrigens bewusst so mache, da wir aus der Hirnforschung wissen, wie wichtig Wiederholungen fürs Verinnerlichen sind). Wenn du nun die konkrete Situation einer Gehalts- oder Preisverhandlung angehen willst, dann bildet Vorbereitung den notwendigen Rest, wenn dein Selbstwert erst einmal stabil ist. Dafür hab ich dir passende und hilfreiche Übungen zusammengestellt, weil das Ausprobieren, Trainieren und Üben essenziell für deinen nachhaltigen Erfolg ist.

Eins noch, bevor wir loslegen: Manche Menschen laufen Gefahr, von einem Extrem ins andere zu fallen, bevor sie sich in der Mitte einpendeln. Darum lass mich etwas dezidiert sagen, auch wenn es dir vermutlich klar ist: Ein

»Ich könnte woanders bestimmt wesentlich mehr verdienen, wenn ich wollte« ist mitunter ebenso wenig der richtige Einstieg in eine Gehalts- oder Honorarverhandlung wie *»Es geht mir nicht so sehr ums Geld, also werden wir bestimmt zusammenkommen«*. Nicht nur, dass erstere Aussage überheblich, arrogant, als Drohung oder gar als Erpressung verstanden werden könnte – sie führt sehr wahrscheinlich zu dicker Luft und dazu, dass das Gegenüber keine Lust mehr hat, sich auf das Gespräch einzulassen. Stattdessen solltest du deine Vorzüge und dein Engagement in den Mittelpunkt des Interesses stellen, ohne aber wie im zweitgenannten Satz ein unterwürfiges Mädchen zu mimen – und darauf kannst du dich wunderbar im Vorfeld vorbereiten.

Vorbereitung auf Preis- oder Gehaltsverhandlungen

Bereite dich schriftlich auf die Verhandlungssituation vor! Sammle Argumente für dich und deine Fähigkeiten und befasse dich – wie später in der Verhandlung selbst – gar nicht zu stark mit Geldsummen. Führe stattdessen an, welchen Nutzen dein Gegenüber von deiner Arbeitsleistung hat und welchen Mehrwert du über deine Funktion hinaus bringst. (Du fragst dich, was das sein könnte? Ein Beispiel: Mich als Angestellte zu haben, brachte den jeweiligen Firmen als kostenlosen Zusatzvorteil, dass ich außergewöhnlich gute Rechtschreibfähigkeiten habe, die gern genutzt wurden und die ohne mich ausgelagert hätten werden müssen und zu einem zusätzlichen Kostenpunkt geworden wären.)

Dann überleg, welche Einwände dein Gegenüber vorbringen könnte, um weniger bezahlen zu müssen. Bereite dich auf diese Einwandbehandlung ebenfalls schriftlich vor, indem du Gegenargumente notierst, auf die du in diesem Fall zurückgreifen kannst.

Und danach übst du das, was ich dir über erfolgreiche Kommunikation erklärt habe, in einem Rollenspiel mit einer Person deines Vertrauens! Geht die Gehalts- oder Preisverhandlung gemeinsam so durch, wie sie stattfinden könnte, und probier nicht nur aus, wie sich deine eigene Rolle anfühlt, sondern auch die deines Gegenübers, damit du dessen Situation im Vorfeld schon ansatzweise nachvollziehen kannst. Abgesehen vom Rollenspiel wird es dir sicher helfen, deine Argumente allein für dich laut vorzutragen, um zu üben, wie sich das anhört, und damit du im Ernstfall nicht ins Stottern gerätst, weil du es bereits gewohnt bist, das auszusprechen.

Ein Tipp noch dazu: Es gibt keinen Grund, dich spontan und ohne Zeit für die Entscheidungsfindung zu haben, sofort auf ein Angebot oder eine Wunschvorstellung einzulassen. Wenn du Unternehmerin bist, kannst du stets sagen, du müsstest erst berechnen, wie viel das ausmachen würde, was sich die potenzielle Neukundschaft erwartet – und du würdest ein adäquates Angebot nachreichen. Auch als Angestellte, wenn dir eine Gehaltserhöhung angeboten wurde, die aber nicht in dem Ausmaß wie von dir erhofft ausfallen würde, kannst du dir selbstverständlich Bedenkzeit erbitten.

Dein Kontostand muss nicht für immer so aussehen, wie er es gerade tut.

Dich selbst gut zu verkaufen und so einen erstrebenswerten Kontostand erst möglich zu machen, ist – wie alles im Leben – eine Sache von Training und Übung: Je häufiger du in ein Gespräch über deine Leistung, deine Arbeit, deine Preis- oder Gehaltsvorstellungen oder in einen Pitch für einen Auftrag gehst und darin selbstsicher agierst und dich als aktive Zuhörerin erweist, bewusst darauf achtest, die Ebenen einer Aussage nicht zu vermischen, sondern immer auf jener Ebene zu antworten, auf der die aktuelle Nachricht gesendet worden ist, desto mehr und mehr wird dir das ins Blut übergehen. Mein wichtigster Tipp dazu ist: Nimm dich nicht (länger) zurück, sondern steh für dich und das, was du willst, ein!

Wenn du vor einem Pitch oder einer Gehaltsverhandlung trotz allem dein Selbst- und Marktwertgefühl aus irgendeinem Grund schwinden siehst und von altbekannten Zweifeln und Ängsten geplagt wirst, dann mach die nun folgende Übung ein paar Tage davor.

Woran zweifelst du und wovor hast du Angst?

Mach auf einem Blatt Papier folgende beiden Spalten:

✦ *Daran zweifle ich* | *Davor habe ich Angst* ✦

Notier in der linken Spalte alles, woran du zweifelst, und in der rechten alles, was dir Angst macht!

Und jetzt schreib in einem ersten Schritt dazu, was das Schlimmste wäre, das in Bezug auf diese Punkte passieren könnte, wenn du deine Zweifel und deine Angst ignorierst und übergehst!

In einem weiteren Schritt schreib jeden einzelnen Punkt um in etwas, dem du ohne Zweifel und mit Furchtlosigkeit begegnen kannst.

✦ *Beispiel: Aus »Ich zweifle daran, dass ich mit meiner Gehaltsforderung erfolgreich sein werde« wird etwa »Ich werde mit meinem Gehaltswunsch bestimmt erfolgreich sein.«* ✦

Im letzten Schritt verbrennst du den ersten Zettel mit den verschriftlichten Zweifeln und Ängsten darauf.

Unmittelbar vor dem betreffenden Termin bringst du dich in eine gute Verfassung und deinen bestmöglichen Zustand, indem du mit den nun folgenden kleinen Übungen deine Laune, Zuversicht und Selbstsicherheit stärkst.

Gute Gefühle für einen stabilen Selbstwert vor einer Verhandlungssituation erzeugen

Am Vorabend stellst du dir entweder während einer Meditation oder auch beim Einschlafen vor, wie du die morgige Situation nicht nur meistern wirst, sondern wie du bekommst, was du dir wünschst – und das in allen Details. Visualisiere den kompletten Ablauf, wie du ihn dir vorstellst, und sieh dir beim Gewinnen zu!

Nimm einen Strohhalm oder einen Kugelschreiber in den Mund, indem du ihn quer zwischen deine Zähne klemmst. Das bringt dich zwangsläufig zum Lächeln, und wenn du das ein paar Minuten lang durchhältst, tut sich etwas in deinem Gehirn und das macht etwas mit deiner Laune, richtig?

Such dir einen Raum, in dem du ungestört bist (notfalls eine Toilettenkabine), nimm die *Wonder-Woman*-Haltung ein und denk dabei an eine Situation aus deiner Vergangenheit, in der du dich so richtig gut, erfolgreich und unbesiegbar gefühlt hast!

All das sollte dich bestmöglich dafür gewappnet haben, künftig selbstsicher für deine Forderungen eintreten zu können. Beim Festlegen und Durchsetzen deiner Preise oder deines Gehalts denk außerdem immer daran: Wenn du dich nicht adäquat honoriert fühlst, wird sich das auf die Qualität deiner Arbeit auswirken. Denn unterbezahlt wirst du dich nicht wertgeschätzt fühlen und mit viel weniger Begeisterung ans Werk gehen, als wenn du weißt, dass du deinem Gegenüber wert bist, was du verdienst. Du willst sicher nicht suggerieren, dass es okay ist, dich auszubeuten, oder? Wer für Qualität nicht gewillt ist, zu zahlen, der muss anderswo ein niedrigeres Angebot annehmen und unterm Strich möglicherweise noch viel mehr hinblättern. Nenn deinen Preis deshalb selbstsicher und er wird dir auch bezahlt werden. Streife all die Bullshit-Formulierungen wie »Bescheidenheit ist eine Zier« ab, eigne dir lieber neue wie »Wer etwas auf sich hält, verlangt seinen Preis« oder »Was nichts kostet, ist nichts wert« und »Qualität hat ihren Preis« an und schlag damit einen erfolgsbringenden Weg ein, der deinen Selbstwert weiter stärken und dein Konto dauerhaft füllen wird!

Deine Über-Nacht-Veränderung beginnt jetzt!

Überlege, wer dir ein gutes Vorbild in Sachen Durchsetzungsstärke sein könnte! Verinnerliche, was ihre Fähigkeiten und Vorzüge sind, fühl dich vor dem Schlafengehen in diese Person ein (begib dich in deren Körperhaltung, probier auch ihre Mimik aus und versuch gern die Stimmlage zu imitieren) und sobald dein Kopf auf den Polster bzw. das Kissen gesunken ist, visualisiere im Einschlafprozess, wie du dir alles aneignen kannst, was dein gewähltes Role-Model zum Erfolg geführt hat.

Du bist bereit für Veränderung – emotionaler und mentaler Neustart

Du hast nun eine Fülle an Werkzeugen an der Hand, die es dir ermöglichen, deinen künftigen Kontostand mehr und mehr mitzubestimmen. Durch all die Übungen kannst du nachhaltig etwas in deinem Inneren verändern und dich so selbst neu programmieren. Jede der Übungen kannst du gern mehrmals durchführen. Spannend ist es etwa auch, sämtliche Aufgaben zur Selbstreflexion in einem halben Jahr zu wiederholen, um festzustellen, was sich seither getan hat. Und es war wichtig, Nachschau zu halten, um die Zusammenhänge rund um das große Ganze zu begreifen und um herauszufinden, was tief in dir verborgen schlummert und dich vielleicht unbewusst bis jetzt gehemmt hat.

Hier findest du eine Kurzzusammenfassung meines Fünf-Schritte-Programms für deine Transformation, damit du jederzeit unkompliziert nachlesen kannst, um dich zu erinnern, worauf es im Kern ankommt:

- Um dein Ziel – eine bessere Bezahlung und folglich mehr Geld auf dem Konto und in der Geldbörse – zu erreichen, ist es wichtig, in einem *ersten Schritt* an deinem *Selbstwert und deinem Bild als Frau* zu feilen, weil das die Basis für deinen Verhandlungserfolg bildet. Dafür ist es an der Zeit, dich von etwaigen Selbstzweifeln zu verabschieden und über die Liebe zu dir selbst zu einer Selbstsicherheit zu finden, die im Außen sichtbar wird. *Du gehst also von innen nach außen vor: Wenn du dich in deinem Inneren selbstsicher fühlst, wird sich das in deinem Äußeren zeigen.* Sobald du ein stabiles Selbstwertgefühl und ein positives, dynamisches Selbstbild in dir trägst – das von guten Gedanken über dich genährt wird –, kann die äußere Welt in Resonanz damit gehen und dir dieses Bild von dir bestätigen.

- Als Nächstes und im *zweiten Schritt* nimmst du die *Änderung deiner Sicht auf Geld* in Angriff. Auch dieser Prozess läuft von innen nach außen ab: Damit du in nächster Zukunft mehr Geld auf deinem Konto vorfindest, ist es notwendig, dass du es zuerst vor deinem geistigen Auge sehen und in deinem Herzen fühlen kannst. Wenn du Geld unbewusst oder bewusst ablehnst, wird es nicht in großen Mengen zu dir kommen. (Mit dem Trick der Personifizierung kannst du Geld vielleicht wesentlich schneller mehr abgewinnen und dir überlegen: *Wer ist schon gern ein ungebetener Gast und spürt, dass er gar nicht willkommen ist?*) Mit einem positiven neuen Money-Focus wirst du durch das frisch erlangte Fülleempfinden in dir eine adäquate Geldfülle in der äußeren Realität manifestieren.
- Im *dritten Schritt* geht es darum, deine *Möglichkeiten zu entdecken und zu erkennen.* Du lernst dich mit all deinen Fähigkeiten und Talenten neu kennen, wirst zur *Chancenerkennerin* und *nimmst deinen geplanten Erfolg von nun an selbst in die Hand*, indem du das *Manifestieren* zu deiner neuen besten Freundin machst und dich regelmäßig darin übst.
- In einem weiteren *Schritt* findest du auf Basis deines Selbstwerts *deinen Marktwert* heraus. Um ihn überzeugend vermitteln zu können, ist es essenziell, dass du ihn dir selbst glaubst. Denn in Wahrheit weiß niemand besser als du, wie kompetent und erfahren du wirklich bist, weshalb der Marktwert bis zu einem gewissen Grad etwas Subjektives ist. Fakt ist: *Du bekommst das bezahlt, was du von dir selbst denkst, dass du wert bist.* Das bedeutet, dass du zuerst an deinen Marktwert glauben und von ihm überzeugt sein musst, bevor du ande-

re von ihm und dir überzeugen kannst, und bevor andere dir Vertrauen schenken und bereit sind, für deine Arbeit oder Leistung tiefer in die Tasche zu greifen, als sie es womöglich vorhatten. Für den objektiven Anteil deines Marktwerts kannst du eine *Konkurrenzanalyse* machen, um davon ausgehend zu berechnen, wie hoch dein Marktwert realistisch anzusetzen ist.

- Im *fünften Schritt* schließlich holst du dir durch *Verhandlungsgeschick* (das wiederum hauptsächlich von deiner inneren Haltung abhängt) und das richtige Präsentieren und Transportieren deines Marktwerts, *was du willst und verdienst.* Um in Gehalts- oder Preisverhandlungssituationen als Gewinnerin hervorzugehen, ist es sinnvoll, an deinen *Kommunikationsskills* zu schrauben, dich um deinen *wahrhaftigen Stimmsitz* zu kümmern und dich auf Verhandlungen auch *inhaltlich gut vorzubereiten*, um für etwaige Einwände gewappnet zu sein und stichhaltig argumentieren zu können.

Falls du dir noch immer denkst: »Ich krieg das nie hin«, dann geh Teil 3 am besten erneut durch – vor allem die Übungen. Und wenn dieses Buch auf manchen Ebenen zu intensiv gewirkt und dich aufgewühlt haben sollte, scheu dich nicht, professionelle Begleitung in Anspruch zu nehmen. Manches kann unter Umständen durchaus tief sitzen und bedarf möglicherweise unterstützend des Blicks von außen. (Und solltest du meinen: »Eine Coachingbegleitung oder eine Psychotherapie kostet viel Zeit und Geld«, dann kalkuliere in deine Überlegungen mit ein, dass es nichts gibt, wofür sich eine Investition derart lohnen wird, wie in deine Persönlichkeitsentfaltung und deine Potenzialentwicklung!)

Wenn du überzeugt bist: »Na ja, ein Wunder wird jetzt auch nicht passieren«, dann kann ich nur zustimmen: Ja, da hast du vermutlich recht. Leider habe ich keinen Zauberstab, mit dem ich bloß ein paar Mal zu wedeln brauche, um all die bisherigen Hindernisse in deinem Leben mit einem Sprühnebel aus Sternchen weg- und die Erfüllung deiner Träume herzuzaubern. Hätte ich den, würde ich längst die Epigenetik auf Reset gedrückt haben, um das weibliche Kollektiv von all den negativen Speicherungen, Programmierungen und Konditionierungen zu befreien! Das gesamte System werden wir leider nicht von heute auf morgen ändern, das Patriarchat nicht über Nacht ausmerzen können, doch was du über Nacht tun kannst, ist bei dir persönlich zu beginnen, damit zu starten, den Stein stetig zu höhlen.

Meist sind es genau die Dinge, die »eh klar« sind, jene, die wir vernachlässigen oder die wir schlicht nicht im Blick haben. Eine Touristin legt den Fokus ihrer Aufmerksamkeit in unserer für sie fremden Stadt auf die Highlights und nimmt die kleinen Wunder wahr, deren Schönheiten wir als Einheimische meist gar nicht zur Kenntnis nehmen, weil sie ohnehin »jeden Tag da« und damit selbstverständlich für uns geworden sind. Versuch deine Möglichkeiten durch die Sonnenbrille einer solchen Touristin zu sehen!

Und an dieser Stelle möchte ich dich noch einmal daran erinnern, dass die Lösungen für unsere Probleme manchmal weit weniger kompliziert sind, als wir uns das gemeinhin vorstellen, weil wir gelernt haben, dass es mühevoll und anstrengend und kaum zu bewältigen ist, Gewohntes in unserem Leben zu ändern. Dabei ist es das nicht! Herausfordernd gestalten könnte sich lediglich das Umsetzen, das Tun, das Machen, das Dranbleiben, das Durchhalten. Das kennen wir alle vom klassischen Beispiel des Abnehmens: Wie es geht, wissen inzwischen alle. Dass es so oft nicht klappt, liegt an der Umsetzung. Sei keine Wissensgigantin, sondern werde eine Umsetzungsqueen! Ich glaube an dich – tu du das auch!

Warte nicht auf den richtigen Zeitpunkt
oder die beste Gelegenheit,
sondern leg los und schaff beides selbst!

PS: Vielleicht ist dir aufgefallen, dass ich als Experten in diesem Buch hauptsächlich Frauen angeführt hab? Mach du das doch genauso! Wir Frauen sollten einander gegenseitig unterstützen und aus der Versenkung ins Licht zerren.

Du hast es verdient

Deine Veränderung über Nacht beginnt JETZT!

Es ist 16.07 Uhr an einem der Donnerstage, die ich mir ab spätestens 11.00 Uhr (nach dem Beantworten der dringlichsten E-Mails) als Schreibklausurtage für den Endspurt der Erstellung dieses Manuskripts freigehalten hatte. Ich komme gerade erst wieder langsam in eine gute Stimmung zurück, denn ich habe mich in den vergangenen zwei, drei Stunden, in denen ich längst schreibend beschäftigt hätte sein wollen, über mehrere Begebenheiten so richtig geärgert: Durch Zufall habe ich mitbekommen, dass einer meiner männlichen Kooperationspartner unser gemeinsames, recht erfolgreiches Projekt an öffentlicher Stelle zum wiederholten Mal als seine alleinige Leistung deklariert hat; dann hat der männliche Vertreter eines großen Firmenkunden auf die Zustellung meiner aktuellen Honorarnote für ein Inhouse-Training mit der Erklärung reagiert, es wäre ein geringerer Tagessatz vereinbart gewesen; und zu guter Letzt hat mir eine Kundin mehrere *WhatsApp*-Nachrichten mit neuen Anliegen ihrerseits geschickt, obwohl ich ihr im Vorfeld explizit mitgeteilt hatte, dass ich heute und morgen aufgrund zweier Schreibklausurtage ausschließlich in dringenden Fällen und bloß am Vormittag sowie am Abend erreichbar sein werde. Jeder dieser Umstände für sich hat mich gekränkt, genervt oder geärgert – und in Kombination haben sie mir sämtliche dazu passenden unangenehmen Empfindungen beschert, sodass ich mich innerlich total aufregen musste. Nach geschätzten zehn Minuten mit diesen negativen Gefühlen, die ich richtiggehend ausgekostet habe, während ich mir einen späten Mittagssnack gefolgt von einer kompletten Reihe gefriergetrockneter Erdbeeren in Zartbitterschokolade gönnte, fiel mir auf, dass das jetzt alles andere als der optimale Zustand für den Schreibprozess ist und ich so wohl nur schwer in den angestrebten Flow finden werde.

Warum erzähle ich dir das am Ende eines Buches, in dem ich dich gerade dazu angeleitet habe, in deinem Leben die Zügel in die Hand zu nehmen, was dein Selbstwertgefühl und in Folge deine Wertschätzung von außen in Zahlenform am Konto betrifft? Ich verrate es dir natürlich sofort! Es gibt mehrere Gründe, deretwegen ich mich dir damit offenbare … Einerseits ist es mir ein Anliegen, dich wissen zu lassen: Auch ich sehe mich im beruflichen Alltag immer mal wieder den Blockierern »fehlende Wertschätzung«, »mangelnde Selbstbehauptung« und »hemmendes Harmoniebedürfnis« konfrontiert. Diese Themen sind allgegenwärtig. Und wir hören diesbezüglich vermutlich nie auf, dazuzulernen und uns zu entwickeln.

Keine Meisterin ist je vom Himmel gefallen.
Sogar dann nicht, wenn eine Göttin
höchstpersönlich sie geschickt hat.

Deshalb möchte ich dir mit auf den nun vor dir liegenden neuen Weg geben, nicht zu streng mit dir ins Gericht zu ziehen, wenn dir einer der Parameter, die ich dir auf all den Seiten vor diesem Nachwort vorgestellt habe, mal *nicht* gelingt. Du siehst ja: Selbst jemandem wie mir, die ich mich beruflich ständig mit diesen Phänomenen beschäftige und sie sogar anderen zugänglich mache, passiert es nun mal von Zeit zu Zeit, dass die eigenen Gedanken zu unangenehmen Gefühlen führen und das Ruder an sich reißen. Das ist menschlich und – ich sage es ausnahmsweise, obwohl ich das Wort an sich nicht besonders mag – völlig »normal«. Die meisten Frauen kennen derartige Rückfälle in alte Gewohnheitsmuster im Zusammenhang mit einer Abspeckkur oder Ernährungsumstellung und wir alle wissen: Wenn man sich frustriert dazu entscheidet, gleich vollends hinzuschmeißen, nur weil man es an einem Abend der Woche nicht geschafft hat, der Süßigkeitenschublade zu widerstehen, war alles für die Katz. Das kann es also nicht sein.

Nein, wir machen danach nahtlos weiter. Und genau so solltest du auch dieses Thema angehen: Aus meiner Sicht geht es nicht darum, Situationen wie diese an sich verhindern zu wollen. Es geht darum, reflektiert zu sein, damit es einem schnellstmöglich auffällt – und zu wissen, wie man zeitnah wieder rausfindet aus diesem unguten Zustand, um sich durch negative Überlegungen und Empfindungen nicht für den Rest des Tages, der Woche oder gar des Jahres selbst im Weg zu stehen. Mit genau dieser Erkenntnis beginnt die Veränderung über Nacht: Du kannst ab sofort fokussiert auf all diese Themen sein und mit der Umsetzung in dieser Minute starten!

»Wir selbst sind die Ursache aller unserer Hindernisse.«

Meister Eckhart, deutscher Theologe und Philosoph (1260–1328)

Damit nicht genug. Gehen wir einen Schritt zurück, was meinen eigenen miesen Moment betrifft: Schon das, worüber ich mich geärgert habe, wovon ich mich gekränkt gefühlt und was mich genervt hat, könnte man anders beleuchten, sodass man sich gar nicht erst in eine so schlechte Stimmung bringt. (Richtig gelesen: nicht *bringen lässt*, sondern *bringt*. Denn nicht andere Menschen sind schuld daran, wie wir uns fühlen. Wir selbst entscheiden, was wir wie bewerten und wie wir uns deshalb fühlen wollen.) Ja, ohne Frage ist es nicht in Ordnung, die eigene Geschäftspartnerin einfach nicht anzugeben und sich etwas auf die alleinigen Fahnen zu heften. Wenn ich es ihm allerdings indirekt aus Zeitgründen oder um einen Konflikt zu vermeiden, gestatte, dann trage ich die *Mit*verantwortung dafür, dass er das tut, wie er es tut. Und wenn es auch nicht gerade wertschätzend ankommt, von einer Stammkundschaft im

Preis gedrückt zu werden, so ist es dennoch *meine* Entscheidung, ob ich diese Aktion als persönlichen Angriff werte und es zulasse, mich deshalb gekränkt zu fühlen. Vielleicht war es ja nur ein Irrtum, eiine Verwechslung! Ebenso sollte ich mir beim letztgenannten Auslöser für mein Vom-richtigen-Weg-Abkommen eingestehen: Ich habe wohl meine Grenzen nicht vehement genug gezogen. Sonst würde die betreffende Kundin sie vermutlich nicht so unbedacht überschreiten. Freilich gäbe es noch eine alternative Sichtweise auf dieses Thema, nämlich dass sie sich überhaupt nichts Böses dabei gedacht hat. Es ist sogar mehr als wahrscheinlich, dass sie nicht mit neuen Fragen und Bitten an mich herangetreten ist, weil sie mich von meiner Schreibklausur ablenken oder gar abhalten wollte.

Mit meinem Hosenrunterlassen will ich dir außerdem zeigen, wie man das (Business-)Leben angehen kann: Die emotionale Lage, in der ich mich vorhin befunden habe, hätte mir den Stein in den Weg legen können, heute nicht mehr wie geplant am Manuskript für dieses Buch weiterzuarbeiten. Da ich die Dinge aber am liebsten so einordne, dass sie mir aus einem bestimmten Grund zu einem bestimmten Zeitpunkt widerfahren, und ich gern das Beste aus einer Situation mache, habe ich beschlossen, diese frische Erfahrung zu verwenden, um dich an meiner Bewältigung meines Ärgers teilhaben zu lassen.

Es ist an der Zeit,
uns in Selbstverantwortung zu üben.

Abgesehen davon gibt's auch eine Moral von der Geschicht': *Ärgern ohne Einsicht lohnt sich nicht.* Immerhin hab ich in meinem Fall die Energie aus meiner Lage genommen und umgeleitet: in dieses Nachwort, das sich dadurch wie von selbst geschrieben hat. Es ist folglich möglich, aus einem Missstand seinen Nutzen zu ziehen. Darum rate ich dir, gut auf dich und das, was du denkst, zu achten. Vielleicht hilft dir ja folgende Haltung dabei:

Nicht ärgern – bloß wundern!

Das ist einer meiner Leitsprüche geworden, weil wir ansonsten tagtäglich etliche Situationen finden würden, in denen wir theoretisch einen Grund hätten, uns zu ärgern. Menschen ticken unterschiedlich. Männer ticken noch mal anders als Frauen. Wir können einander nicht immer verstehen. Doch das bedeutet nicht, dass wir uns laufend ärgern sollten. Gesünder ist es mit Sicherheit – für uns selbst und für andere –, wenn es gelingt, uns nicht so schnell zünden zu lassen, sondern wenn wir fähig sind, diesen Erstimpuls in eine Verwunderung zu verwandeln. Schließlich sollten wir unser Feuer für jene Menschen entfachen, die es verdient haben, und für die Visionen brennen, die uns morgens aufstehen lassen – und unsere Funken versprühen, wenn es sich auszahlt, weil ein ansehnliches Feuerwerk daraus werden kann.

Anders gesagt: Den Gender-Gap im Verdienst können wir möglicherweise nur mit Dranbleiben am Kommunizieren und Einfordern unserer Rechte nach und nach schließen. Und das beginnt mit unserem Selbstwert als Arbeitskraft – ob nun als Unternehmerinnen oder Angestellte. Darum möchte ich dich dazu animieren, motivieren und inspirieren, für dich selbst einzustehen! Wir sollten uns nicht länger in den Schatten der Männer stellen (ihre Schatten auf uns werfen können die nur, wenn wir es ihnen erlauben), sondern an den Stellen, an denen sie etwas geschickter machen als wir, von ihnen lernen. Wir haben ja gehört: Männer haben in der Regel kaum Selbstzweifel, sondern gehen selbstsicher (oft mit einem überzogenen Selbstwertgefühl sogar) in die weite Welt hinaus und verlangen ihre teils überzogenen Preise bzw. die nach ihrer Konditionierung definierten Gehälter – und bekommen sie dann auch –, während Frauen viel zu viele Hemmungen haben und sich lieber kleinhalten (lassen). Es ist mir ein persönliches Anliegen, dazu beizutragen, dass sich das endlich und nachhaltig ändert! Und mit dir möchte ich heute erfolgreich damit begonnen haben. Denn ich habe eine Vision: ein Miteinander in der (Business-)Welt, in dem wir als Gesellschaft von den besonderen Fähigkeiten und Eigenschaften der unterschiedlichen Geschlechter profitieren; ein Geben und Nehmen auf Augenhöhe, durch das wir *alle* die Wirtschaft in eine lebenswerte Zukunft tragen können; und Ehrungen von unterschiedlichen Berufsgruppen, in denen die eine Hälfte aus Männern und die andere Hälfte aus Frauen besteht. (Gut, als Ausgleich für die vergangenen 100 Jahre und mehr könnten wir das Pendel alternativ mal eine Weile in die Gegenrichtung ausschlagen lassen, indem wir zu 90 Prozent den weiblichen Vertreterinnen einer Zunft den Vorzug geben und Männer zu 10 Prozent sichtbar machen und mitspielen lassen. Aber das muss nicht unbedingt sein. War nur so ein Gedanke …)

»Wer nicht hart genug ist, dem Lebern seine Bedingungen aufzuprägen, der muss die Bedingungen hinnehmen, die es ihm bietet.«

George Eliot alias Mary Ann Evans, englische Schriftstellerin, Übersetzerin und Journalistin (1819–1880)

Ich wünsch dir viel Energie, die richtigen Gedanken und die passenden Gefühle dazu, um nach einem kometenhaften Aufstieg ein leuchtender Stern am Nachthimmel der weiblichen Hemisphäre zu werden! Und möge sich das adäquat auf deinem Konto zeigen – im allerbesten Fall bereits über Nacht!

Alles Liebe
✦ **Pamela** ✦

Anhang

Wem ich danken möchte …

In Wahrheit habe ich jedem Menschen zu danken, mit dem ich bislang zu tun hatte, weil mich all meine Erfahrungen geprägt und dazu gebracht haben, eines Tages zu wissen, dass ich dieses Buch schreiben möchte. Da ich hier ja aber keinen güldenen Statuenmann namens *Oscar* in Händen halte (warum ist das überhaupt immer noch ein Mann und wie wär's mit einer *Olivia* zumindest für die Preisträger*innen*?), beschränke ich mich auf jene, die indirekt oder direkt zum Entstehen und Gelingen dieses Buchs beigetragen haben:

Ich danke meiner aufmerksamen Freundin und engagierten Geschäftspartnerin *Alexandra Glander*, die sich mir für dieses Buch nicht nur als Erstleserin zur Verfügung gestellt und mir damit den so wertvollen Blick von außen geschenkt hat, sondern zudem meine Sparring-Partnerin war, wenn ich über ein Thema diskutieren und Dampf ablassen wollte. (Ja, mich hat das Schreiben am Manuskript für dieses Buch durchaus phasenweise aufgewühlt!)

Sylvia Stangl möchte ich für diverse Coachingstunden danken, in denen ich mehr über mich selbst, die (Business-) Welt und wie ich am unbeschadetsten in ihr existieren kann, gelernt habe, und in denen mir vieles, was mir schon *Rudolf Kronreif* vor mehr als 20 Jahren mit auf meinen Weg gegeben hat, in Erinnerung gerufen wurde, wodurch ich es wieder präsenter hatte. Danke auch dir an dieser Stelle, lieber *Rudi*!

Eine wichtige Etappengefährtin auf meiner Reise zu mir selbst war mir ebenfalls vor gut zwei Jahrzehnten *Andrea Hammerer*, von der ich mich rückblickend schon damals als die Frau gesehen gefühlt habe, die ich heute bin. Ich danke dir!

Im selben Atemzug danke ich weiters einer Reihe an Menschen, die mich in meiner Persönlichkeitsentwicklung unterstützt und in bestimmten herausfordernden Fragen des Lebens begleitet haben: *Susanne Lorber-Burghuber, Ursula Novak* und jüngst *Rainer Weichmann*. Vielen herzlichen Dank!

Ich bin zudem allen *lieben Bekannten und vor allem meinen Kundinnen* zu Dank verpflichtet, weil sie mich an ihren Prozessen und Zweifeln teilhaben ließen und mir so viel Vertrauen entgegengebracht haben, als sie mir erlaubten, sie in ihrer Entwicklung zu unterstützen.

Ich bedanke mich bei *Kristin Pelz-Schegura,* die mir als Chefredakteurin der »WOMAN Balance« eine eigene Kolumne gegeben hat und mit der mich seither eine wirklich angenehme, wertschätzende Zusammenarbeit verbindet.

Ein großes Dankeschön gilt meinen *Mitstreiterinnen der Business and Professional Women*, kurz *BPW*, die mir gezeigt haben, wie ein Frauennetzwerk funktionieren kann – nämlich wenn es auf Wertschätzung, Engagement und gegenseitiger Unterstützung beruht – und die meine Sicht auf die Welt teilen, wenn es darum geht, was noch alles getan werden muss, um die Gleichstellung der Frau voranzutreiben.

Keinesfalls unerwähnt lassen möchte ich hier meinen innersten Kreis, denn wir schöpfen unsere Kraft letztlich nicht allein aus uns selbst – wenn wir auch die alleinige Verantwortung für unsere Befindlichkeit, unser Glück und unseren Erfolg haben –, sondern aus denen, die uns am nächsten stehen. Darum danke ich all meinen Freundinnen, die mich in meinem beruflichen Wirken so lieb und engagiert unterstützen, weiterempfehlen und Türen öffnen, die andernfalls womöglich verschlossen bleiben würden. *Susanne Jelinek*, ihrerseits Chefredakteurin der »Gusto«, steht diesbezüglich ganz vorn in der Reihe. Ich danke dir!

Hierher gehören die begabte Künstlerin *Marion Höpflinger*, die allerdings gleich nochmals genannt werden wird, und ebenso meine beiden »neuesten« Freundinnen *Petra Freysoldt*, eine engagierte LSB-Mentorin und Therapiezentrumsinhaberin, sowie *Margit Haslinger*, die mit ihrem ganzheitlichen Franchising-Gesundheitskonzept *Piyoma* etwas wirklich Bemerkenswertes ins Leben gerufen hat. Vielen Dank für den nie enden wollenden Austausch über die kleineren und größeren Tücken der Selbstständigkeit und das stets kreative Brainstormen!

Die Dankesworte für meine engsten Freundinnen würden allein eine Seite füllen, wenn ich hier jetzt ausholen würde, weshalb ich mich kurzfasse: Ich danke euch (in alphabetischer Reihenfolge), *Chrissy, Marion, Nici, Nicole* und *Rita*, für eure jeweils schon jahrzehntelange Freundschaft, für mentale, psychische und fallweise sogar finanzielle Unterstützung in sämtlichen erfreulichen und weniger erfreulichen Lebenslagen, für die stets horizonterweiternden und geistig befruchtenden Diskussionen und Gespräche und dafür, dass ihr mein Leben definitiv wertvoller und bunter macht!

Meine Wahltante *Irmgard Brunner* war maßgeblich daran beteiligt, dass ich gelernt habe, mir selbst und dem Leben zu vertrauen. Darum an dieser Stelle: Danke, liebe *Irmi*!

Meinem *Bonus-Vater* habe ich vieles zu verdanken,

doch hier sag ich explizit danke dafür, dass ich von ihm lernen durfte, wie leichtfüßig man das Leben angehen kann und dass man nicht immer alles so ernst nehmen muss. Danke!

Mein Lebenspartner kennt mich wie kaum jemand sonst und hilft mir, meine Ecken und Kanten zu schleifen, auf dass zwischendurch der Diamant in mir durchschimmern kann. Vielen Dank, dass du schon seit so vielen Jahren der Mann an meiner Seite bist, mir immer wieder andere Blickwinkel auf verschiedene Themen offenbarst und mich in meiner Karriere stets unterstützt hast! (Er hat hier zudem ein zweites riesiges Dankeschön verdient, denn gerade während des Endspurts meiner Arbeit an diesem Manuskript hat er nur wenig von mir gesehen und mir das nicht unangenehm vorgehalten, sondern respektiert, dass meine Priorität einige Zeit lang eindeutig auf der Entstehung dieses Buches lag.)

Ich möchte mich hier außerdem bei *meinem Vater* bedanken, der in seiner aktiven Berufszeit wohl zu den besten Verkäufern gehört hat, den meine Heimatstadt je gesehen hat. Wenn wir uns auch nicht immer einig waren, was die Sicht aufs Geschäft betrifft, so hab ich doch viel von ihm gelernt, für mein eigenes Business mitgenommen und durchgängig gespürt, wie stolz er auf mich ist. Danke, *Papa*!

Und allen voran sowie außer Konkurrenz danke ich *meiner Mutter*, die nicht nur immer an mich und meine Fähigkeiten geglaubt und mich in jedem meiner (von außen sicher manchmal waghalsig wirkenden) Schritte unterstützt, sondern die mir außerdem vorgelebt hat, wie man eine unabhängige, starke Frau wird, die voller Selbstsicherheit trotz ab und zu aufkeimender Zweifel und Ängste ihren Weg geht und für sich und ihre Ziele einsteht: Danke, *Mama* – von Herzen und für alles!

Selbstverständlich habe ich meiner Verlegerin und Lektorin *Verena Minoggio-Weixlbaumer* und dem Geschäftsführer des Goldegg-Verlags *Elmar Weixlbaumer* zu danken: Ich freu mich riesig, dass wir vor nunmehr elf Jahren zueinandergefunden und seither so viele wunderbare Projekte auf den Weg gebracht haben! Danke, dass ihr mich sein lasst, wie ich bin, obwohl das manchmal unkonventionell ist – und danke, dass ihr von der ersten Sekunde an von diesem Buch überzeugt wart und schon zum achten Mal gemeinsam mit mir Fahrt in Richtung Leserschaft aufgenommen habt!

Apropos: Last but not least danke ich dir, *liebe Leserin*, dass du mir dein Vertrauen geschenkt und dieses Buch gelesen hast! Möge es dir ein Augenöffner – nein: eine Augenöffner*in* – sein!

PS: Und all jenen Männern, die uns Frauen stets auf Augenhöhe begegnen, uns unterstützen, (be)fördern und wertschätzen, sich mit uns vernetzen und gern mit uns zusammenarbeiten, gebührt ebenfalls ein großes Dankeschön!

Quellen & Literaturempfehlungen

Beard, Mary: Frauen und Macht: Ein Manifest. Berlin: S.-Fischer-Verlag 2018

Byrne, Rhonda: The Secret. Das Geheimnis. München: Arkana-Verlag 2007

Chopich, Erika J./Paul, Margaret: Aussöhnung mit dem inneren Kind. Berlin: Ullstein-Verlag 1997

Criado-Perez, Caroline: Unsichtbare Frauen: Wie eine von Daten beherrschte Welt die Hälfte der Bevölkerung ignoriert. München: btb-Verlag 2020

de Beauvoir, Simone: Das andere Geschlecht. Sitte und Sexus der Frau. Hamburg: Rowohlt-Taschenbuch 2000

Dweck, Carol: Selbstbild. Wie unser Denken Erfolge oder Niederlagen bewirkt. München: Piper-Verlag 2017

Hill, Napoleon: Denke nach und werde reich. Die 13 Gesetze des Erfolgs. München: Ariston-Verlag 2009

Hill, Napoleon: Die Gesetze von Reichtum und Erfolg. München: Ariston-Verlag 2008

Kebekus, Carolin: Es kann nur eine geben. Köln: KiWi-Taschenbuch 2023

Lerner, Gerda: Die Entstehung des Patriarchats. Berlin: Manifest-Verlag 2022

Mohr, Bärbel: Bestellungen beim Universum. Ein Handbuch zur Wunscherfüllung. Güllesheim: Omega-Verlag 2004

Mohr, Bärbel: Reklamationen beim Universum. Nachhilfe in Wunscherfüllung. Güllesheim: Omega-Verlag 2001

Obermaier, Pamela/Borde, Dominik: Mein innerer Tyrann. Über die Kunst, sich selbst nicht im Weg zu stehen. Wien/Berlin: Goldegg-Verlag 2020

Obermaier, Pamela/Falk, Petra: Gut gebrüllt und schon gewonnen. Was Ihre Stimme über Sie verrät und wie Sie ihre Kraft wirkungsvoll einsetzen. Wien/Berlin: Goldegg-Verlag 2017

Obermaier, Pamela/Täuber, Marcus: Gewinner grübeln nicht. Richtiges Denken als Schlüssel zum Erfolg. Wien/Berlin: Goldegg-Verlag 2016

Robbins, Anthony: Das Robbins-Power-Prinzip. Berlin: Ullstein-Verlag 2004

Täuber, Marcus/Obermaier, Pamela: Alles reine Kopfsache! 5 Phänomene aus der Hirnforschung, mit denen Sie alles schaffen, was Sie wollen. Wien/Berlin: Goldegg-Verlag 2018

Täuber, Marcus/Obermaier, Pamela: Das Prinzip der Mühelosigkeit. Warum manchen alles gelingt und andere immer kämpfen müssen. Wien/Berlin: Goldegg-Verlag 2019

Wiens, Richard: Gehaltsschere schließt sich nur langsam. In: Salzburger Nachrichten, S. 14. Salzburg: 30. Oktober 2023

Wolf, Naomi: Der Mythos Schönheit. Die Verbindung von Schönheitswahn und Patriarchat. Hamburg: Rowohlt-Verlag 1993

Zurhorst, Eva-Maria: Liebe dich selbst, dann ist es egal, wen du heiratest. München: Goldmann-Verlag 2009

Zykunov, Alexandra: Wir sind doch alle längst gleichberechtigt: 25 Bullshitsätze und wie wir sie endlich zerlegen. Berlin: Ullstein-Verlag 2022

https://bechdeltest.com (Stand: 15. Dezember 2023)

https://bpw.at/ (Stand: 9. November 2023)

https://commission.europa.eu/strategy-and-policy/policies/justice-and-fundamental-rights/gender-equality/equal-pay/gender-pay-gap-situation-eu_en (Stand: 17. November 2023)

https://derfunke.ch/theorie/historischer-materialismus/die-entstehung-der-frauenunterdrueckung (Stand: 3. Jänner bzw. Januar 2024)

https://de.statista.com/statistik/daten/studie/14417/umfrage/bruttoinlandsprodukt-in-grossbritannien (Stand: 9. Februar 2024)

https://de.statista.com/statistik/daten/studie/160365/umfrage/professoren-und-professorinnen-an-deutschen-hochschulen (Stand: 13. Februar 2024)

https://de.statista.com/statistik/daten/studie/507156/umfrage/reichste-personen-in-der-schweiz (Stand: 26. September 2023)

https://equalcareday.de/equal-care-eine-bestandsaufnahme (Stand: 23. Februar 2024)

https://uroforum.de/arztzahlstatistik-2019-urologie-steht-bei-frauen-zunehmend-hoch-im-kurs (Stand: 2. Jänner bzw. Januar 2024)

https://de.wikipedia.org/wiki/Bechdel-Test (Stand: 15. Dezember 2023)

https://de.wikipedia.org/wiki/Equal_Care_Day (Stand: 25. Februar 2024)

https://de.wikipedia.org/wiki/Gerda_Lerner (Stand: 15. Dezember 2023)

https://de.wikipedia.org/wiki/Heidi_Klum (Stand: 9. November 2023) https://de.wikipedia.org/wiki/Internationales_Jahr_der_Frau (Stand: 14. Dezember 2023)

https://de.wikipedia.org/wiki/Penisneid (Stand: 15. Dezember 2023)

https://de.wikipedia.org/wiki/Simone_de_Beauvoir (Stand: 15. Dezember 2023)

https://de.wikipedia.org/wiki/Vigd%C3%ADs_Finnbogad%C3%B3ttir (Stand: 14. Dezember 2023)

https://equal-pay-day.at/ (Stand: 13. Februar 2024)

https://fs.blog/carol-dweck-mindset/ (Stand: 9. Februar 2024)

https://journals.physiology.org/doi/full/10.1152/advan.00085.2017 (Stand: 23. November 2023)

https://news.kununu.com/wie-viel-ist-die-unbezahlte-arbeit-von-frauen-eigentlich-wert/ (Stand: 25. September 2023)

https://orf.at/stories/3332728/ (Stand: 27. Oktober 2023)

https://orf.at/stories/3343256/ (Stand: 4. Jänner bzw. Januar 2024)

https://pubmed.ncbi.nlm.nih.gov/24292232 (Stand: 13. Februar 2024)

https://royalsocietypublishing.org/doi/10.1098/rsos.211977 (Stand: 4. Jänner bzw. Januar 2024)

https://spssi.onlinelibrary.wiley.com/doi/10.1111/0022–4537.00234 (Stand: 4. Jänner bzw. Januar 2024)

https://unidata.gv.at/Pages/default.aspx (Stand: 23. November 2023)

https://wko.at/statistik/wgraf/2023_02_Lehrlinge_Maedchen_2022.pdf (Stand: 25. September 2023)

https://www.ams.at/arbeitsuchende/aus-und-weiterbildung/berufsinformationen/berufsinformation/berufsinfomat?open=berufsinfomat (Stand: 4. Jänner bzw. Januar 2024)

https://www.aubi-plus.de/berufe/thema/die-10-beliebtesten-ausbildungsberufe-deutschlands-56/ (Stand: 25. September 2023)

https://www.berlin.de/projekte-mh/netzwerke/spaetlese/themen/gesundheit/artikel.733960.php#:~:text=Es%20war%20der%20ungarische%20Arzt,Entdecker%20der%20Ursachen%20des%20Kindbettfiebers. (Stand: 2. Jänner bzw. Januar 2024)

https://www.blick.ch/life/wissen/technik/pilot-erklaert-wie-schweres-wirklich-ist-jeder-zweite-mann-glaubt-ein-flugzeug-landen-zu-koennen-id19220188.html (Stand: 4. Jänner bzw. Januar 2024)

https://www.bmfsfj.de/bmfsfj/aktuelles/alle-meldungen/start-der-kampagne-zum-equal-pay-day-2024–231310 (Stand: 14. Februar 2024)

https://www.brisant.de/royals/amalia-uebergewicht-136.html (Stand: 9. November 2023)

https://www.derstandard.at/story/3000000184014/900-kalorien-pro-tag-wie-viel-isst-heidi-klum-wirklich (Stand: 9. November 2023)
https://www.doriswolf.com/wp/vom-ur-matriarchat-zur-diktatur-des-patriarchats/die-erfindung-des-patriarchats-die-blutige-uebernahme-der-mac (Stand: 3. Jänner bzw. Januar 2024)
https://www.emma.de/artikel/frauen-gesundheit-der-lange-marsch-der-aerztinnen-den-berufsstand-265193 (Stand: 3. Jänner bzw. Januar 2024)
https://www.emma.de/artikel/frauengeschichte-die-entstehung-des-patriarchats-266130 (Stand: 3. Jänner bzw. Januar 2024)
https://www.epd-film.de/themen/female-gaze-girlhood (Stand: 4. Jänner bzw. Januar 2024)
https://www.forbes.com/billionaires/ (Stand: 26. September 2023)
https://www.frontiersin.org/journals/psychology/articles/10.3389/fpsyg.2022.812483/full (Stand: 9. November 2023)
https://www.handelsblatt.com/unternehmen/ranking-2023-das-sind-die-zehn-reichsten-deutschen/25730214.html (Stand: 26. September 2023)
https://www.manager-magazin.de/harvard/management/impostor-syndrom-hoeren-sie-auf-frauen-selbstzweifel-einzureden-a-e63bea90–459d-41ae-9500–37810a763b5b (Stand: 9. Februar 2024)
https://www.marktforschung.de/marktforschung/a/selbstbewusstsein-der-frauen-fuer-eine-bessere-gesellschaft (Stand: 13. Februar 2024)
https://www.meinbezirk.at/salzburg-stadt/c-lokales/mit-50-mach-ich-dann-gymnastik_a1643198 (Stand: 15. Dezember 2023)
https://www.news.at/a/gehaltsvorstellung-wie-viel-bin-ich-wert-11990167 (Stand: 25. September 2023)
https://www.news.at/a/reichsten-oesterreicher-12144257 (Stand: 26. September 2023)
https://www.oeaw.ac.at/news/auf-den-spuren-der-sesshaftwerdung-des-menschen (Stand: 14. Dezember 2023)
https://www.ots.at/presseaussendung/OTS_20231212_OTS0170/wien-zum-11-mal-lebenswerteste-stadt-der-welt (Stand: 14. Dezember 2023)
https://www.promipool.de/stars/body-shaming-was-sich-diese-promis-schon-anhoeren-mussten (Stand: 12. Dezember 2023)
https://www.psychologie-aktuell.com/news/aktuelle-news-psychologie/news-lesen/frauen-und-maenner-unterscheiden-sich-in-der-sozialen-wahrnehmung.html (Stand: 9. Februar 2024)

https://www.psychologie-heute.de/beruf/artikel-detailansicht/42949-wie-koennen-frauen-lernen-sich-macht-zuzugestehen.html?utm_source=pocket-newtab-de-de (Stand: 27. Oktober 2023)

https://www.refinery29.com/de-de/studie-frauen-sozial-maenner-egoistisch (Stand: 27. Oktober 2023)

https://www.researchgate.net/publication/287901848_PIANIST_HAND_SPANS_GENDER_AND_ETHNIC_DIFFERENCES_AND_IMPLICATIONS_FOR_PIANO_PLAYING (Stand: 27. Oktober 2023)

https://www.rowohlt.de/magazin/empfehlungen/glennon-doyle-ungezaehmt (Stand: 5. Jänner bzw. Januar 2024)

https://www.sn.at/wirtschaft/oesterreich/gehaltsschere-147729985 (Stand: 31. Oktober 2023)

https://www.science.org/doi/10.1126/science.aah6524 (Stand: 13. Februar 2024)

https://www.sora.at/nc/news-presse/archiv/news-einzelansicht/news/repraesentation-von-frauen-in-oesterreich-1050.html (Stand: 31. Oktober 2023)

https://www.spiegel.de/gesundheit/psychologie/gender-sechsjaehrige-maedchen-halten-jungs-und-maenner-fuer-schlauer-a-1131821.html (Stand: 13. Februar 2024)

https://www.spiegel.de/kultur/gesellschaft/gender-studie-maenner-dominieren-die-filmbranche-a-1134348.html (Stand: 13. Februar 2024)

https://www.spiegel.de/spiegel/bigitte-bardot-vom-filmstar-zur-tierschuetzerin-a-1197388.html (Stand: 2. Jänner bzw. Januar 2024)

https://www.spiegel.de/psychologie/care-arbeit-was-ihre-hausarbeit-wert-ist-a-d81758d2-a232–42b6-a6c1-adde8faf3637 (Stand: 25. September 2023)

https://www.spiegel.de/wissenschaft/mensch/intelligenz-maenner-ueberschaetzen-sich-frauen-unterschaetzen-sich-a-1201229.html (Stand: 22. Februar 2024)

https://www.splendid-research.com/de/statistik/studie-zufriedenheit-aussehen (Stand: 13. Februar 2024)

https://www.staedtebund.gv.at/themen/frauen/gleichstellungsindex-2021/ (Stand: 16. November 2023)

https://www.stern.de/gesellschaft/stefanie-stahl--psychologin-unter-plagiatsverdacht-33794728.html (Stand: 6. Dezember 2023)

https://www.stern.de/gesundheit/neue-studie-zeigt--maenner-ueberschaetzen-oft-ihre-eigene-intelligenz-31727188.html (Stand: 13. Februar 2024)

https://www.thefemalegaze.art/ (Stand: 6. Dezember 2023)

https://www.vip.de/cms/pierce-brosnan-springt-seiner-frau-nach-bodyshaming-attacke-zur-seite-5004340.html (Stand: 9. November 2023)

https://www.welt.de/kmpkt/article158625523/Bist-du-klug-genug-um-hier-19-Dreiecke-zu-finden.html (Stand: 13. Februar 2024)

https://www.wissenschaft.de/gesellschaft-psychologie/sozialleben-praegt-frauengehirne-anders/ (Stand: 13. Februar 2024)

https://www.zeit.de/zett/politik/2019–02/frauenstreik-am-8-maerz-wir-sind-der-umgekehrte-fight-club-feminismus (Stand: 14. Dezember 2023)

https://www.zeit.de/zeit-wissen/2013/05/stimme-charakter-launen-krankheiten/seite-2 (Stand: 13. Februar 2024)

»Wir sind womöglich nicht immer die alleinigen Drehbuchautorinnen für unser Leben. Aber wir sind täglich als Regisseurinnen am Zug, das Beste aus jeder Szene herauszuholen.«

✦ Über Pamela Obermaier ✦

Mag. Pamela Obermaier ist Gründerin und Inhaberin von *PYNO Communications e. U.*, Geschäftsführerin von *PremiumTalk – die Akademie des Auftritts* und erfolgreich als Speakerin und Inhouse-Trainerin im Geschäft. Die Bestsellerautorin und Kolumnistin, die regelmäßig als Expertin für Erfolgsstrategien und mentale Kniffe im TV zu sehen ist, versteht sich als Potenzialentwicklerin für ihre Leser- und Kundschaft sowie ihr Publikum.

Pamela verhilft anderen aus sabotierenden alten Mustern und erarbeitet passende Marketingstrategien für ihre Projekte, Produkte oder Dienstleistungen mit ihnen, damit sie am Markt sichtbar werden und ihre beruflichen Ziele erreichen. Als Businessmentorin mit psychologischem, philosophischem und neurolinguistischem Background unterstützt die studierte Philologin und diplomierte Mentaltrainerin vor allem (angehende) Unternehmerinnen darin, ihr Selbstmarketing und damit schließlich auch ihre Erfolgsbilanz durch eine optimierte innere Einstellung und eine ebensolche Außenwirkung zu steigern.

Hier findest du nähere Informationen zu Pamela:

Website:	www.pamelaobermaier.com
Podcast:	»Ohne Blatt vorm Mund. Der Business-Podcast für Frauen, die *mehr* vom Leben wollen.«
Instagram:	pamela_obermaier
Kontakt:	kontakt@pamelaobermaier.com

… und zum internationalen Businessfrauennetzwerk BPW:

Website Österreich:	https://bpw.at
Website Deutschland:	https://www.bpw-germany.de
Website Schweiz:	https://bpw.ch/de/Home
Website Liechtenstein:	https://www.bpw-liechtenstein.li
Website Europa:	https://www.bpw-europe.org